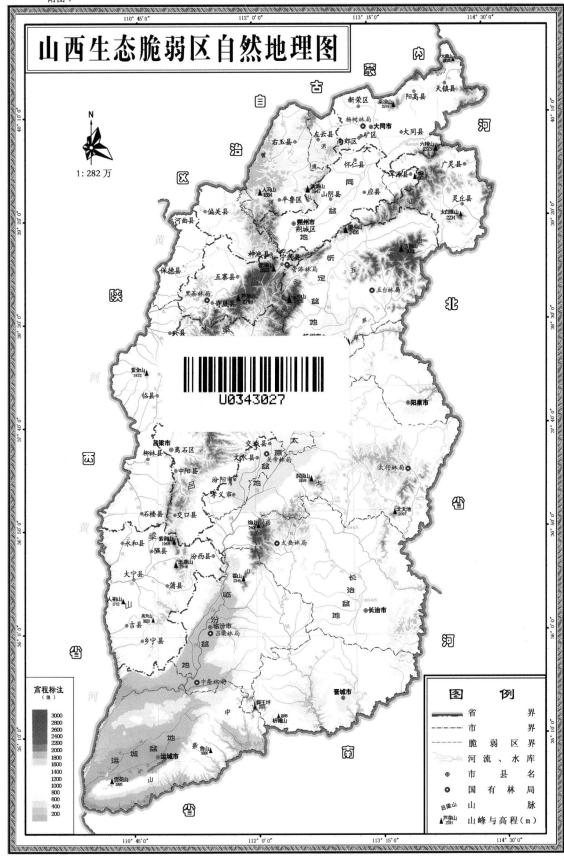

# 山西生态脆弱区自然地理图

1:282万

高程标注
（m）

3000
2800
2600
2400
2200
2000
1800
1600
1400
1200
1000
800
600
400
200

图　例

省　　　　界
市　　　　界
脆弱区界
河流、水库
市　县　名
国有林局
吕梁山　山　脉
芦芽山　山峰与高程（m）
2784

# 山西生态脆弱区林业区划图

N

1:282万

图　　例

省　界
市　界
县　界
脆弱区界
市 县 名
国 有 林 局

第 1 区　大同盆地防风固沙、
　　　　环境保护重点治理区
第 2 区　晋西北丘陵水土保持、
　　　　防风固沙综合治理区
第 3 区　桑干河防风固沙、
　　　　水土保持综合治理区
第 4 区　恒山土石山水源涵养、
　　　　风景保护区
第 5 区　管涔土石山水源涵养、
　　　　自然保护区
第 6 区　晋西黄土丘陵沟壑水
　　　　土保持、经济林区
第 7 区　关帝土石山水源涵养、
　　　　一般用材林区
第 8 区　昕水河丘陵水土保持、
　　　　经济林区

# 山西生态脆弱区
## 林业生态建设

李 沁 郭福则 著

中国林业出版社

## 内容提要

本书紧扣林业生态建设主题，从山西生态脆弱区基本情况、生态脆弱内涵及成因分析入手，在现代林业等理论指导下，贯穿可持续发展理念，首次系统地对山西生态脆弱区进行科学区划、总体布局、分区建设论述。阐述了区域林业工程管理及科技支撑体系建设，制定出针对性较强的林业生态治理模式，并对项目区内各地的林业建设实例和实用先进技术进行分析归纳和总结推广。

本书为山西生态脆弱区实施山西省委、省政府"生态兴省"战略林业发展明确了目标、任务。同时，对我国北方同类地区的林业生态建设具有借鉴和指导作用，是林业生态研究学者、专业院校学生、一线林业建设者的良师益友。

## 图书在版编目（CIP）数据

山西生态脆弱区林业生态建设/李沁，郭福则著. —北京：中国林业出版社，2010.4
ISBN 978-7-5038-5816-1

I.①山⋯　II.①李⋯　②郭⋯　III.①林业－生态环境－建设－研究－山西省　IV.①S718.5

中国版本图书馆 CIP 数据核字（2010）第 054882 号

出版：中国林业出版社（100009　北京西城区刘海胡同 7 号）
E-mail：Lucky70021@sina.com　电话：010－83283569
发行：新华书店北京发行所
印刷：北京中科印刷有限公司
版次：2010 年 5 月第 1 版
印次：2010 年 5 月第 1 次
开本：787mm×1092mm　1/16
印张：21.75
插页：2
字数：450 千字
定价：60.00 元

# 序

生态脆弱区生态环境治理，是世人关注的热议话题，也是摆在人类面前的重大课题。

生态脆弱区环境治理的主体是林业生态建设，这是由林业的基础地位和战略地位所决定的。几十年来，人类在认识自然和改造自然的过程中，既积累了丰富的经验，也留下了深刻的反思，对林业的认知在不断深化，并日臻全面。在生态脆弱区内搞林业生态建设，亟需在先进生态建设理论的指导下，在总结经验、教训的基础上，科学规划，因区施策，因害设防，制定措施。

山西省是我国中部生态脆弱地带的一部分，位于京津地区的水源、风向的上游，生态区位尤为重要，山西西部黄河东岸的黄土区是世界上公认的水土流失重灾区，生态敏感性等级高，生态极端脆弱。山西生态脆弱区的水土流失、风沙等土地荒漠化危害一直是制约当地经济社会健康发展和人与自然和谐相处的生态顽疾。因此在这一地区加大林业生态建设的力度，治理和改善生态环境利国利民，意义重大，同时其成功的林业生态治理对策和模式，对我国其他同类地区的林业生态建设，具有宝贵的借鉴和推广价值。

《山西生态脆弱区林业生态建设》一书是建立在对该地区自然地理和经济社会长时间调查、研究的基础上，以兴林惠民为主要目标，生态优先，统筹兼顾，立意新远，服务基层。作者从事林业调查规划的工作性质，也为获取技术素材和文献资料提供了有利条件，从而使文稿更加厚实而有说服力。我在主持全国林业发展区划华北区的区划工作时，曾与时任山西林业发展区划项目负责人的本书作者有过深入、广泛的交流，认为山西林业发展区划贯穿现代林业理念，正中山西生态脆弱之要害。本书吸取和保留了山西林业发展区划的骨架和精华，又按照最新的山西林业长远规划对各个分区的发展布局和实施目标进行了科学、系统的测算和修正，并系统梳理充实了理论研究、工程管理、科技支撑、建设实践等方面的内容，从而使本书成为理论与实践相结合的产物，对山西生态脆弱区林业生态建设具有指导作用，具备了供林业科研学者参考，专业院校学生、生态脆弱区基层务林人学习、生产使用的特征。

原林业部调查规划设计院

院长、教授级高工

二〇一〇年三月

# 前　言

　　在我国向现代化、城镇化、市场化和国际化发展进程中，党中央提出科学发展观，构建社会主义和谐社会的目标，提出建设社会主义新农村，建设创新型社会和资源节约、环境友好型社会。在新的形势下，从林业发展的内在规律看，林业的地位越来越重要，任务越来越繁重。无论从科学发展还是建设生态文明，无论解决"三农"问题，还是应对气候变化，林业都占据基础地位，肩负重要使命。对山西省这样一个地处黄土高原的资源型地区和老工业基地来说，大力发展林业，实施"生态兴省"战略，更有着特殊重要的意义。

　　山西毗邻京津，黄河、海河的多条支流起源于此，吕梁山是山西之母亲河——汾河的发源地，山西的生态问题不仅关乎自身生存，而且关乎首都乃至华北地区的生态安全。从全国地理区位来看，山西地处我国中部黄土高原地区，整体上位于生态脆弱带内。山西西部的吕梁山和北部的雁北地区是历史上水土流失最严重和风沙侵蚀频繁的地区，被生态学家公认为是生态脆弱地区之一。这一地区包括 6 个市、47 个县（市、区），区域总面积 690.57 万 hm²，占山西省国土总面积的 44.05%；人口 921.90 万人，其中农业人口 605.80 万人。"十一五"以来，该地区经济发展快速，2008 年地区GDP 达 2844.88 亿元，占山西省 GDP 值的 41%。

　　新中国成立 60 年来，国家和山西省历来重视山西生态脆弱区的林业生态建设，特别是进入 21 世纪，随着国家"三北"防护林体系建设、天然林保护、退耕还林等重点工程和省级通道绿化、沿线荒山绿化、汾河流域生态植被恢复治理等一系列重点工程实施以来，该地区的林业生态建设取得了令人瞩目的成就，生态环境有了明显的改观。但同时我们也清醒地看到，水蚀、风蚀以及矿产对自然环境的破坏仍严重存在，生态治理与破坏相持的总体格局没有根本改变，多年来水土流失、风沙侵害等生态顽疾仍未根本解决，广大农村的生态环境稳定性差，林木生产量低，城镇绿化不能满足广大居民对生态文明的需求，地区生态环境依然脆弱。

2009年，山西省委、省政府顺应时代发展的要求，适时提出"生态兴省"的发展战略，为林业生态建设向纵深发展指明了方向，明确了责任和任务。山西生态脆弱区是山西生态建设的主战场，理应在全力推进"生态兴省"发展战略中，创新发展，走在前列。在林业生态建设中坚持生态优先，治理与发展并举的原则，科学区划，总体布局，突出重点，统筹兼顾，加大恢复与重建绿色生态的力度，促进地区经济社会协调、可持续发展，是事关山西长远发展、事关区域广大人民根本利益的惠民之业、千秋伟业。

作者投身于林业生态建设二十多年来，特别是在营造林调查规划设计中，感悟颇多。历年来先后参与了荒漠化、沙化土地监测；退耕还林工程、京津风沙源治理工程、天保工程检查验收；山西省主体功能区规划、省"十一五"林业规划、省"三北"防护林体系建设规划；世行项目造林工程可行性研究等20余项国家和省级重点工作，并积累了宝贵资料。2007年在主持国家林业局重点项目——全国林业发展区划山西区划时，对山西生态脆弱区的生态特征及林业生产力做了较系统的分析、研究，进行了科学分区和建设布局，为本书编纂奠定了一定基础。

全书包括山西生态脆弱区基本情况、生态脆弱区内涵及成因分析、林业生态建设理论、区域林业发展区划、林业生态建设总体布局、分区林业建设现状分析及建设规划、林业生态工程管理、林业科技支撑体系建设和山西生态脆弱区林业生态建设实践九大部分。在对该地区自然条件、生态重要性、敏感性分析；总结林业建设历史经验、教训；开展专题调研的基础上，着眼于该地区"十二五"和2020年林业发展目标，落实国家和山西省林业发展的新要求，贯穿可持续发展和现代林业的理念，通过总体布局，因区施策，制定出不同区域相应的林业发展目标和建设措施，力求做到用先进的生态理论来指导区域林业生态建设。同时特别注意汲取、总结和推广该地区林业生产实践中涌现出的成功范例和实用技术，使本书在理论与实践、宏观与微观上有了较好的融合和统一。

作　者

二〇一〇年三月

# 目　　录

# 第三章 山西生态脆弱区林业生态建设理论基础

# 第四章 山西生态脆弱区林业发展区划

# 第八章　山西生态脆弱区林业科技支撑体系建设

## 第九章　山西生态脆弱区林业生态建设实践

# 第一章　山西生态脆弱区基本情况

## 第一节　山西生态脆弱区范围及自然概况

### 一、山西生态脆弱区范围

山西生态脆弱区（以下或简称为"该地区"、"区域内"）位于山西的北部和西部，地理坐标为东经 110°14′～114°33′、北纬 34°35′～40°44′，详见本书彩色插页附图 1《山西生态脆弱区自然地理图》。

该地区涉及大同市、朔州市、忻州市、太原市、吕梁市、临汾市的 47 个县（市、区），包括 43 个完整县和 4 个部分县。其东与河北省为邻；西以黄河为堑，与陕西省相望；其南与山西运城市接壤；北跨内长城，与内蒙古自治区毗连。在此范围内从北到南包含有杨树实验林局、管涔山林局、黑茶山林局、关帝山林局和吕梁山林局 5 个省直属国有林管理局的经营面积，以上共计 52 个林业生态建设单位（县、市、区、局）。该地区国土面积为 690.57 万 hm²，占山西省国土总面积的 44.05％。具体为：

山西北部：天镇县、阳高县、新荣区、南郊区、大同城区、大同矿区、大同县、怀仁县、朔城区、浑源县、应县、广灵县、灵丘县、宁武县、五寨县、苛岚县、左云县、右玉县、平鲁区、偏关县、山阴县、神池县计 22 个县（区）；省直林局有杨树林局、管涔林局。

山西西部：河曲县、保德县、临县、柳林县、石楼县、兴县、中阳县、方山县、离石区、交口县、岚县、静乐县、娄烦县、古交市、永和县、隰县、汾西县、大宁县、蒲县、吉县、乡宁县计 21 个县（市、区）及孝义市、交城县、文水县、汾阳市 4 个部分县；省直林局有黑茶林局、关帝林局、吕梁林局。

该地区 47 个县（市、区）中，贫困县分布较集中，其中国家扶贫开发工作重点县 24 个：天镇县、阳高县、广灵县、浑源县、偏关县、河曲县、保德县、兴县、临县、石楼县、静乐县、岚县、娄烦县、方山县、中阳县、永和县、隰县、汾西县、大宁县、吉县、神池县、宁武县、五寨县、苛岚县；省定扶贫开发工作重点县 5 个：柳林县、离石区、交口县、蒲县、乡宁县；省定插花贫困县 3 个：山阴县、平鲁区、交城县。贫困县占总县数的 68%。

山西生态脆弱地区，具有连接黄河上、下游及我国东、西部地区的纽带作用，是一个特殊自然地理和经济地理区域。复杂的生态系统，丰富的能源、矿产资源，面临着艰巨的利用、开发和生态环境治理任务。

山西生态脆弱区林业生态建设在山西"生态兴省"的宏伟战略中，在新基地、新山西建设和实现全面建设小康社会的伟大实践中，具有十分重要的基础和战略地位。

## 二、自然地理

### （一）自然区域

山西位于我国地形阶梯由西向东三级阶梯中第二阶梯的前沿，又是我国东部季风区的边缘，正处于暖温带落叶阔叶林褐土地带向温带草原栗钙土的过渡带。按其自然特征，可划分为三个自然地理地带：温带干草原—栗钙土地带；暖温带半干旱森林草原与干草原灰褐土地带；暖温带半湿润落叶阔叶林与森林草原褐土地带。三个地带的交汇点大致位于忻州市宁武县北端内长城处。

山西生态脆弱地区以上述前两个地带为主，该地区的平均海拔在 1000m 以上，境内起伏不平，地貌类型多样，按山地、丘陵、平原三大类划分，分别占总国土面积的 35%、48%、17%。西部主要山峰包括吕梁山系的芦芽山、黑茶山、关帝山（区内最高峰 2831m）、石楼山和五鹿山，东部主要山峰有六棱山、恒山等；丘陵区以吕梁山黄土丘陵为主；平原区以大同盆地为主。最低点在乡宁县境内的黄河边，海拔仅 200m。由于山丘区所占比重大，且多为黄土覆盖，从地貌上表现出较强的生态脆弱特征。

### 1. 温带干草原—栗钙土地带

该地带位于恒山—黑驼山—人马山以北，亦即内长城以北的山间盆地，地处内蒙古高原的南部边缘，面积 2 万 km²，约占山西生态脆弱区的 28.9%。该地带气候温凉干旱，干燥度在 2 左右；年平均气温 3～7℃，最冷月气温在 −10℃ 以下，极端低温 −27℃，年积温一般在 2200～2800℃；无霜期 120d；年降水量 400mm 左右，降水集中在 7、8 月，多春旱；河川径流量少，径流深大部分在 10～25mm；植被稀少，草木生长不盛。根据地貌特征，分为 4 个自然地区：①南洋河盆地地区；②桑干河平原地区；③六棱山山地地区；④晋北西部丘陵山地地区。

**2. 暖温带半干旱森林草原与干草原灰褐土地带**

该地带位于吕梁山以西黄河沿岸的狭长地区，属黄土高原的一部分，面积约2.4万km²，约占山西生态脆弱区的34.7%。该地带气候温和、干旱，干燥度在1.6～2；年平均气温在7～10℃，年积温2800～3200℃；无霜期135～150d；年降水量450～550mm；河流多伏汛型，且多短促，年径流量中等，径流深50～70mm。北半部风沙较大，土壤为灰褐土。植被南半部以灌木为主，北半部以耐寒草本为主。该地带绝大部分为黄土覆盖，水蚀、风蚀都较严重。根据地貌特征，分为两个自然地区：①晋西北黄土丘陵山地地区；②晋西黄土高原丘陵地区。

**3. 暖温带半湿润落叶阔叶林与森林草原褐土地带**

该地带位于恒山以南部分地区吕梁山以东部分地区，面积约2.51万km²，约占山西生态脆弱区的36.4%。该地带在山西生态脆弱地区内条件相对较好，气候温和，大部分地区干燥度在1.6左右；年平均气温7～13℃，最冷月气温－10℃，极端最低气温高于－27℃，年积温在2800℃以上；年降水量450～600mm，集中在夏季；河川径流量不大，大部分河川径流深不足50mm，多雨区可达180mm。植被山区茂盛，以针叶阔叶混交林为主，较低山地以草灌为主；土壤以褐土为主。根据地貌特征分为两个自然地区：①晋东北山地盆地地区；②吕梁山山地地区。

**（二）气候**

该地区属于大陆性季风气候。按全国气候分类，以北部恒山为界，分属于中温带和北暖温带两个气候亚带；按干湿程度分类，大部分地区为半干旱气候，仅中高山区为半湿润气候。由于起伏较大的特殊地形，使该地区气候资源具有明显的地方性特征：日照时间充足，光能资源丰富；雨热同步，水热资源利用率高；降水量季节分配不均，春旱严重；地形复杂，多种气候类型并存。东北—西南向的山地走向形成夏季东南季风向内陆深入的天然屏障，使得降水量骤然减少，加速了气候由湿润向半湿润、由半湿润向半干旱的转化。

区域内各地水热条件差异很大，热量条件平川好于山区，南部好于北部，水分条件山区好于平川，南部好于北部。

**1. 气候区划**

根据主要气候因子的差异，该地区气候区划为：

中温带　晋北轻半干旱气候区：右玉县。

中温带　晋西北轻半干旱气候区：五寨县、神池县。

中温带　晋北重半干旱气候区：左云县、平鲁区；大同盆地。

北暖温带　管涔、关帝山半湿润气候区：关帝山、芦芽山、管涔山；岚县、静乐县。

北暖温带　吕梁南部轻半干旱气候区：离石区；石楼县、蒲县；大宁县、吉县。

北暖温带　晋西北重半干旱气候区：河曲县、保德县；临县。

北暖温带　广灵、忻定盆地重半干旱气候区：广灵县、灵丘县；忻定盆地；恒山。

各地可根据不同气候特点，科学规划林业布局，因地制宜地进行不同树种的选育、栽培和经营。

**2. 林业气候资源**

林业气候资源，是指林业生产活动所利用的气候条件，如光能、热量、水分等，是自然资源的重要组成部分。

（1）光能资源

该地区的光能资源十分丰富。年太阳总辐射量 4900～6000MJ/m²。最大值在晋西北的右玉县一带，呈北部多、南部少、盆地少于山区的分布特征。时间分布上，4～9 月辐射总量占全年的 64％左右，以 5、6 月份最多。

日照，是生物生长发育的基本条件。该地区的年日照时数在 2300－3000h，盆地少于山区，南部少于北部。日照时数最多月份出现在 5、6 月份，这是由于 5、6 月份多为晴朗、少云雨天气。日照时数最少的月份，北部地区以 11、12 月份居多。日照时数只是反映当地日照时间绝对值的多少，而日照百分率才能更好地反映天气条件对日照时数的影响。区内年日照百分率在 50％～65％，分布形势和日照时数的分布趋势大致吻合。冬季较高，可达 70％以上；夏季最低。

该地区光照资源丰富，日照时间充足，提高光能利用率，即可提高林木的产量和质量。

在营林过程中，可以通过改善林分结构达此目的。造林初期，幼林郁闭前，根据不同立地和不同树种确定合理密度。多营造混交林，形成多层的垂直林冠结构，增大叶面积指数。随着林木的生长，要根据树木的特性、年龄、环境条件及林木生长动态，及时地通过间伐和修枝，调整林分的密度，保持林分合理的结构，以便获得较高的林木产量。

（2）热量资源

温度的高低和积温的多少是衡量一个地区热量资源多少的主要标志。

气温分布及变化特征受地理纬度、太阳辐射和地形特点的综合影响。该地区年均气温在 4～12℃。气温的分布在很大程度上受到地势的影响，总的分布趋势是由北向南升高，由盆地向高山降低。晋西山区和大同地区，年均气温在 8℃ 以下，其中，中高山区 4℃ 以下，其余地区为 4～8℃；晋西北黄河沿岸为 8～10℃。

极端最高气温在 35～42℃，一般多出现在 6 月份。从 6 月下旬到 8 月上旬为全年最热时期。极端最低气温在 −14～−40℃，一般出现在 12 月到次年 2 月间，从 12 月下旬到次年 1 月下旬为全年最冷时期。最冷月出现在 1 月，最热月出现在 7 月。春温高于秋温，其差值由北向南递减。

气温年较差，是最热月和最冷月平均温度之差，用来表示一个地方冬冷夏热的程度。

由于地处欧亚大陆东部内陆，气温年较差都较大，一般在 27～36℃。晋西北地区因纬度较高，大部分地区在 32℃ 以上，偏关、右玉、岢岚大于 34℃。

气温日较差，是当日最高气温与最低气温之差，反映气温的日变化。由于大陆性气候特别显著，气温日较差较大。年平均气温日较差在 7.2～15.6℃，北部大于南部，盆地大于山区，阳坡大于阴坡，晴天大于阴天。气温日较差大，说明当地白天气温高，光照充足，植物光合作用强，能够制造更多的有机物质；夜间气温低，呼吸作用弱，消耗的能量少，十分有利于植物体内营养物质的积累。

积温，植物开始发育要求一定的下限温度，完成发育要求一定的温度积累。一般用活动积温来表示一地的热量状况，它是指高于某个界限温度持续期内逐日平均气温的总和。年平均气温的高低和积温的多少影响到树木的自然分布。一般对积温要求高的树种，只能分布在较低的纬度，对积温要求低的树种则分布在较高的纬度。这就造成了树种的不同地理分布，同时形成了各地同一树种的不同生产力。

日均气温 ≥0℃ 的持续期，可以作为农耕期或广义的生长季。区内日均气温 ≥0℃ 的持续天数由北向南递增，最多的乡宁为 296d，最少的右玉为 212d。日均气温稳定在 0℃ 以上持续期内的积温可作为评定最大可能利用的热量资源标准。大同盆地及灵丘、广灵、岚县、静乐等县，总积温为 3300～3500℃，晋西北的右玉、神池、五寨一带，热量资源不足，总积温只有 2700～2900℃。各主要山区热量资源都比周围丘陵、平川差，随着海拔升高，总积温减少，每上升 100m，总积温减少 130～150℃，生长期缩短 5～7d。

≥10℃ 的持续日数，为喜温植物生长期或喜凉植物活跃生长期。该地区日均气温 ≥10℃ 的持续天数也是由南向北递减，最多的乡宁为 190d，最少的右玉

132d。可借助 10℃以上的积温，掌握一地热量资源对喜温植物的满足程度。西部黄河沿岸各县在 3000～4000℃；大同、朔州和吕梁山区都在 3000℃以下；关帝山、芦芽山、恒山高山地带在 2000℃以下。

区内热量条件比较优越，适宜众多树种的分布和生长发育，尤其是适宜温带油松、栎类、华北落叶松、桦木等树种的分布。但由于其他气象条件的制约，如干旱、少雨、霜冻等，使积温利用率较低。

无霜期，无霜期是指终霜日的第二天到初霜日的前一天之间的天数，其长短直接决定着各地林木的生长速度。由南向北无霜期逐渐缩短。北部地区的平均无霜期为 100～130d，山区较短，如右玉不足 100d。

（3）水分资源

水分资源是林业建设的重要资源，它与光、热资源一起，决定林木自然生产力的高低或自然条件的优劣。

水资源可分为降水资源和水利资源，植物需水主要来自于大气降水和灌溉水，一个地方的水分条件，主要由该地的降水量所决定。

降水量分布：各地降水的多少，除决定于冬夏季风来去迟早及强弱变化外，还受到地形、地势与降水天气系统的影响。该地区一年中仅夏季受到海洋性暖湿气流影响，成为多雨季节，且雨季的时间较短，其余大部分时间处在干燥大陆性气团的控制下，雨雪稀少，气候干燥。

通常山地多于盆地，迎风坡多于背风坡。大部分地区年降水量界于 400～650mm。新荣区、天镇县、大同县、阳高县、左云县、朔城区、怀仁县、应县、山阴县、河曲县等，年降水量不足 400mm。

大部分地区各季降水量占年降水量的百分比分别为：冬季 2%～5%，春季 10%～20%，夏季 50%～60%，秋季 20%～30%。

降水量的年变化：由于逐年季风环流的进退有早有晚，持续时间有长有短，影响程度有强有弱，致使各年的降水量极不稳定。该地区年均降水量为 507mm，最大为 710mm，最小为 307mm，个别地方相差更大。各地年降水的相对变率介于 25%～33%，最大的可达 50%。年降水日数普遍在 71～92d。其分布趋势和年降水量分布趋势一致，盆地少于山区，南部略大于北部。

水分条件特征：

①入春后气温迅速回升，暖湿气流逐渐加强，降水增加；进入夏季后，高温和雨季同时出现；入秋后暖湿气流势力减弱，极地干冷空气不断南下，气温急剧下降，降水明显减少；冬季气候干冷，林木停止生长。全年雨热同步升降，使林

业生产具有显著的季节性特点，一年一个旺盛生长季节。特别是气温最高的 7、8 月份，正值雨季峰期，从而提高了水热资源利用率。

②年降水量季节分配不匀，春旱频繁。因地形复杂，坡度大，沟壑多，植被覆盖率低致使水土流失严重，降水利用率低。因此，大规模种草种树，改变下垫面特性（如合理整地）。可以减少径流量，提高水分利用率。

（4）限制性气候因素

该地区具有丰富的光热资源，但干旱、降水分布不均、水土流失、大风等是林业建设的限制性因子。由于日灼常常对育苗造成危害，干旱使造林成活率和保存率受到严重影响，雁北地区的风沙危害及晋西黄土丘陵区的水土流失等都是林业生态建设中的不利因素。

**（三）土壤**

该地区由南到北，土壤类型由半干旱半淋溶土纲的褐土、石灰性褐土，渐变为干旱型钙成土纲的栗褐土和栗钙土；随着海拔升高，土壤类型由半淋溶型的褐土性土、栗褐土，逐渐变为淋溶较强的淋溶褐土，以至淋溶土纲的棕壤，在山顶平台，形成了山地草甸土、亚高山草甸土。

该地区地面物质组成以黄土广泛覆盖为特征，约有 85％以上的土地被黄土和次生黄土所覆盖，为黄土高原的重要组成部分，黄土系第四纪堆积物，具有质地疏松、多孔隙易溶蚀、垂直节理发育的特点，加之历史上长期乱垦滥伐，植被遭到破坏，水土流失十分严重。

由于地形复杂，成土母质种类繁多，因而在自然植被、气候和人类活动的影响下，形成了分布复杂种类繁多的土壤类型。在管涔、关帝、黑茶等林区的高山地带，即海拔 1600～2200m 或 2500m 之间的针叶林或针阔混交林冠下分布有山地棕壤，土壤肥厚，表层有机质含量在 10％以上，适于林木生长。

山地棕壤界线以下，即海拔 1000～1800m 的山地，主要为淋溶褐土和山地褐土（草灌褐土），淋溶褐土主要分布在海拔较高的阔叶林或针阔混交林冠下，表层有机质含量在 10％左右。在疏林和灌丛草坡为山地褐土（草灌褐土），表层有机质含量在 3％以上。这两个土壤亚类为区内山地林区的主要土壤，其质地松软，肥厚湿润，为造林和封育提供了较有利条件。

除林区以外的广大丘陵和盆地为褐土、褐土性土、山地灰褐土以及黄绵土、淡栗钙土等。在吕梁山以东、恒山以南的广大丘陵区为褐土性土，忻太盆地二级阶地上为碳酸盐褐土。吕梁山以西的晋西丘陵区为黄绵土，内长城以北的雁北一带为土壤砂化的淡栗钙土，地区土壤肥力普遍较差。在河流沿岸片断地分布有草甸土，包括盐化草甸土、浅色草甸土等。此外，天镇、阳高、右玉、左云、偏关等地还分布有风砂土。

例如，位于晋西北晋陕黄河峡谷地带的偏关县，其地貌、气候、土壤条件都能反映出这一地区的生态脆弱性：

偏关县地处北纬为 $39°13' \sim 39°40'$，东经 $111°21' \sim 112°00'$，总面积 1685.39km²。地势自东向西倾斜，地形支离破碎，沟壑纵横，海拔 $890 \sim 1855$m。土壤贫瘠，主要分为山地灰褐土和固定风沙土两类。偏关属季风性温带大陆性气候，四季分明，冬季寒冷少雪漫长，夏季短促而降雨集中，春季干旱多风；年均气温 $5 \sim 8℃$，极端最高气温 $38.1℃$，极端最低气温 $-31℃$，$\geqslant 10℃$ 积温为 $3290℃$；无霜期 $110 \sim 140$d；年均降水量 419.5mm，其中 7 月、8 月和 9 月总降水量占全年的 60%；平均蒸发量 2037mm；年均风速 $2.0 \sim 2.5$m/s；主要的灾害性气候有干旱、冰雹、霜冻、风灾等。

### （四）动、植物资源

### 1. 植物群落及分布

历史上，山西的黄河流域和雁北地区是自然环境优美、林木茂盛、生态环境良好的地区之一。在古代甚至直到明朝，不仅太原，甚至整个山西地区，大部分都被森林覆盖。秦汉及唐代修建长安，北魏修建洛阳，宋朝修建汴京，明朝修建北京，所用的木材大多是从山西采伐，然后经汾河水运出晋。自秦汉"屯垦"以后，滥伐森林、毁林开荒日益严重，使森林面积逐年减少。民国初年和抗日战争时期，残存森林遭到进一步破坏，到新中国成立初期，森林面积仅剩 15 万 hm²，森林覆盖率仅 2.3%。解放后，由于全党全民大力开展植树造林，实行大面积封山育林，特别是 21 世纪以来，国家六大造林工程和省级重点造林工程在山西的推进和实施，使森林植被有了很大的扩展。

据 2006 年山西省"二类"调查数据，该地区林业用地 401.86 万 hm²，其中有林地 114.24 万 hm²，疏林地 10.62hm²。灌木林地 69.02 万 hm²，未成林造林地 78.16 万 hm²，苗圃地 0.47 万 hm²。尚有无立木林地 7.00 万 hm²，宜林地 122.35 万 hm²，森林覆盖率 17.62%，低于全省森林覆盖率 1.78 个百分点。总活立木蓄积量 5606.46 万 m³。由于森林资源贫乏，该地区人均森林面积仅为全国平均水平的 50% 左右。

该地区的草地资源退化也十分严重。区域内天然草地面积约有 180.6 万 hm²。但由于利用强度不断增加和不利自然因素的影响，退化面积约占草地总面积的 90% 以上，有 1/3 的草地退化到了 4 ~ 5 级水平，几乎完全丧失了利用价值。

退化草地以丘陵山区退化最为严重。从饲草资源看，天然牧坡中"三化"草地面积占到草地总面积的80%，受病虫害危害的面积占70%。草地综合生产能力低，其生产能力仅相当于发达国家同类草地的10%左右。

（1）森林资源组成

从林种结构看，在森林资源连续清查的间隔期内（2000～2005年），由于天然林保护工程及森林分类经营的实施，全省林种结构发生了较大变化，防护林、特用林比重逐步增加，用材林、薪炭林、经济林比重有所下降。

从树种结构看，乔木林按树种结构类型统计，阔叶纯林比例最高，占40.25%，针叶纯林占25.22%，针叶混交林比例最低，仅占1.80%；

天然林中，阔叶纯林比例最高，占26.35%，其次是针叶纯林，占22.90%，针叶混交林比例最低，仅占2.20%；

人工林中，阔叶纯林比例最高，占55.56%，其次是针叶纯林，占28.80%，针叶混交林比例最低，仅占1.41%。

从乔木林龄结构看，幼龄林、中龄林、近成熟林、成熟林、过熟林的面积比例分别为38.68%，36.11%，16.72%，4.61%，3.88%；乔木林蓄积按龄组结构划分，中龄林、近成熟林、成熟林、过熟林的蓄积比例分别为58.75%，29.96%，9.32%，1.97%。

从林分年龄结构看，幼、中龄林占大多数，可见森林保护、抚育的任务较重。

（2）森林健康状况和生态功能

按健康等级统计，健康森林面积占总森林面积的65%，亚健康森林占25%，中度健康和不健康森林占10%。

森林生态功能指数为0.47，生态功能中等偏下。森林生态功能等级按"好、中、差"进行综合评定，其中生态功能等级为中的森林面积占68%，生态功能等级为差的占30%，生态功能等级为好的仅占2%。总体评价是天然林生态功能较好，人工林相对较差。

（3）生态公益林状况

该区生态公益林面积377.58万hm²，占全区总面积的54.68%，占全区林地面积的93.95%，其中：国家公益林面积99.57万hm²，占生态公益林的26.37%，地方重点公益林面积278.01万hm²，占生态公益林的73.63%。该区公益林面积总量不宜再扩大，在环境保护的前提下，要不断兼顾社会对林业的多种需求，适度向下调整地方生态公益林的比重。

（4）主要植物群落分布

该地区总体上处于中温带、北暖温带的半干旱气候区，但由于吕梁山山脊（关帝山、芦芽山、管涔山、五鹿山等）海拔较高，属于半湿润气候区，因此植物种类中含有蒙古草原成分、华北植物成分和少量秦岭植物成分。不同环境条件对植物的生长起着重要的作用，区域内特殊的地理环境生长着高等植物多达970多种。

森林由残留的天然次生林和人工林组成的，数量少，面积小，地域分布极不均衡。天然次生林主要分布在吕梁山的土石山区，其面积约占该地区森林总面积的26%。

西部从五寨、宁武的管涔山起，向南沿吕梁山脊至乡宁、吉县的狭长地带，森林分布较为集中，其北段多云杉、落叶松林；中南段多油松和栎类等阔叶杂木林；东部森林多集中分布在恒山等地，以油松林、落叶松林占优势。

森林通常是由松属和栎属等树种组成的温性、暖温性针叶林和落叶阔叶林，森林树种组成较杂，主要有油松、华北落叶松、云杉、侧柏、白皮松、辽东栎、栓皮栎、山杨、白桦和杨树、刺槐、柳树等。

区域内的乔木林分布不均匀、不平衡，大多集中分布于省直国有林局所辖地带，其林相特别是在芦芽山、庞泉沟国家自然保护区内保护生长良好，在华北地区首屈一指。晋北地区人工杨树、油松、樟子松等主要分布在怀仁县、阳高县、大同县、右玉县、左云县等地；天然次生林云杉、华北落叶松、油松等主要分布在宁武县、五寨县、苛岚县等地。晋西地区天然次生林油松、华北落叶松、侧柏、栎类、桦树等集中分布于吕梁山山脊两侧的土石山区，主要分布于交城、文水、方山、娄烦、岚县、蒲县、吉县、乡宁等地。

小面积零星的人工油松、侧柏、刺槐等多分布在土石山与丘陵的过渡地带或黄土丘陵区，相对分散。

区内野生经济植物资源较丰富，已知的有400多种，其中野生药用植物普遍，主要有党参、甘草、冬花、九节菖蒲、柴胡、远志、连翘等。晋北地区的党参、黄芪品质优良，影响较大。

由于目前该地区的森林覆盖率仍较低，只有17.62%，灌木林地或灌丛地就成为大面积的植被类型，常见的天然灌丛植被群落主要有：

①沙棘群落 Form. *Hippophae rhamnoides ssp. sinensis*。

分布广泛，遍布于高中山地带，海拔多在800～1900m，有时可达2800m的高山，是次生灌丛一个主要群落。根蘖繁殖较快，生长迅速，有的群落组成几十公顷的面积，水土保持作用强。适应性强，喜光和厚层土壤，富有根瘤菌，可改良土壤。果实内富含维生素C及其他20多种营养成分，其种子油药用价值和经济价值都很高，还可制果酱、饮料。

②黄刺玫群落 *Form. Rosa xanthina*。

黄刺玫群落是华北区系的主要成分，多分布于海拔800～1500m的低山区向阳山坡。群落的外貌整齐，根系很深，稳定性较强，抗旱性亦强。也是很好的蜜源植物。伴生植物有荆条、臭椿、小叶鼠李、灰栒子、西伯利亚小檗、狭叶锦鸡儿、土庄绣线菊、胡枝子、隐子草、硬毛棘豆、白莲蒿、艾蒿、委陵菜、野豌豆、茜草、丝石竹等。

③白毛锦鸡儿群落 *Form. Caragana licentiana*。

白毛锦鸡儿群落主要分布在吕梁山和太原以北地区，海拔1200～1700m的山坡灌丛中及山坡荒地。是黄土高原干旱瘠薄的旱生植物群落，群落的外貌整齐，只有小片的群丛及散生植株。

④北京锦鸡儿群落 *Form. Caragana pekinensis*。

北京锦鸡儿群落多分布于各地海拔700～1500m的山坡低谷中，在恒山生长尤多。群落的外貌较为整齐，稳定性较强，多为散生群落，也能在干旱的山坡生长。

⑤荆条群落 *Form. Vitex negundo var. heterophylla*。

多分布于海拔400～1300m的干旱阳坡。根系较发达，植株密集，覆盖率较大，是良好的水土保持和蜜源植物。群落的稳定性很强，每年收割大量的荆条，第二年仍生长旺盛。伴生植物有臭椿、酸枣、铁秆蒿、山皂角、白羊草、黄背草、杠柳等。在开花盛期，还是很好的蜜源植物。

⑥酸枣群落 *Form. Zizyphus acidojujuba*。

分布于海拔400～1500m的向阳干燥山坡及丘陵地区。这一群落形成为单生及丛生灌丛，根系发达，植株密集，覆盖率较大，是良好的水土保持树种，可作为砧木。群落外貌整齐、稳定。伴生植物有山皂角、铁秆蒿、艾蒿、荩草、旋草、白羊草、背草、虎榛子、多花胡枝子等。

⑦皂柳群落 *Form. Salix walichana*。

多分布在土石山区林缘和河谷边，海拔800～1800m。群落外貌不整齐，根系发达，有固定土壤的作用。伴生植物有落叶松、山杨、栒子木、绣线菊、山楂、沙棘、二裂委陵菜、柴胡、胡枝子、柳叶菜、独活、山棉花、龙牙草、金莲花等。

⑧照山白群落 *Form. Rhododenron micran－thum*。

分布于海拔800～1200m的山地。阴坡或半阳坡，面积大，外貌整齐，稳定性强，枝叶茂密，盖度可达1.0。地面的枯枝落叶层较厚，改良土壤作用强，还可贮存大量的水分。该群落植物不易侵入，伴生植物很少，仅有少数黄刺玫和铁秆蒿，群落下层只有少量的苔草和艾蒿。其根系发达，有较好的水土保持功能。

⑨蚂蚱腿子群落 *Form. Myripnois dioica*。

分布于吕梁山脉中部和南部，海拔400～1300m的阳坡和半阴坡。群落的外貌整齐，生长很快，每年都可长出新株，群落多成密集丛生，稳定性很强，盖度可达1.0，是水土保持的良好灌丛。伴生植物有虎榛子、绣线菊、黄刺玫、胡枝子、本氏木兰、达乌里胡枝子等。

⑩虎榛子群落 *Form. Ostryopsis davidiana*。

分布于海拔1800～2100m的土石山区山坡，面积较大，生长集中，盖度大，有较厚的落叶层。外貌整齐，稳定性强，外界的植物很少侵入。伴生植物只有零星沙棘、铁秆蒿、龙牙草、委陵菜、地榆等。根系发达，能保持水土也能改良土壤，抗旱性能强。

⑪狼牙刺群落 *Form. Sophora uicifolia*。

分布在中部的低山区，枝刺很多，成片面积不大，多成带状生长，抗旱能力很强，根系发达，对水土保持起着重要作用。外貌整齐，有较强的稳定性。伴生植物有铁秆蒿、胡枝子、花木兰、荆条、酸枣、小叶鼠李、败酱、柴胡、唐松草等。

⑫土庄绣线菊群落 *Form. Spiraea Pubescens*。

土庄绣线菊群落分布较广，海拔400～2300m，为低山、中山及亚高山地带适应性强的植物，抗旱性强。群落的外貌整齐，根系深长，有较强的稳定性，是水土保持灌丛。灌丛较高，是山坡上的优势种，株高1～2m，群落的盖度0.5～0.8，是森林砍伐后形成的次生灌丛。伴生植物有虎榛子、胡枝子、沙棘、蚂蚱腿子、地榆、茜草、蓬子莱、委陵菜等。

⑬金露梅群落 *From. Potentilla fruticosa＋P. parvifolia*。

金露梅群落为小灌木，分布于吕梁山高、中山地带阳坡或半阴坡地区，海拔1500～3000m。稳定性较强，外貌整齐，对水土保持有一定作用。其盖度较小，是林缘及荒坡灌丛下的矮小灌木。伴生植物有深山柳、绣线菊、皂柳、绢毛蔷薇、珠芽蓼、苔草、草玉梅、龙胆、钝叶银莲花、蓝花棘豆、金莲花、高原毛莨等。

⑭三裂绣线菊群落 *Form. Spiraea trilobata*。

三裂绣线菊群落分布于恒山、吕梁山，海拔 1000～1500m 的石质山地阳坡及半阴坡。群落的外貌整齐而稳定，是灌丛中的优势种，抗旱性强，根系较深，也是水土保持优良灌丛。伴生植物有土庄绣线菊、黄刺玫、枸子木、小叶鼠李、隐子草、柴胡、防风、山棉花、委陵菜、小草蒿、龙牙草、石竹、茜草、苍术、铁秆蒿、薄皮木等。

⑮鬼见愁群落 *Form. Caragana jubata*。

多分布于海拔 1000～2500m 的吕梁山脉山顶。植株有刺和白毛，以适应寒冷和干旱气候。为喜光植物，有大片的群丛。群落的外貌整齐而又稳定，有时它与华北落叶松相连在一起，并呈带状生长，群落的盖度达 1.0。灌丛很少有其他植物侵入，周边只有铁秆蒿、苔草、百里香、艾蒿、委陵菜、本氏针茅生长。

⑯黄栌和连翘灌丛 *Ass. Cotinus Forsythia suspensa*。

多分部于中、南部，海拔 700～1500m 的山坡半阳处，密集丛生，外貌相当整齐，比较稳定。根系较发达，为良好的保土树种。伴生植物有油松、辽东栎、槲栎、土庄绣线菊、三裂绣线菊、沙棘、艾蒿、多花胡枝子、委陵菜、蓬子草、狼毒、水棘针、穗状马先蒿、棘豆、歪头菜、蓝花棘豆、地榆等。

⑰金花忍冬群落 *Form. Lonicera chrysantha*。

分布于吕梁山地区，海拔 1200～1800m 的半阴坡，为中生灌丛，喜湿润环境。外貌整齐，丛生密集，覆盖率较高。群落的稳定性很强。伴生植物有六道木、照山白、迎红杜鹃、枸子木等。

⑱东北茶藨子群落 *Form. Ribes burejense*。

中生落叶灌木，在关帝山分布较广，多生于针阔混交林下，海拔 800～1800m 的山坡林缘，也有在灌丛中成单独优势群落。叶子较大，覆盖率较好。根系发达，是水土保持的理想植物。外貌整齐，群落的稳定性较强。伴生植物有刺李、土庄绣线菊、金花忍冬、接骨木等。

⑲水枸子群落 *Form. Cotoneaster multiflorus*。

山地中生灌木，生于杂木中，多零星生于沟谷，也有成片的群落。分布于海拔 600～1500m 的山地阳坡。群落的外貌整齐，稳定性强。伴生植物有柳树、黄刺玫、胡枝子、杭子梢、美蔷薇、土庄绣线菊、沙棘、杠柳、照山白等。

⑳本氏木兰群落 *From. Indigofera bungeana*。

各地均有分布，分布于海拔 900～1800m 的石质山地。根系发达，抗旱性较强，覆盖率较差，叶子较小，但在瘠薄干燥处亦能良好生长。群落的稳定性很好，外貌不整齐，只有小面积的生长，多在向阳山坡，少数散生于林缘和灌木丛中，对水土保持起到重要作用。伴生植物有胡枝子、美丽胡枝子、薄皮木、酸枣、小叶鼠李、小叶锦鸡儿、柴胡、莨草、山棉花、石竹等。

㉑高山绣线菊群落 Form. Spiraea alpina。

分布于管涔山、关帝山，海拔 1900～2500m 山顶的向阳山坡灌丛中。群丛的面积较大，其植株的密度较好，它的叶形比任何其他种的叶片小得多，成为簇生的很短披针叶，但根系特别发达，对水土保持、固土起到很重要的作用，还是耐风蚀耐干旱植物种。

㉒西北枸子群落 Form. Cotoneaster zabeli。

分布于吕梁山海拔 1200～2000m 的沟谷及山坡杂木林中。群落的外貌整齐，又很稳定，植株丛生，根系发达，是山区的常见种，对水土保持有一定作用。果实红色，下垂成串，久经不落，具有观赏价值。

㉓美蔷薇群落 Form. Rosa bella。

美蔷薇群落分布于恒山、吕梁山海拔在 800～1500m 的干旱阳坡及山区的梯田边。根系发达，是水土保持树种。花粉红色，是提取香料的主要植物。伴生植物有土庄绣线菊、卫茅、醋栗、龙牙草、穗状马先蒿、委陵菜等。

㉔榛子群落 Form. Corylus heterophylla。

分布于海拔 800～2400m 的山谷和半阴坡，喜光、耐寒、耐旱。榛子是群落中较大植株，叶形也大，外貌整齐，覆盖率很高。根系发达，稳定性也很强，是水土保持的良好树种，种子可作糕点及食用，含油量 51%，油为高级营养品。伴生植物有胡枝子、虎榛子、三裂绣线菊、悬钩子、黄刺玫、达乌里胡枝子、美蔷薇、铁秆蒿、白头翁、唐松草等。

㉕鹅耳枥群落 Form. Carpinus turczaninowii。

分布于关帝山海拔 800～2100m 的阴坡及向阳处。生长特别旺盛，植株密集，枝叶繁茂，其覆盖率很高，群落的外貌整齐，稳定性很强，根系发达，是水土保持植物。

㉖达乌里胡枝子群落 Form. Lespedeza davurica。

为低山区的建群种，植株不高，覆盖率很大，直立与伏生，普遍分布。其根系与枝干相比远大于枝条，水土保持作用好，也是主要饲料。

㉗胡枝子群落 Form. Lespedeza biclor。

胡枝子群落是落叶阔叶林破坏后的次生灌丛，分布于海拔 800～1700m 的林缘及荒地。耐干旱瘠薄，适应性很强，对土壤要求不严格，各处均能生长，根系发达，并有根瘤菌，可改良土壤，是水土保持的良好灌丛。在土层好的条件下，高可达 2m，郁闭度可达 1.0。伴生植物有三裂绣线菊、土庄绣线菊、虎榛子、照山白、荚蒾、山楂、黄栌等，它的叶是很好的饲料，又是蜜源植物。

㉘刺李群落 *Form. Ribes burejense*。

中生灌木，在关帝山分布较广，多生于林缘及河流两岸，特别在干河床中有较大面积的群丛生长。群落的外貌很整齐，稳定性很强，根系发达，形成较大的灌丛。它是很好的经济植物，果实密集生长，成串垂下，富含 Vc。

㉙华北珍珠梅群落 *Form. Sorbaria kirilowII*。

华北珍珠梅群落多分布于海拔 400～1300m 的山坡沟谷。呈散状生长，每丛植株均有 30 多株，繁殖力很强，花白色、美丽。群落的外貌整齐而稳定，是水土保持及蜜源植物。

㉚河朔荛花群落 *Form. Wikstroemia chamaedaphne*。

河朔荛花是一种抗干旱性能很强的植物，广泛分布于关帝山、管涔山等海拔 600～1800m 的山地阳坡。在低山荒地形成小片群落的优势种，因根系发达，群丛密集，是优良的水土保持树种。植株及皮纤维柔韧可造纸，又可做人造棉，枝、叶、花含有毒素，可制作农药。

㉛醉鱼草群落 *From. Buddlega alternifolia*。

分布于山西蒲县、中阳县、隰县、交口县、石楼县等，海拔 1200～1300m 黄土地干旱山坡，生长良好，株高 1～3m 自成群落，植株的根系发达，可用于水土保持固土保沙。伴生植物有黄刺玫，沙棘、西北枸子、碱草、铁秆蒿、艾蒿等植物。叶含有毒素，把叶子切碎放入水中鱼几小时内即会醉晕，花可提取芳香油。

㉜铁秆蒿群落 *Form. Artemisia gmelinii*。

铁秆蒿是普遍生长的抗干旱植物，分布海拔多在 500～2300m。根系发达，能在石缝中生长，对水土保持起到了很大的作用。群落的外貌整齐，稳定性特别强，可经久旱而生长旺盛。繁殖力很强，可自然进行繁殖，形成较大面积群丛。

㉝翅果油树群落 *From. Elaeagnus mollis*。

翅果油树群落分布于该地区南部乡宁县等海拔 600～1300m 的阳坡及阴坡，但以阴坡的沟谷生长良好。翅果油树灌丛总盖度为 80%～95%，株高 3～4m，伴生植物有白刺花、牛奶子、甘肃山楂、黄刺玫、毛叶水枸子、毛樱桃、六道木等。果实内含有 30% 的油质，种仁含油率达 50.82%，其中含亚油酸 50%，具有珍贵的医疗作用，为国家二级保护植物。

此外，在山西生态脆弱区的高中山，其森林植被的垂直分布十分明显，以北部的芦芽山为例（图1-1），南、北坡森林类型自下而上为：

• 灌草丛及农垦带（海拔 1000～1600m）以中国沙棘和黄刺玫灌丛为主，早熟禾、蓝花棘豆、黄芪等草地次之；农耕地作物以莜麦、马铃薯等为主。

• 针叶阔叶混交林带（海拔 1550～1900m）以杨桦、白杆、青杆、油松、华北落叶松等混交林为主，南坡个别地方混交有辽东栎。

• 针叶林带（海拔 1780～2700m）以寒温性针叶林

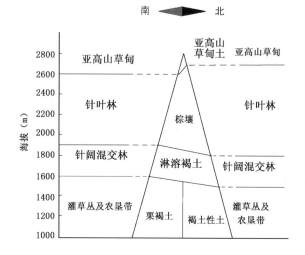

图1-1 芦芽山森林植被和土壤类型垂直分布示意图

为主，主要有云杉林（白杆为主，青杆次之）及华北落叶松林。

• 亚高山灌丛及亚高山草甸带（海拔 2600～2784m）南坡鬼箭锦鸡儿，高山绣线菊（*Spiraea alpina*）、金露梅等灌丛为主；北坡以苔草等莎草科植物、中生乔本科植物，以及珠芽蓼、地榆（*Sanguisorba officinalis*）等组成草甸。

**2. 野生动物**

山西生态脆弱区地处黄河中游，境内以山地丘陵为主，由于山峦纵横交错，地形地貌复杂，形成了许多区域性小气候和植物群落，为野生动物栖息繁衍提供了多样的生存环境。区域内的野生动物，70％以上以森林、湿地环境为生，反映出自然生态环境对野生动物栖息的重要性。

该地区现有陆栖野生动物 258 种（引入和驯养未计入），其中鸟类 192 种，兽类 45 种，爬行类 15 种，两栖类 6 种。国家一级重点保护野生动物有褐马鸡（褐马鸡为中国特有的鸟类）、金雕、黑鹳、金钱豹、原麝、林麝等 12 种；国家二级重点保护野生动物有天鹅、灰鹤、鸳鸯、苍鹰、黄羊等 22 种；省重点保护野生动物有苍鹰、池鹭、冠鱼狗、复齿鼯鼠等 14 种。此外还有狼、雉鸡、山斑鸡、野猪、野羊、獾等经济动物资源。

二十多年来，国家和省的自然保护区建设和天然林封育措施，对保护和扩大野生动物种群数量起到了至关重要的作用。

国家Ⅰ级重点保护野生动物——褐马鸡便是一个例证：

褐马鸡，因长耳羽，又称角鸡，为鸡形目雉科马鸡属，是我国特有的珍稀鸟类。1989 年，褐马鸡被列为国家一级重点保护野生动物，中国鸟类学会以褐马鸡作为会标，山西省将其定为省鸟，详见图 1—2。

褐马鸡栖息在山西省吕梁山脉的关帝、管涔和五鹿山林区及河北省西北部小五台、陕西省黄龙林区。20 世纪 70 年代，褐马鸡已处于濒危状态，庞泉沟和芦芽山林区仅存千只左右，五鹿山林区可能仅有数百只。从 20 世纪 80 年代开始，褐马鸡开始得到重点保护。1980 年，山西省人民政府批准，在吕梁山脉的庞泉沟（交城和方山县境）和芦芽山（宁武

图 1-2　山西省省鸟——褐马鸡

和五寨县境）分别建立了以保护褐马鸡为主的自然保护区；2006 年，蒲县五鹿山升格为国家级自然保护区。自然保护区建设收到显著成效，通过监测发现，褐马鸡种群数量逐年回升，至今大约已达 13000 余只。目前，各保护区附近的林场也时常能见到成群的或零星的褐马鸡，在山野和林缘活动。

# 第二节　社会经济与生态状况

## 一、社会经济状况

2006 年，山西生态脆弱区总人口 921.90 万人，其中农村人口 605.80 万人，占总人口的 65.7%，高于全省同一比例 10.8 个百分点。人口密度 133 人/km²，已高于中度生态脆弱区平均 100 人/km² 的标准，是强度生态脆弱区标准的两倍多。耕地面积 165.25 万 hm²，农民人均耕地面积 0.27hm²（相当于 4.05 亩）。果园面积 20.9 万 hm²。人均土地面积和农村人均耕地面积高于全省和全国的平均水平，丘陵山区广阔，生物资源丰富，开发治理难度大，开发利用潜力也大，发展农、林、牧业，为生产名、优、特、绿色农副产品提供了基础条件。

山西生态脆弱区生产总值 2374 亿元，财政总收入 398.5 亿元，农民人均纯收入 2324 元，城镇居民人均可支配收入 9865 元。粮食总产量 410 万 t。

林业产业年总产值达 58.42 亿元。其中第一产业 48.30 亿元，占总产值的 82.68%；第二产业 7.51 万元，占总产值的 12.85%；第三产业 2.61 万元，占总产值的 4.47%。

该地区矿产资源种类繁多，储量丰富。含煤面积达 276 万 km²，占区域面积的 39.9%，主要有大同、宁武、西山、柳林等煤田。随着经济增长和消费需求扩张，煤炭资源的稀缺性问题变得越来越突出，在价格大多已放开且资源紧缺的情况下，这一优势十分明显。山西北部和西部经济正处于"起飞阶段"的初期，完全可能在较长的时间内保持快速增长，尽管如此，目前该地区的经济总量与人均指标在我国中部乃至全国的地位还相对滞后。

山西生态脆弱区面临着调整产业结构，保护生态，提高人民群众生活水平，又好又快建设小康社会，实现经济社会持续健康发展的机遇和挑战。

## 二、水资源利用状况

2006 年，山西生态脆弱区水资源总量 62.4 亿 m³。区域内陆地地表水十分贫乏，而且分布不均。地下水储量为 48.4 亿 m³，其开发已达到了相当高的程度。人均水资源占有量为 256m³，不足全国人均水资源量的 1/5，亩均水资源占有量仅为全国相应值的 15%。

黄河流经该地区 625km，但黄河水的利用率却不高。集水面积大于 4000km²、河流长度在 150km 以上的河流只有汾河、三川河、昕水河、桑干河等 4 条。河川径流量为 53 亿 m³，全属外流水系。大体上，晋西属于黄河水系，晋北属于海河水系，一般向西、向南流的属黄河水系，向东流的属海河水系。其中黄河流域面积为 515.02 万 hm²，占该地区土地总面积的 74.6%；海河流域面积为 175.55 万 hm²，占该地区土地总面积的 25.4%。河流大都发源于森林植被较好的山地林区。

可见，该地区的水资源总量是十分匮乏的，特别是地下水的超采情况更是令人担忧。更为不幸的是近二十多年的煤炭采掘业使这里的水资源利用更是雪上加霜，因采煤造成饮水困难的人群越来越多。

如区域内孝义一个县级市，受到采煤影响的就有 205 个村、13.53 万人，还有 62 个村的 3.83 万人等待解决缺水问题，有 47 个村、3.99 万人因采煤造成水源污染饮用水质不达标，已经解决的村庄又有 19 处解困水源工程因采煤漏水报废。

专家称，煤和水共存于一个地质体，煤矿的开采排水打破了地下水原有的自然平衡，形成以矿井为中心的降落漏斗，改变了原有的补、排条件，使地下水向矿坑汇流，原有的含水层变为透水层，地下水位直线下降。区域内煤炭的大规模、高强度开采对水资源有着毁灭性的破坏。根据测算，平均每开采 1t 煤，要影响、破坏、漏失 2.48m³ 的水资源，按照开采量 3 亿 t 计算，每年就有约 7.5 亿 m³ 的水资源浪费掉了。同时，由于水资源短缺，相当多地区的农业生产不得不利用污水进行灌溉，令人反思。

因此，建立煤炭生态补偿基金，保护生态，治理环境，加大林业生态建设的力度，已刻不容缓。

## 三、水土流失状况

众所周知，山西省地处黄土高原，水土流失严重。山西乃至全国水土流失最严重的地区正在此次划定的山西生态脆弱区内。该地区由于山多川少，受自然梯度、水平梯度和重力梯度的作用，水土流失量大面广，危害最严重。水土流失造成土壤有机质大量流失，区域内每年造成的土壤表土损失就达 1.4 亿 t，土壤中氮、磷、钾主要养分流失达 700 万 t 之多。一般耕地的有机质含量在 0.5% 左右，远低于全国 1.5% 的平均水平，详见图 1-3。

该地区水土流失面积达 566 万 hm²，占总面积的 82.0%。水土流失平均侵蚀模数为 6000t/hm²，晋西黄河沿岸黄土丘陵沟壑区可达 10000～20000t/hm²。每年平均向黄河、海河输送泥沙 3.24 亿 t，其中黄河流域输送泥沙 2.61 亿 t，占总输泥沙量的 80.6%，占黄河泥沙总量的 18% 左右，是黄河泥沙的重要来源地之一。

图 1-3 黄河西岸黄土丘陵沟壑区卫星影像

山西生态脆弱区地处黄土高原，无论是从水土流失面积看，还是从土壤侵蚀强度看，黄土高原都是我国水土流失最严重的地区。在黄土高原内部也有很大的地区差异，但晋陕甘黄土丘陵沟壑区以强度以上侵蚀为主。山西生态脆弱区的晋西北偏关、河曲、保德、兴县、临县、柳林、石楼、永和、大宁、吉县、乡宁等11个县，丘陵、山区占总土地面积的92％以上，沟壑纵横，沟壑密度达3～6km/km²。水土流失面积占11县总土地面积的80％以上，是黄河中游水土流失最严重、流入黄河泥沙最多的地区，不仅造成当地土地贫瘠，导致河道、水库淤积，而且对黄河中、下游水利、水电工程、防洪和人民生命财产安全，都产生了十分不利的影响。

因此，治理水土流失，仍将是今后林业生态建设最紧迫的任务。

## 四、荒漠化、沙化状况

山西省大多数的荒漠化土地和几乎全部的沙化土地都分布在山西生态脆弱区。相对于水土流失，荒漠化、土地沙化土地范围较小、程度较轻，但由于气候、地理等原因，其治理任务仍将是长期而艰巨的。

### （一）土地荒漠化

按照国家荒漠标准，该地区有荒漠化县25个，分布在大同、朔州、忻州、太原、吕梁5个地级市，荒漠化土地面积129.88万hm²，占全省总面积的8.3％。

从土地荒漠化类型分析，在荒漠化总土地面积中，风蚀61.55万hm²，占47.4％；水蚀49.2万hm²，占37.9％；盐渍化19.11万hm²，占14.7％。

按照荒漠化程度划分，在荒漠化总土地面积中，轻度91.88万hm²，占70.7％；中度30.97万hm²，占23.9％；重度6.45万hm²，占5.0％；极重度0.58万hm²，占0.4％。

山西生态脆弱区荒漠化县包括：大同城区、大同南郊区、新荣区、阳高县、天镇县、大同县、左云县、平鲁区、山阴县、偏关县、浑源县、朔城区、应县、怀仁县、广灵县、宁武县、河曲县、保德县、临县、兴县、古交市、小店区、迎泽区及交城县、文水县的部分，共涉及25个县（市、区），占该地区县数的53％，为全省荒漠化县的64％。

### （二）土地沙化

按照国家沙化标准，该地区有沙化县18个，分布在大同、朔州、忻州3个地级市，沙化土地面积70.54万hm²，占全省总面积的4.5％。

山西生态脆弱区沙化县包括：大同南郊区、新荣区、阳高县、天镇县、大同县、左云县、平鲁区、右玉县、偏关县、朔城区、怀仁县、五寨县、河曲县、保德县及神池县、浑源县、山阴县、应县的部分，共涉及18个县（市、区），占该地区县数的38％。

表1-1　山西生态脆弱区沙化土地面积表　　　单位：万 hm²

| 沙化程度 | 合计 | | 半固定沙地（丘） | | | 固定沙地 | | | 露沙地 | 沙化耕地 |
|---|---|---|---|---|---|---|---|---|---|---|
| | 小计 | 计 | 人工 | 天然 | 计 | 人工 | 天然 | | |
| 小计 | 70.55 | 6.24 | 2.52 | 3.72 | 53.21 | 34.89 | 18.32 | 0.44 | 10.66 |
| 轻度 | 56.72 | | | | 45.94 | 32.41 | 13.53 | 0.42 | 10.36 |
| 中度 | 7.58 | | | | 7.27 | 2.48 | 4.79 | 0.01 | 0.30 |
| 重度 | 6.24 | 6.24 | 2.52 | 3.72 | | | | | |

通过多年的治沙工程治理，该地区的沙化程度已有所缓解，治理成果初见成效，轻度沙化土地面积已占到总沙化面积的80％。

但由于晋北地区气候恶劣，植被稀少，通常每年春季从西伯利亚吹过来的强劲季风会经大同、朔州地区，把当地粒碎质轻的栗钙土卷向高空吹向河北平原、京津地区。

由于历史生态植被欠账和自然因素的原因，作为京津风沙的第一道生态屏障，要想从根本上遏制风沙的肆虐，依然任重而道远。

## 五、矿区生态状况

山西生态脆弱区煤炭矿产资源储量丰富，采掘业对当地经济发展起到重要作用。但随着近20年来开发力度逐年增强，国家、集体、个体一起上，特别是一些乡镇、个体小煤矿、小采矿和"五小"工业企业，由于技术设备落后，疏于管理，甚至私挖滥采屡禁不止，除对土地的占用和破坏外，还造成地表植被破坏，水土流失加剧，引发土地塌陷、裂缝、沉降、滑坡、崩塌、泥石流等地质灾害；产生大量的固体废弃物、废水、废气任意排放，成为新的生态破坏灾难，对空气和水环境的污染日趋严重，工矿区生态衰退加剧。

目前，山西生态脆弱区煤炭、冶金、建材等行业累计造成的塌陷、破坏和煤矸石、尾矿等压占土地已达29.6万 hm²，并且正以每年0.24万 hm²的速度递增。平均每生产万吨原煤破坏土地0.06hm²，其中30％为耕地，40％为林业用地。

山西省为全国环境污染最严重的省份之一。在山西生态脆弱区，人均排污量为全国平均值的2.8倍，其中总悬浮颗粒物和二氧化硫排放量为全国平均值的6.2倍，烟尘排放量为全国平均值的6倍。

该地区生态环境脆弱、超强度煤炭资源供应以及矿产与水资源匹配压力等诸多问题在山西乃至全国也是十分严重的。一些矿主为了找到规格高、质量好的矿石，大都是先用挖掘机将山上的植被挖开，然后再掏挖下面的矿石，使原生植被遭到了野蛮破坏，整座大山也变得千疮百孔。由于矿主们只拉运品质好的矿石，其他的矿石全都随意丢弃在山上，资源浪费相当严重。

目前，该地区仅煤矿采空区就达 26 万 hm²，形成漏斗状的辐射面积达 58 多万 hm²，其中宜林地 15 万 hm²，因此加强矿区植被保护与生态恢复刻不容缓。

2006 年 5 月，国务院宣布在山西省启动了被人们称之为"煤炭新政"的煤炭工业可持续发展试点工作，山西省启动了探索建立煤炭开采综合补偿和生态环境恢复补偿机制，制定生态环境恢复治理规划，完善生态环境评价及监管制度，提取矿山环境治理恢复保证金，征收煤炭可持续发展基金，加强对矿区周边的环境治理和植被恢复等工作。从 2007 年 1 月开始向煤炭生产企业征收可持续发展基金、煤矿转产发展基金、矿山环境治理恢复保证金等煤炭补偿方面的资金。矿区植被恢复和绿化作为保护生态、治理环境的一项重要任务，被列为山西省造林绿化工程之一。

为了更好地解决山西省因过度开采煤炭资源而造成的矿区植被破坏等生态问题，山西省政府决定，从 2007 年起，每年全省将拿出 23 亿元用于恢复矿区植被，其中在山西生态脆弱区内矿区植被恢复的资金将达到 10 多亿元。

## 六、自然保护区、森林公园

### (一) 自然保护区

山西生态脆弱区分布有芦芽山、庞泉沟、五鹿山 3 个国家级自然保护区；拥有桑干河、六棱山、灵丘黑鹳、恒山、南山、团圆山、贺家山、紫金山、薛公岭、汾河上游、云顶山、黑茶山、尉汾河、人祖山、管头山 15 个省级自然保护区。自然保护区总面积达 47.12 万 hm²，占该区总面积的 6.82%。自然保护区相对集中地分布在土石山区的国有林区内，以保护褐马鸡、森林植被为主。

### (二) 森林公园

山西生态脆弱区分布有云冈、恒山、管涔山、关帝山 4 个国家级森林公园；拥有桦林背、南壶省、马营海、岚漪、安国寺、黑茶山、柏洼山、蔡家川、吕梁山 9 个省级森林公园。森林公园总面积达 19.56 万 hm²，占该区总面积的 2.83%。森林公园相对集中地分布在土石山区的国有林区内。

## 七、生态区位、森林生产力级数

### (一) 生态区位

生态区位重要性，标志着某一区域对维持地区生态安全的重要程度及森林在某一区域所表现出的生态功能的大小。生态区位重要性从高到低，分为重要、较重要和一般三级。影响山西生态脆弱地区的主要生态因子有水土流失、荒漠化和沙化、河流、水库、自然保护区等，经重要性指标综合评判，该区生态区位综合评价为"重要"，详见表 1-2。

表1-2　生态区位等级划分表

| 分区 | 主要河流 名称 | 主要河流 生态区位等级 | 自然保护区 名称与级别 | 自然保护区 生态区位等级 | 水土流失 土壤侵蚀模数 (t/km²·a) | 水土流失 生态区位等级 | 荒漠化 面积占(%) | 荒漠化 生态区位等级 | 沙化 面积占(%) | 沙化 生态区位等级 | 综合生态区位等级 |
|---|---|---|---|---|---|---|---|---|---|---|---|
| 第1区 | 桑干河 | 重要 | 桑干河、六棱山 | 重要 | 500~5000 | 较重要 | 71.49 | 重要 | 21.26 | 较重要 | 重要 |
| 第2区 | 桑干河、苍头河、偏关河、朱家川河 | 重要 | 桑干河、紫金山 | 一般 | 500~5000 | 较重要 | 10.48 | 较重要 | 32.94 | 重要 | 重要 |
| 第3区 | 桑干河、浑河 | 重要 | 桑干河、紫金山 | 一般 | 500~5000 | 较重要 | 73.07 | 重要 | 27.04 | 较重要 | 重要 |
| 第4区 | 桑干河、壶流河、唐河、浑河 | 一般 | 恒山、六棱山、南山、灵丘黑鹳 | 较重要 | 500~5000 | 较重要 | 12.80 | 较重要 |  |  | 较重要 |
| 第5区 | 汾河、桑干河、朱家川河、岚漪河 | 重要 | 芦芽山 | 重要 | >5000 | 重要 | 0.12 | 一般 | 7.12 | 一般 | 重要 |
| 第6区 | 黄河、汾河、暖泉河 | 重要 | 贺家山 | 较重要 | >8000 | 重要 | 16.27 | 较重要 | 5.69 | 一般 | 重要 |
| 第7区 | 黄河、汾河、北川河 | 重要 | 庞泉沟、黑茶山、蔚汾河、薛公岭、云项山 | 较重要 | 500~5000 | 较重要 | 1.14 | 一般 |  |  | 重要 |
| 第8区 | 黄河、汾河、昕水河 | 重要 | 五鹿山、人祖山、管头山 | 重要 | >7000 | 重要 |  |  |  |  | 重要 |

注：第1区指大同盆地防风固沙、环境保护重点治理区。
第2区指晋西北丘陵水土保持、防风固沙综合治理区。
第3区指桑干河防风固沙、水土保持综合治理区。
第4区指恒山土石山水源涵养、风景林区。
第5区指管涔土石山水源涵养、自然保护林区。
第6区指晋西黄土丘陵沟壑水土保持、经济林区。
第7区指关帝土石山水源涵养、用材林区。
第8区指昕水河丘陵水土保持、经济林区。

## （二）森林生产力级数

森林生产力级数只涉及森林蓄积和木材生产能力，包括现实森林生产力级数和期望森林生产力级数。

（1）现实森林生产力级数：从现实森林生产力级数看，除第5区、第7区的生产力级数为10以上外，其他分区的现实生产力级数为4～7，生产力级数相差不大，普遍较低。

（2）期望森林生产力级数：从期望森林生产力级数看，第5区、第7区、第8区、第4区期望森林生产力级数达到20以上，其余区的生产力级数为12～19，可见山西生态脆弱区的森林生产力发展潜力是很大的，详见表1－3。

表1－3　现实、期望生产力级数表

| 生产力级数 \ 分区 | 第1区 | 第2区 | 第3区 | 第4区 | 第5区 | 第6区 | 第7区 | 第8区 |
|---|---|---|---|---|---|---|---|---|
| 现实生产力级数 | 4 | 6 | 6 | 6 | 14 | 7 | 12 | 7 |
| 期望生产力级数 | 12 | 17 | 17 | 20 | 36 | 19 | 31 | 25 |

# 第三节　林业生态建设成就及存在问题

## 一、林业生态建设成就

### （一）观念更新，实现跨越发展

新中国成立60年，特别是改革开放以来，在历届山西省委、省政府的坚强领导和国家的大力支持下，经山西生态脆弱地区当地政府和人民的艰苦奋斗，国家和山西实施的"大工程带动大发展"的林业生态建设战略，取得积极成效，形成了"山上治本，身边增绿"日新月异的新格局，林业生态建设取得了令人振奋的成就。

进入21世纪，党中央、国务院把森林资源保护与发展提升到维护国家生态安全、全面建设小康社会、实现经济社会可持续发展的战略高度，林业生态建设步入了较快发展的新阶段。

山西生态脆弱地区林业生态工程发展的历程与国家和山西重视林业建设的方针、政策密切相关。山西生态脆弱地区森林资源变化大体经历了三个阶段：

第一阶段，从20世纪50年代初期到70年代末期，森林资源主要处于以木材利用为中心的发展阶段，林业为国民经济的恢复、建设和发展作出了重大贡献。这一时期，林业作为基础产业从国家建设需要出发，首要任务是生产木材，森林资源曾一度出现消耗量大于生长量。林种结构中，用材林所占比重超过70％，防护林比重不足10％，反映了以木材利用为主的林业经营思想。

第二阶段，20 世纪70 年代末期到90 年代后期，森林资源处于木材利用为主和兼顾生态建设的发展阶段，在满足生产和国家经济建设需求的同时，逐步得到了有效保护与发展，步入了较快增长时期。这一时期，坚持"以营林为基础，普遍护林，大力造林，采育结合，永续利用"方针，提出了建设比较完备的林业生态体系和比较发达的林业生产体系的奋斗目标。这个阶段林业呈现出从单纯利用森林资源向利用与生态建设同步进行的特征。在"三北"防护林体系建设工程启动之后，又相继启动了黄河中游防护林体系工程、治沙工程、平原绿化工程等林业重点工程。防护林所占比重明显加大，林业生态建设开始得到重视，投入力度逐步加大。

第三阶段，从 20 世纪末至今，以国家整合后的天然林保护工程、京津风沙源治理工程、退耕还林工程、"三北"防护林体系建设等林业重点工程和省级通道绿化、沿线荒山绿化等重点工程实施为标志，林业建设开始步入以生态建设为主的新时期，森林资源进入快速增长的新阶段。这个阶段林业呈现出高度重视现有林保护，同时加大生态脆弱地区的治理力度，保护与治理并重的特征。进入"十一五"以来，贯彻生态建设、生态安全、生态文明的战略思想，坚持严格保护、积极发展、科学经营、持续利用的指导方针，森林资源保护与发展取得了显著成绩。防护林和特用林面积占林分面积的80％以上，用材林面积占林分面积的18％，表明以木材生产为主向以生态建设为主的林业历史性转变已初见成效。

山西生态脆弱地区是山西省乃至全国生态建设的主战场。党的"十七大"以来，在坚持科学发展观，构建和谐社会的伟大实践中，山西省委、省政府将造林绿化作为"十一五"重大战略举措进行布局，坚持实施山上治本、身边增绿同步发展战略和林权制度改革，国家林业重点工程、省级造林绿化工程同步推进，从天然林资源保护、退耕还林、京津风沙源治理、"三北"防护林等国家林业重点工程建设到全方位实施的通道绿化、村庄、厂矿区、环城绿化、城郊森林公园建设等省级造林绿化十大工程，高标准抓好汾河流域、太原西山地区及重点城市生态环境修复治理工程，让人民群众直接享受造林绿化成果。同时，下大力气搞好以干果经济林为重点的富民工程，努力构建现代林业发展体系，初步实现了管理机制由主要依靠行政推动向行政推动与利益驱动相结合的转变，发展方式由数量

扩张向数量、质量并重转变，组织形式由部门办林业向社会办林业转变。

**（二）大工程带动大发展**

到 2006 年底，山西生态脆弱地区完成国家级造林工程 354.07 万 hm²，完成省级造林工程 9.16 万 hm²，利用外资林业工程累计完成 6.88 万 hm²。

（1）"三北"防护林工程

工程范围包括该地区的永和、大宁、隰县、蒲县、吉县、乡宁、汾西、石楼、交口、中阳、柳林、离石、方山、岚县、兴县、临县、交城、文水、汾阳、孝义、娄烦、古交、河曲、保德、偏关、神池、五寨、岢岚、宁武、静乐、平鲁、右玉等 32 个县和杨树林局、关帝林局等 5 个省直林局，占该地区县（市、区、局）的 69%。到 2006 年，在昕水河流域、晋陕峡谷、汾河上游、晋北风沙区等共完成造林保存面积 121.78 万 hm²

（2）天然林资源保护工程

工程范围包括该地区的右玉、平鲁、河曲、保德、偏关、柳林、临县、兴县、石楼、永和、大宁、吉县、神池、五寨、岢岚、宁武、静乐、古交、娄烦、中阳、离石、方山、岚县、交口、文水、交城、汾阳、隰县、蒲县、汾西、乡宁、孝义、汾阳、文水、交城等 35 个县（市、区）和管涔、黑茶、关帝、吕梁 4 个省直林局，共计 39 个建设单位，占该地区县（市、区、局）的 75%。到 2006 年，共完成造林保存面积 67.59 万 hm²，封山育林 43.25 万 hm²。

（3）退耕还林工程

工程范围包括该地区的所有 47 个县（市、区）。退耕还林工程自 2000 年试点以来，到 2006 年共完成国家退耕还林任务 63.98 万 hm²，其中：退耕地还林 23.24 万 hm²，荒山荒地造林 37.08 万 hm²，封山育林 3.66 万 hm²，已有退耕农户 4372 万户。

（4）京津风沙源治理工程

工程范围包括该地区的天镇、阳高、大同、浑源、左云、南郊区、新荣区、怀仁、应县、山阴、朔城区和省直杨树林局等 12 个建设单位，工程区集中分布在该地区的北部，为山西京津风沙源治理工程的主体，占山西生态脆弱地区县（市、区、局）的 26%。

2000～2006 年完成林业生产任务 28.56 万 hm²，其中人工造林 3.84 万 hm²，飞播造林 5.43 万 hm²（人工模拟飞播造林），封山育林 4.57 万 hm²，农田林网 2.05 万 hm²，退耕还林 12.67 万 hm²。

（6）省级造林绿化工程

到 2006 年，该地区完成省级沿线荒山绿化、环城绿化、矿区绿化等林业重点工程造林 9.16 万 hm²。

（7）外资项目

到 2006 年，该地区利用世行、日元资金项目造林 6.88 万 hm²。

到 2006 年，山西生态脆弱地区森林面积累计达到 121.64 万 hm²，比 1949 年的森林面积增加了 40 倍，山西生态脆弱地区的森林覆盖率由 1978 年的 6.50% 提高到 17.62%，在荒山、通道、城市周边等都营造了大范围的人工林。该地区范围内 10.04 万 hm² 农田受到有效的庇护，27.21 万 hm² 的沙化面积得到有效治理，86.70 万 hm² 水土流失面积得到初步控制，土壤侵蚀模数比 1978 年前下降了 1000～2000t/km². a。森林面积的逐步恢复和扩大，改善了气候条件，使光、热、水、气等气候资源的再分配更有利于人类的活动，也使当地人民切身感受到了生态环境的良好变化。

"十一五"以来，该地区林业生态治理力度呈加速态势，共完成营造林 57.88 万 hm²，平均每年完成 11.58 万 hm²；通道绿化完成 5820km；核桃、红枣等干果经济林发展到 17.14 万 hm²，总产量 2.59 亿 kg，林业产值达到 24.62 亿元。

2006 年以后，特别是省级造林绿化十大工程、"2+10"生态环境修复治理工程和以干果经济林为重点的富民工程的实施，让越来越多的群众享受到造林绿化成果，同时为农民增收作出巨大贡献。

**（三）工程综合效益显著**

通过一系列林业生态重点工程的实施，使该地区的生态环境发生了巨大变化，也对当地经济社会发展起到了重要促进作用，产生了广泛的社会影响。对农民增收的贡献日益凸显，实现了大地增绿、林业增效、环境增色、农民增收的"四增"目标。主要表现在以下方面：

（1）生态环境得到初步改善，局部地区明显好转

晋西北风沙区昔日"十山九秃头，沙丘遍地走。风起黄沙飞，十年九不收"和"立夏不起尘，起尘活埋人，白日点油灯，夜间土封门"的现象已成为历史。像晋西北右玉县，已成为全国闻名的塞上绿洲。

（2）经济社会得到同步发展

退耕还林工程的实施为调整农村产业结构、促进地方经济发展和增加农民收入创造了条件、搭起了平台，较好地解决了生态效益和经济效益的关系，实现了粮食增产、农民增收、农业增效，一大批农民依靠发展林业走上了脱贫致富的道

路。在工程建设中，各地坚持按照建设生态经济型防护林的指导思想，通过调整结构，发展多种经营，建成了黄河沿岸以红枣为主、吕梁山区以核桃、苹果和酥梨为主、北部以仁用杏为主的干鲜果经济林基地；在晋西北的偏关、五寨、右玉、平鲁等地建成以柠条为主的灌木饲料林基地，初步形成了以林为基础的林果业、林牧业等区域性产业，成为山西生态脆弱区农民脱贫致富的重要途径。吉县、隰县、石楼等县的林业收入占到农民总收入的50％以上，越来越多的农民依靠林果业走上了致富的道路。

晋西黄河沿岸的临县自国家"三北"防护林体系建设以来，全县的枣树面积达到 2.67 万 hm²，2006 年红枣年产量达到 6000 万 kg，人均红枣收入可达 200 元以上；地处晋西风沙区的偏关县，通过大力发展以柠条、沙棘为主的灌木林，不仅使全县 150 座沙丘得到基本控制，而且有力地促进了畜牧业的发展，走上了林牧生态良性循环的路子。

山西生态脆弱区农民人均纯收入已由 1978 年的 280 元，提高到 2006 年的 2324 元。

（3）社会效益得到明显发挥

以国家林业重点工程为主的防护林体系建设不仅改善了生态环境，促进了山西生态脆弱地区的资源开发和区域经济发展，增强了人们的生态意识、绿化意识和环境意识，为将林业生态建设推向新高度，引向深入，提供了科学依据，同时也提高了山西在全国林业生态建设中的地位。

通过几十年的林业生态建设，初步形成了区域性的生态防护林体系骨架，使这一地区的生态环境质量有了较明显的改善，生态、经济、社会效益显著，有力地促进了农村经济发展和人民生活水平的提高。

但是，山西生态脆弱地区要加快缩小与全国或周边省份的差距，更好地适应我国新形势下经济社会可持续发展的新要求，在建设现代林业、实现生态文明的伟大征程中，林业生态建设还必须要下决心解决好各种存在的问题。

## 二、林业生态建设中存在的主要问题

目前，该地区生态环境脆弱的状况还较为突出：区域森林覆盖率低，水土流失严重，水资源短缺，河流、空气质量不容乐观，生态环境的恶化已严重影响到人民群众的生活质量，影响到地区经济社会的可持续发展。

在山西生态脆弱区绿化造林是功在当代、利在千秋的伟业。林业生态建设的成果来之不易，而总结经验、查找问题是为了取得更大的成就。

新中国成立后，特别是我国改革开放以来，山西生态脆弱地区的林业生态建设虽然取得了巨大成就，但回头看，冷静思考，用科学发展的目光来审视，该地区在林业生态建设中还存在着以下几个方面的问题：

**(一)"边治理，边破坏"现象重视不够**

客观上讲，山西生态脆弱地区林业生态建设依然处在"边治理，边破坏"的相持阶段。这正如与人治病，首要的是稳定病人病情，然后才能够使其逐步康复。"边治理，边破坏"问题不消除，生态建设成效将会事倍功半，建设成果在相当程度上为不断的破坏所抵消。

从全国来看，到 20 世纪末，黄土高原 3/4 左右的地区水土流失治理度仍在 20％以下。

1996 年是山西省水土流失治理速度较快的一年，初步治理水土流失 2900km$^2$，但当年全省破坏的治理面积为 1500km$^2$，二者相抵后，净增治理面积为 1400km$^2$。治理快的年份尚且如此，其他年份更可想而知。

近年来"边治理，边破坏"情况有所缓解，但依然存在，并出现了一些新情况，如一些交通、建筑工程对林地非法或不合理占用；没有长期营林管护的后续机制，新造林地管护不力，自然枯死或被牲畜、人为侵害等等，都使"边治理，边破坏"现象不断延续。

**(二) 治理程度低，不彻底**

在黄土丘陵区水土流失治理中，不仅治理程度差异很大，而且各种治理措施的质量也千差万别，因此水土保持效益也不同。列入重点治理的小流域只是极少数，到 2005 年，该地区还有四成以上的水土流失地仍未开展治理。已治理区域大部分是一般治理，治理程度一般在 1/3 以下。即使是那些经过十几年甚至几十年重点治理的小流域，一般也未能达到全流域的彻底治理，以植被恢复为主的林业建设工程没有全面铺开。以小流域为例，林业生态治理程度至少应达到 4/5 以上，才能保证全面治理的成效，而现实中我们却做得很不够。

**(三) 林分结构单一，稳定性较差，森林质量低**

从造林方式上看，仍然用营造用材林的方式营造生态林。由于有些地方急于完成任务，在实际工作中不按生态林的建设目标要求筛选树种、整地，造林也不按生态建设的需要调整地表结构和林分结构，没有真正按照生态系统学理论的要求去全面造林治理。有的地方山上绿化好，平川绿化差；有的地方路、渠绿化好，荒滩、村庄绿化差，没有实现山、川、沟全面治理，乔、灌、草多树种混交、多层次结合的防护林体系。

在现有约 200 万 hm² 人工幼林和未成林中，普遍存在着针叶林多、阔叶林少；纯林多、混交林少；单层林多、复层林少的问题。由于森林生态系统稳定性差，森林涵养水源、保护土壤等功能难以较好发挥，这样的林分抵御火灾、病虫害的能力也十分脆弱。

区域内森林资源总量不足、分布不匀、质量较差、效益低，远满足不了社会对木材等林产品的需求，更满足不了涵养水源、保持水土、防风固沙、美化环境等生态需求已成为国人的共识。主要表现在：

（1）大面积的中幼林亟待抚育。需要配备人力、物力、财力对林地进行中幼林抚育，使得各工程县每年的营造林任务更重了。经济条件好的地方进行了封禁、看护和简单的抚育，但多数县因财力紧张，而无能为力。

（2）低产低效林所占比重较大，更新改造任务增大。该地区有近 55 万 hm²中幼林为低效防护。如地处晋西北的右玉县 20 多年来营造的 2.67 万 hm² 林地中，有 1.80 万 hm² 已成为"小老树"，防护效益低下，病虫害防治任务逐年加大，亟须采取封、补、更新等改造措施。

因此，今后山西生态脆弱区林业生态建设除继续扩大森林及林木植被覆盖率外，更要把提高森林质量、加强森林经营列为林业工作的重点之一，并贯穿到林业建设的全过程。

**（四）林业工程管理滞后**

（1）管理经费不落实

通常只强调工程建设，却忽视了工程管理。如"三北"防护林工程、退耕还林工程没有管理经费或管理费用微少，致使规划、设计、检查、验收、建档等正常的管理程序和工作难以开展。从 20 世纪 80 年代起，山西林业提倡"造一片林、留几个人、建一个场"的做法，曾取得良好效果。但随着当年的小树已成林地，造林面积的逐年扩大，相应的管护人员也在成比例地增长，该地区工程县已有护林人员 1.50 万余人，比 1985 年增加了 1.10 万人。这批林业管护队伍的工作、生活需要经费支持，而在这个区域有近 70% 的是贫困县，要继续"养活"这支守护绿色生命的队伍，依然有难度。

（2）管理队伍不稳定

林业生态建设工程由于公益性强，经济比较效益低，致使工程建设磨炼、培养出的一批又一批谙熟林业先进实用技术、常年奔波于造林工程一线的技术骨干在市场经济中已大量转行、跳槽，造成第一线的工程技术人员严重缺乏。

（3）管理手段落后

由于资金和观念等方面的原因，该地区技术管理仍然以手工操作为主，管理手段滞后，与当前计算机信息化管理时代要求相差甚远，亟须加强和提高。

（4）运行机制不完善

林业生态工程要向纵深发展，长远来讲必须要靠科学的发展机制，近年来拍卖"四荒"、民营大户造林和吕梁市推行的"一矿一企治理一山一沟"绿化等办法，都在实践中效果不错，但是，在大面积的推广上或具体实施中，还存在着许多体制上的问题。

（5）重视工程建设，忽视资源监测

在国际上，特别是森林资源较多的国家，资源监测和营造林都是同步进行的，每平方公里就设一个监测点。而该地区的"三北"、退耕等防护林工程还没有建立监测体系，不能为工程建设提供科学、可靠的数据。

（6）重视了造林工程，忽视了科技应用

对于科技推广项目，工程管理部门常常不够重视，普及和推广力度不够，存在推广内容少、操作性不强、投入低、完成了事等问题。

**（五）工程投入低，难啃"硬骨头"**

总体上讲，该地区立地条件好的地方大多已造上了林，剩下的立地条件越来越差，造林难度日益加大。就晋西北地区而言，目前还有 33 万 $hm^2$ 宜林荒山，但大多分布在边山、远山、石质山"三难"地带，山高路远、人烟稀少、交通不便，土层瘠薄、植被稀少、水土流失严重，是林业建设中真正难啃的"硬骨头"。当地百姓形象地说："在山上栽活一棵树，比养一个娃还难。"在这些地方实施林业生态工程，无疑会遇到前所未有的困难。考虑到该地区多数是贫困县，地方财政薄弱，无力配套建设资金的现实，目前 3000～7500 元/$hm^2$ 的投资与实际投入还是相差较大，将直接影响到工程较好完成。

# 第二章 山西生态脆弱区的内涵及成因分析

## 第一节 山西生态脆弱区的内涵

### 一、生态脆弱的内涵

生态脆弱区是在特定自然、经济、社会条件下，人与自然长期综合作用形成的特殊区域。也可以说，生态脆弱地区是一种具有宏观性、动态性和过渡性的连续区域，是一种自然与人类活动相结合造成的环境退化、景观变坏、土地生产力下降及土地资源丧失的地区或地带。

我们可以对生态脆弱地区作如下界定：所谓生态脆弱地区是指生态环境在自然、人为等因素的多重影响下，生态环境系统或体系抵御干扰的能力较低，恢复能力不强，且在常规经济和技术条件下，逆向演化趋势不能得到有效控制的区域。

山西省位于我国中部的生态脆弱带上，从全省来看，土地受到水蚀或风蚀危害最严重的区域是山西的西部、西北部和北部，生态脆弱特征明显，被生态界公认为是山西的生态脆弱区（图2—1）。山西省黄河流域面积为9.7万 $km^2$，水土流失面积6.76万 $km^2$，其中山西生态脆弱区内的偏关、河曲、保德、兴县、临

**图2—1 晋西黄土丘陵沟壑区破碎地貌及陡坡耕地**

县、柳林、石楼、永和、大宁、吉县、乡宁的水土流失面积高达4.46万 $km^2$，占水土流失面积的65.98％。严重的水土流失使脆弱的生态环境继续恶化，制约和阻碍了当地农业生产和国民经济的发展。

近年来，有关生态脆弱区的研究受到更高程度的重视和更为普遍的关注，对

生态脆弱区的认识不断深入。从林业生态建设和社会可持续发展的角度出发，山西省生态脆弱区的内涵可以概括为：

**（一）生态系统稳定性差的地区通常是生态脆弱区**

生态系统稳定性较差的地区时常成为生态脆弱区的重要组成部分。就一般规律而言，不同生态地域单元的过渡地带或交错区大多成为生态脆弱区，如山西同朔地区从植物分布上即属于森林草原过渡地带和农牧交错区。与生态系统较稳定的地区相比，生态系统稳定性较差的地区自然条件，尤其是气候条件变化较大，表现为农业产量的不稳定，林木苗木成活率低。

由于生态环境的破坏，自然灾害发生的频率和强度不断增大，使干旱、冰雹、暴雨、霜冻、干热风、大风、地表裂缝、塌陷、沉降等自然灾害频繁。其中，干旱是出现频次最多、影响范围最广、危害最大的灾害。新中国成立60年来大约1.3年一遇，个别地区十年九旱。尤其是以春、夏季干旱最为常见，约占所有干旱的80％左右。20世纪80年代以前自然灾害平均每年受灾面积占该地区总耕地面积的比例为干旱25％、冰雹4.5％、洪涝1.8％、霜冻3.7％，90年代则上升为干旱43.7％、冰雹9.5％、洪涝7.1％、霜冻5.2％，表现出明显的上升和加速态势。这些自然灾害交替更迭，对当地农林牧业生产和社会经济发展十分不利。

**（二）土地人口承载力低的地区通常是生态脆弱区**

一个特定的生态系统的抗干扰能力，完全是由其自然环境条件优劣和所有自然环境因子的组合方式决定的。一个地区的生态脆弱程度是一种客观存在，与人类的干扰强度和干扰方式没有直接的关系，但人类可以间接地影响一个地区生态系统的抗干扰能力，如加剧生态系统的恶化趋势等。

生态系统的抗干扰能力虽然与系统的要素组合、层次、功能结构等有密切关系，但是其最终表现为系统的自然生产能力，尤其是其综合的自然生产能力。系统综合自然生产能力越高，抗干扰能力越强；综合自然生产能力越低，抗干扰能力越弱。因此，系统综合自然生产能力低的地区最有可能成为生态脆弱地区。

从人类开发利用自然资源的角度出发，一般用土地人口承载力来评估某一特定地区的综合自然生产能力。山西吕梁黄土丘陵区的土地承载力远低于太原盆地，因此，土地人口承载力低的地区也就最有可能成为生态脆弱的地区。

**（三）经济贫困的农村地区通常是生态脆弱区**

在山西的北部、西北部和西部，国家级、省级贫困县占该地区总县（市、区）数的68％，贫困面较大，且集中分布。贫困现象存在于社会的各阶层，既

存在于城市，也分布于农村。经济贫困地区与生态脆弱区虽然不能画等号，但是在山西省的吕梁、忻州、大同等地，至今相当一部分市、县级财政仍然较为困难，边远山区约有 100 万人口未脱贫。生态退化与经济贫困经常交织在一起，因此经济贫困的农村地区大多是生态脆弱的地区。

**（四）环境容量低的地区通常是生态脆弱区**

广义的环境容量一般由土地人口承载力和环境对污染物的净化能力两方面内容构成，此处特指环境对污染物的净化能力。那些环境污染比较严重和面临环境污染威胁的地区大都是生态脆弱区。大同、吕梁、临汾等地的一些矿区在深度采掘、炼焦后，造成地表塌陷，水体、大气严重污染，使自然环境难以在短期内自行修复，表现出明显的生态脆弱特征。

山西省的北部、西北部和西部，由于历史上对森林植被的多次破坏，2005年的森林覆盖率只有 12%，且分布极为不均。与此形成反差的是这一地区地下矿产资源十分丰富，拥有全国著名的大同矿煤区、西山矿煤区、乡宁煤矿区，此外还有偏关、河曲、保德、兴县煤矿、铝土矿区；平朔、宁武煤矿铝土矿区；灵丘、广灵银矿、铁矿、金矿区；岚县、娄烦铁矿、煤矿、铝土矿区；柳林、离石、中阳铝土矿、耐火黏土区；古交、清徐、交城煤矿、铁矿区；汾阳、孝义、介休、汾西、灵石、霍州煤矿、铝土矿、硫铁矿、耐火黏土区；离石煤矿区；宁武、神池煤矿区和山阴、怀仁县煤矿区。

上述矿区所在地政府，每年的矿业财政收入较高，但生态状况却不容乐观。由于大面积的开采，出现地质灾害面积已达到 30 万 hm² 左右，进一步造成生态系统稳定性差、抗干扰能力低，生态退化比较严重或存在有潜在的生态退化趋势，表现为林木覆盖率低、生物多样性差、农业生产波动大，等等。

## 二、生态脆弱区的判断依据

生态脆弱区研究的根本目的是为了实现人类社会的可持续发展，因此，我们对生态脆弱区的界定，主要是根据人的价值标准进行的，是对自然生态环境能否经受得起人类活动的干扰所作出的人为判断，是对自然生态环境的演化是否有利于人类的生存与发展所作出的人为裁定。根据生态脆弱区的内涵，我们可以把山西生态脆弱区的判断依据分为两大类：主要因素和次要因素。

**（一）主要因素**

主要因素在生态环境的演变中，起主导作用，主要有：

（1）生态退化因子

　　潜在的生态恶化趋势是脆弱生态环境的根本属性。环境扰动达到一定程度，潜在的生态恶化趋势就会表现为现实的生态退化。生态退化因子主要包括：植被退化、水土流失、土地沙化、土壤盐碱化、环境污染等。山西北部的大同地区土地沙化现象较为严重，而山西西部的黄土丘陵沟壑区则是世界闻名的水土流失重灾区。生态退化地区是当然的生态脆弱区，因此，生态退化因子就成为生态脆弱区的重要判断依据。

　　（2）自然生态要素

　　生态脆弱性是脆弱生态系统的固有属性即自然属性，在干扰作用下得到表现。这一固有属性是气候、地貌、植被、土壤等各种自然生态要素彼此互相影响、共同作用的结果。因此，某一特定区域的生态脆弱程度主要根据区域内的自然生态要素来判定。根据主导因素原则，气候与地貌是最主要的影响因素，气候和地貌决定了植被和土壤的属性，但生态脆弱程度又主要通过植被和土壤的退化反映出来。

　　（3）土地人口承载力

　　人们习惯上把生态脆弱区划分为轻度脆弱区、中度脆弱区、强度脆弱区、极强度脆弱区和极端脆弱区。通过对我国不同人口承载力地区生态退化状况的大量调研分析，并借鉴了世界资源研究所、联合国环境规划署等国际有关研究组织对不同地区人口承载极限的界定，初步给出了生态脆弱区的人口承载力分级标准，详见表2－1。

表2－1　生态脆弱区人口承载力分级标准

| 分　级 | 轻度脆弱区 | 中度脆弱区 | 强度脆弱区 | 极强度脆弱区 | 极端脆弱区 |
|---|---|---|---|---|---|
| 人口承载力（人/km²） | ＞150 | 50～150 | 20～50 | 7～20 | ＜7 |

　　同时，根据现实人口密度与人口承载力之比值，把生态脆弱区划分为生态安全区、生态警戒区和生态退化区，详见表2－2。

表2－2　生态脆弱区安全性分类标准

| 分　级 | 生态退化区 | 生态警戒区 | 生态安全区 |
|---|---|---|---|
| 现实人口密度/人口承载力（％） | ＞100 | 80～100 | ＜80 |

　　2006年山西生态脆弱区的人口密度为133人/km²，参照"生态脆弱区人口承载力分级标准"和"生态脆弱区安全性分类标准"，经综合分析，该地区人口承载力处于中度脆弱区范围；生态脆弱区安全性处于生态退化区范围。

## （二）次要因素

### 1. 生态过渡地带特征

不稳定性是过渡地带生态系统的根本属性，而不是脆弱生态环境的根本属性。但正因为生态过渡地带具有系统不稳定这一根本属性，而使其时常成为生态脆弱区的重要组成部分。因此，可以把生态过渡地带特征作为判定生态脆弱区的依据之一。

（1）气候过渡性

地带性是气候的基本特征。山西表现为纬度地带性、水平地带性和垂直地带性。分布最广、气候过渡特征最明显的区域是半干旱地区。在此区域，降雨量不足且变幅大，暴雨集中，植被稀疏，风力较大，风蚀和水蚀皆较强。山西同朔地区为中温带晋北重半干旱气候区，农业生产稳定性差，灾害多发。

（2）地貌过渡性

地貌的变化比气候的变化要复杂得多，地貌的过渡区域比气候的过渡区域类型更多样、分布更广，而且地域规律性差。从大的地貌单元来看，地形破碎、坡降较大的地貌过渡区域一般属于生态脆弱区，山西沿黄地区的黄土丘陵沟壑区便是典型代表。

### 2. 经济贫困程度

经济贫困与生态退化时常交织在一起，因此，经济贫困程度可以作为生态脆弱区的佐证。同时，生态退化又不是经济贫困的唯一因素，因此不能把经济贫困作为判定生态脆弱区的主导因素。山西的北部、西北部和西部地区中，68％的县（区）为国家或省级贫困县，是山西省贫困人口相对集中的地带，也是生态环境最恶劣的地区。

# 第二节　生态退化原因分析

从过去较长的历史时期来看，山西生态脆弱区的生态环境形势表现为：林草植被的生态功能退化严重；水土流失形势依然十分严峻；局部水资源紧缺，水污染加剧；自然灾害发生频率增加；煤炭矿产资源开发中出现不少新的生态环境问题。

生态退化因素由自然因素和人为因素两大要素构成。对于任何一个生态退化的地区而言，其生态退化程度都是与该地区生态系统的抗干扰能力成反比，与该地区人类对生态系统的干扰强度成正比。生态退化的自然因素主要由气候、地貌、植被、土壤等构成。气候的不稳定、地势的起伏、地形的破碎等等都是生态退化的重要内在因素。植被和土壤的退化、减少直至消亡，不仅是生态退化的重要表现，而且是水土流失、土地荒漠化的直接成因。

人类对生态系统的干扰主要表现为对植被、土壤、水等自然资源的破坏。引起这种破坏的直接原因是对自然资源的过度消耗，包括自然资源过度利用和浪费。经济结构不合理、人口过多、生产方式落后、经济贫困，以及政策失误、违法乱纪等是导致自然资源过度消耗，并最终造成生态退化的根源。

同时，在农业生产中，由于农药、化肥、地膜等的过量使用，畜禽粪便、"三废"污染物的直接排放，使农村生态环境污染呈现由点到面迅速扩展的态势，也成为引起生态退化的因素之一。

因此，生态退化是生态脆弱性的社会体现，是脆弱生态系统在人类的干扰下，所发生的不利于人类生存的生态演化过程和结果。

## 一、人口超载严重

在生态脆弱条件下，正是由于较稠密的人口，为了维持生计，增加了对自然资源的过度利用，从而加剧了生态退化的程度。

山西生态脆弱地带平均人口密度为 133 人/km²，已高于公认的中度脆弱区平均 100 人/km² 的标准。山西北部大同、朔州一带更是高达 162 人/km²，比全国平均水平高出 20%。

据调查，由于黄土高原地区自然条件较差，平均 1 亩以上的基本农田才能养活 1 人。从农村人均基本农田的实际需求出发，把平耕地（坡面坡度＜2°）和梯田作为基本农田，山西生态脆弱地带存在着严重的超载问题。例如晋西黄土丘陵沟壑区按农业人口计，超载 56%～86%，如果按总人口计，超载则高达91%～120%。

长城沿线农牧交错区和晋西黄土丘陵沟壑区人口密度虽低于全国平均水平，但与世界主要半干旱区相比，仍属于人口稠密地区。据联合国环境规划署研究表明，干旱半干旱地区的人口承载极限为 22 人/km²，而长城沿线人口密度达到 124 人/km²。即使仅按农村人口计，长城沿线的苛岚县、五寨县、神池县、朔城区、山阴县、应县、浑源县、广灵县、灵丘县等地人口密度也达到 90 人/km²，由此可看出，长城沿线区的人口超载已达到较高程度。

## 二、土地资源过度利用

土地资源的过度利用主要表现为土地过度垦殖、森林过度砍伐、植被过度樵采、草地过度放牧四个主要方面。

### （一）土地过度垦殖

**1. 垦殖指数过高**

根据土地适宜性评价标准，适宜的土地垦殖率在 7%～8%，而山西生态脆弱地带现实的土地垦殖率高达 21%，是前者的 2.75 倍，晋西黄土丘陵区高出 1.22 倍，晋北长城沿线区高出 1.13 倍。

**2. 坡耕地集中分布**

山西生态脆弱地区特别是黄土丘陵区，不仅坡耕地面积大、比重高，而且是我国坡耕地尤其是陡坡耕地最为集中分布的地区。其基本规律是：坡度越大的耕地类别占全省同类耕地面积的比重越高。

山西生态脆弱地区坡耕地平均比重高达 67.11%，而我国其他地区的平均坡耕地比重只有 29.38%，前者是后者的 2.3 倍。区域内的陡坡＞25°耕地比重为 9.90%，我国其他区域这一比重为 1.04%，前者是后者的 9.5 倍。

晋西黄土丘陵区、晋北长城沿线区坡耕地面积比重分别为 75.23% 和 54.50%，皆明显高于全国平均水平。平耕地面积在晋西黄土丘陵沟壑区的比重只有 12.45%。

**3. 沙化耕地分布集中区**

由于长期过度垦殖，该地区约有 10.66 万 hm² 的沙化耕地，集中分布在晋北长城沿线区和黄土高原地区。

### （二）森林植被过度砍伐

森林的生态功能已为世人公认，它不仅提供木材和各种林副产品，更为重要的是具有调节气候、地表温度、涵养水源、保持水土、防风固沙、改良土壤、净化空气、防洪抗旱和维持动植物生存之功能。按绿色 GDP 方法计算，森林的生态功能比其提供的经济功能高 8～24 倍之多。森林的生态功能一旦削弱或消失，大自然的惩罚便会接踵而来。

山西地处黄土高原，现在的山西生态脆弱区的原生天然植被以森林、森林草原为主。但经历代战争人为破坏，天然植被已经十分稀少，许多沟壑梁峁已是不毛之地，对土壤不起保护作用。据史念海等专家考证和推算，从秦汉到南北朝，黄土高原森林覆盖率不下 40%，到唐宋时期降至 33%，到明清时期降至 15%，到 1949 年又降至 6.1%。1949～1985 年，黄土高原人口增长 1 倍多，导致急剧开荒造田，森林资源遭受进一步破坏。到"六五"期间，山西生态脆弱区内森林覆盖率 5%～8% 的县占到六成。

山西生态脆弱区是煤炭、铝土等矿产资源十分丰富的地区。但在广大农村，或因贫困用不起煤和电，或因能够就地取材而不愿花费微薄的收入购煤，或因生活习惯喜用耐燃的薪材而少用秸秆等原因，而大规模樵采天然植被作为燃料。

据典型调查，该地区农村生物质能源占农村生活能源消费的 60%～70%，某些边远山区高达 80% 以上。植被的采伐程度常以村庄为中心呈同心圆状，距离村庄越近，采伐程度越高。有些地区砍伐小径材当作矿柱出卖，也有些森林经营单位因管理不善，出现大量盗伐林木的现象。

### （三）草地过度放牧

晋北和晋西北地区历来有放养羊、牛的习惯，2005 年上述地区草地实际载畜量是理论载畜量的 22 倍，大量牧地砂石裸露、土地沙化和林地屡遭牲畜侵害便是佐证。

## 三、生态退化的自然因素和人为因素

### （一）黄土丘陵区水土流失的自然、人为因素

该地区内直接入黄的支流，包括朱家川、湫水河、三川河、昕水河、鄂河等黄河一级支流，由于山高坡陡，沟壑纵横，严重的水土流失导致了生态环境恶化，自然灾害加剧，气候失调，干旱频繁，地力下降，制约了当地社会经济的全面发展。

客观地讲，天然多沙是水土流失的首要原因，人为活动对水土流失的影响居次要地位。但是该地区人为因素带来的土壤侵蚀量仍远高于我国其他水土流失区。黄土高原水土流失区平均侵蚀模数为 7300t/km²·a，人为因素加剧的侵蚀量虽仅占 30%，但仍达到 2200t/km²·a。黄土高原水土流失加剧的人为因素仍主要归结为土地开垦和植被破坏。人口激增，开荒耕种是水土流失加剧的重要原因之一，据近 10 年的多点观测试验，0.067hm² 坡耕地泥沙流失量相当于草地和林地的 10～100 倍。

### （二）晋北长城沿线土壤风蚀的自然、人为因素

#### 1. 不合理的土地结构和人口结构是土壤风蚀的主要客观条件

山西省京津风沙源治理工程区有 80% 以上的面积位于山西生态脆弱区内。

据 2001 年统计资料，该地区京津风沙源治理工程建设范围内 12 个县（市、区）的人口结构特征是：农牧业人口占总人口的 90%，农牧业人口中以农为主的人口占到总人口 2/3，半农半牧人口占 1/3。贫困人口占农牧业人口的 22%。全区农民年人均收入 1772 元，其中贫困人口人均收入仅 450 元。

从土地利用现状来看，沙化土地面积达 95 万 hm²，占 12 个县（市、区）面积的 52.2%。坡耕地 24.32 万 hm²，其中 25°以上的坡耕地有 4.43 万 hm²，15°～25°的坡耕地有 9.31 万 hm²，6°～15°的坡耕地有 10.57 万 hm²。在坡耕地中，产量低而不稳的耕地和沙化耕地有 9.93 万 hm²，占坡耕地的 41%。

畜牧业现状：共有大牲畜 42.92 万头，羊 235.20 万只，大牲畜以农户分散养殖为主，羊主要放养于山区、半山区和沙区。传统的养殖模式对草地和新造林地形成了极大的威胁和破坏。

晋北长城沿线地区在脆弱的环境条件下，由人为干扰形成的沙化土地面积约为 66.50 万 hm²。人为作用形成的沙化土地面积占风蚀土地总面积的近 70%。

**2. 土地沙化的三大人为因素——过牧、过樵与过垦**

在某一特定的时期内，半干旱和亚温润偏旱的土地具备易于沙化的生态脆弱性，但能否最终成为沙化土地，仍主要取决于人为的干扰。据朱震达、陈广庭等研究，由 20 世纪 70 年代中期至 80 年代中期，我国北方农牧交错区［81 个县（旗、市），晋北地区包含在内］的沙漠化土地面积由 109 万 km² 增至 127 万 km²，年均增加 14.79km²。过度樵柴、过度放牧、过度垦殖是我国北方农牧交错区土地沙漠化的三大人为成因，而且三者的比重差别不大。

近年来，晋北地区随着国家京津风沙源治理工程的有效推进，农牧交错区的风蚀土地总面积呈下降趋势。从其成因看，过度放牧、过度垦殖、过度樵柴仍然是最为主要的人为因素，只是贡献份额的排序有所变化。由于商品能源的推广应用以及农作物秸秆产量的大量增加，能源短缺的问题有所缓解，过度樵柴的影响大为减弱。但值得关注的是，城镇、居民点和工业、交通等行业建设所带来的土地沙化趋势正在加大。

同时，近年来水资源利用不当对土地沙漠化的影响呈不断上升的趋势。过度垦殖尤其是灌溉农业的无序发展，使该地区的水资源利用不当问题也十分突出。由于超采地下水，导致地表干涸和植被死亡，水域和湿地明显减少就是有力的证明。

# 第三章　山西生态脆弱区林业生态建设理论基础

林业生态建设是一项跨地区、跨世纪的综合性系统工程，必须以系统科学为指导，以可持续发展为总目标，以人地关系协调发展为准则，以促进生态系统良性循环为直接目的。把经济、社会与环境协调发展的控制指标作为林业工程建设和管理的有力工具，全面应用控制论和信息论、空间结构理论、预测科学和决策科学等理论方法，对自然生态子系统、经济生态子系统、社会生态子系统进行全面调查和系统分析，从宏观和微观上审视区域社会、经济、环境中的各种问题，分区域制定建设对策。在保障生态系统协调、稳定和可持续的前提下，创建更稳定、更高级、处于最佳运行状态的人工生态系统，提高森林资源的数量和质量，实现三大效益的有机统一，实现人与自然的和谐相处。

## 第一节　人地协调发展理论

### 一、人地关系协调的本质

为了使人与自然和谐相处，创造出宜人的生态环境，人地协调发展理论应运而生。

人地关系是指人类与其赖以生存和发展的地理环境之间的关系，人地关系协调论是现代的人地关系学说，其协调三要点：

（1）协调是一个整体概念，系统内部单独一个孤立的组成部分、要素和因素不能构成为协调。因为协调统一体中，除了因素、要素的差异之外，还有质的对立或区别，各组成部分、因素、要素内部及相互间的作用和联系。

（2）各个组成部分、要素、因素之间不是杂乱无章的，而是有机联系的，并表现为协调一致性、对称性和有序性。

（3）协调不是"调和"、"停滞"，也不能简单地归结为"共性"，协调不能取消事物的矛盾斗争和事物之间的差异性，协调是事物对立面的统一、差异中的一致。

协调论认为人地关系是一个复杂的巨系统，它与所有系统一样服从以下规律：

(1) 系统内部各因素相互作用；

(2) 系统对立统一的双方中，任一方不能脱离另一方而孤立存在；

(3) 系统的任何一个成分不可无限制地发展，其生存与繁荣不能以过分损害另一方为代价，否则自己也就会失去生存条件。

因此，人与自然应该互惠共生，只有当人类的行为促进人与自然的和谐、完整，才是正确的。保持生态系统就是保持人类自身，因而人类自身的道德规定就扩展到包容生态系统，在促进整个人地系统的和谐、完整的同时，也就促进了该系统各组成部分的发展和完善。

人地关系协调的本质是妥善解决社会总需求与环境承载力之间的矛盾。社会总需求取决于人口总数与消费水准，环境承载力取决于资源生产力、环境纳污力和灾害破坏力。目前，在像晋西、晋北这样的生态脆弱地区的人地关系态势，是资源需求日益增长、承载力损失逐年加大、人地关系矛盾日趋尖锐，因此，积极开展以林业为主体的生态环境建设与保护、促进转型发展和科学发展，提高资源利用率、减少废弃物排放、保护生物多样性、减轻自然灾害，是协调区域人地关系，实施可持续发展战略的必然选择。

## 二、人地协调中值得注意的问题

人地协调论是区域土地资源可持续利用与林业生态建设的基本理论，它对选择与确定区域土地资源可持续开发利用的模式，制定土地资源可持续开发利用的目标体系，形成人类对土地开发利用行为的有效约束机制，加强对土地资源可持续利用系统的调控和生态环境建设与保护规划具有很强的指导作用。

### (一) 人类内部利益关系的协调

人地关系不是对称、互为映射的关系，而是互为依存，且地位和作用不均等的关系。

(1) 从人地关系的起源上看，先有"地"，后有人，人类是自然演化的产物，而不是相反。

(2) "地"可以不因人的存在而存在，人却不能没有"地"而存在，人地关系实际上是人对地的依存关系。

(3) 人地关系中，"地"没有自身的利益，人却要从"地"中谋求利益，人类对自然有生存、发展、生活、享受、占有与被占有、占多与占少、投入与产出等不同的利益驱动。人地关系的紧张，实际上是人对地利益驱动的结果。

（4）自然演化过程一般说来是缓慢的，而人类社会、经济的发展是快速的，人类活动对自然的冲击是激烈的，所引起的自然变化（演化或退化）往往超过自然自身演化的承受力，从而导致自然的迅速蜕变。

因此，人类如何对待自然环境的问题，实质上是人类如何对待自己的问题，是人类内部部分与整体、眼前与长远、现在与未来、当代与子孙的利益分配问题。可见，人与自然协调发展，表面上是处理人与自然的关系，实际上是处理不同地区、不同部门、不同利益集团的利益分配关系。

### （二）人地系统各组成要素之间的平衡

由于人类的某些不合理活动，使得人类社会和地理环境之间、地理环境各构成要素之间、人类活动各组成部分之间，出现了不平衡发展和不调和趋势。

要协调人地关系，首先要谋求地和人两个系统各组成要素之间在结构和功能联系上保持相对平衡，从而维持整个系统相对平衡的基础；保证地理环境对人类活动的可容忍度，使人与地能够持续共存。

人和环境组成的世界系统，本质上是一个由人类社会与自然环境组成的复杂巨系统，可称为环境社会系统，包括三个子系统：即物质生产子系统、人口生产子系统和环境生产子系统。物质生产是指人类利用技术手段从环境中索取自然资源，并将其转化为人口生产和环境生产所需物资的总过程，从可持续发展的角度来考察，其基本参量是资源利用率、产品流向比和社会生产力；人口生产是指人类生存和繁衍的总过程，既包括人口的再生产（繁衍、生育），也包括人口在其生存过程中对物质资料的消费，其基本参量是人口数量、人口素质和消费方式；环境生产是指环境在自然力作用下消纳污染（生产加工过程和消费过程产生的废弃物）和产出自然资源的总过程，其基本参量是污染消纳力和资源生产力。

从人与环境关系发展的历程中可见，环境生产是人口生产和物质生产存在的前提和基础，人口生产则是这三种生产构成的环境、社会系统运行的原动力；环境生产在输入—输出上的不平衡是造成环境问题的根本原因，环境问题的实质就是三种生产环状结构运行的不和谐。

林业发展平衡，包括内部平衡和外部平衡。内部平衡包括林种之间、树种之间、采育之间、保护与利用之间等的平衡，即林业发展必须符合森林经营规律；外部平衡包括三种生产之间、林业与农业之间、林业与社会经济之间、林业与当地文化之间等，即林业建设必须适应所处环境之变化。三种生产之间的平衡，是指物质生产、人口生产和环境生产之间的平衡。

林业因其特殊性是环境生产的重要内容，特别在循环经济中有着重要作用，因此区域林业发展必须遵循平衡原则。平衡是相对的，林业建设总是经历不平衡，走向新的平衡；随着环境的变革，又处于不平衡，然后又迈向更高的平衡。

### （三）考虑地域的差异性

人地关系具有明显的地域差异性，在不同类型地域上所表现的结构和矛盾都不尽相同，因此必须按照地域类型来协调不同的人地关系。考虑到各地的自然、社会、经济条件的地域差异性大，生态系统类型多样，开展人地关系地域系统的协调研究可根据开发建设客观需要的迫切性，选择一些不同类型的地域，进行典型调查研究。然后划分出项目区内不同层次的关系类型区，进而分别研究各类型地区的人地关系优化组合，为制定林业生态建设提供科学依据。

在国家开展的国土主体功能区划中，将山西生态脆弱地区总体划入了限制开发区的范畴，既是对该地区自然特征地域差异性的反映，也是对人地关系协调发展理论的应用。

## 三、林业生态建设是实现人地关系协调发展的重要途径

人地关系系统是一个极其复杂的系统，人地关系系统的调控是人类通过对自然资源与自然环境的规划与整治来实现，即通过规划与整治使资源和环境的利用按照科学进程顺利实施，以达到经济持续发展和社会全面进步的目的。自然资源（主要指土地资源、水资源、矿产资源和生物资源）调控的目的是资源的合理开发以达到资源的持续利用；自然环境（包括阳光、温度、气候、地磁、空气、水、岩石、土壤、生物、地壳稳定性等自然因素）调控的目的是要合理利用与保护，以达到生态环境的持续良好。

建立新型的人地关系，培植生态系统的抗干扰能力，首先要依据生态学规律对整个系统作出科学规划和进行系统整治。如在严禁天然林砍伐、大力植树造林的同时，对不适于耕作区实行退耕还林、退耕还草，大力治理水土流失和增加水源涵养力；采取积极措施防止新的水土流失及其他地质灾害的发生；解决农村能源短缺，改善农村经济方式与经济条件，提高民众的生活水平等。

在生态系统中，社会、经济、自然三个子系统是相互联系、相互制约的，且总是处在动态发展之中。

2009 年，温家宝总理在会见中央林业工作会议代表时指出：林业在贯彻可持续发展战略中具有重要地位，在生态建设中具有首要地位，在西部大开发中具有基础地位，在应对气候变化中具有特殊地位。林业发展要坚持走以生态建设为主的可持续发展道路，坚持全国动员，全民动手，全社会办林业，使林业更好地

为国民经济和社会发展服务。因此，林业生态建设不仅要考虑自然环境的结构、特点，人类利用自然发展生产的方向、方式和程度，而且也必须考虑到社会和经济的发展及发展速度。特别是应注意随着社会和经济发展程度的变化，林业生态建设也应作出相应的调整。

总之，大多数生态环境问题都是由社会、经济活动引起的，要处理好这些环境问题，协调好生态系统中社会、经济子系统的关系，搞好具有基础地位和重要地位的林业生态建设是十分必要的。

# 第二节　可持续发展理论

中国政府高度重视森林可持续经营在中国社会经济发展、生态环境建设和保护中的地位和作用。走可持续的森林经营之路，既是中国森林经营和林业发展的客观需要，也是中国可持续发展的客观需要。《中国可持续发展林业战略》和《关于加快发展林业发展的决定》的发布，使得当今中国林业发展目标和定位更加明确。

林业的地位特殊而重要。中国可持续发展进程中，赋予林业新的要求和任务，林业生态建设作为林业可持续发展的重要组成部分，理应在为社会经济发展提供多种林产品的同时，为生态环境建设和保护作出巨大贡献。

## 一、可持续发展理论的核心观点

在处理人类社会经济活动与地理环境的关系上，环境与发展一直被认为是"两难"的问题：追求经济发展将破坏环境，而保护环境又将抑制经济的发展。可持续发展论较好地破解了这一历史难题。

可持续发展论的基本观点可概括为：由传统发展战略转变为可持续发展战略，是人类对"人类—环境"系统的辩证关系、对环境与发展问题经过长期反思的结果，是人类做出的正确选择。

### （一）可持续发展理论的基本观点

（1）应坚持以人类与自然相和谐的方式，追求健康而富有生产成果的生活，这是人类的基本权利；不应凭借手中的技术与投资，以耗竭资源、污染环境、破坏生态的方式求得发展。

（2）应坚持当代人在创造和追求今世的发展与消费时，应同时承认和努力做到使自己的机会和后代人的机会相平等；而不要只想尽先占有地球的有限资源，

45

污染它的生命维持系统，危害未来全人类的幸福，甚至使其生存受到威胁。

从可持续发展的基本观点可以看出：人与自然相和谐，公平、高效，生态可持续性是可持续发展的基本特征。走可持续发展道路，由传统的发展战略转变为可持续发展战略，是人类对环境与发展问题进行长期反思的结果，是人类做出的正确选择。

森林可持续经营就是要满足当代人的需要又不危及子孙后代的利益，其主要核心是强调当代人与后代人在时间上、空间上的资源分配和利用上的公平性，强调人类社会经济发展与人口、资源、环境的和谐统一。

### （二）森林可持续经营理论的建立

森林可持续经营理论的建立与完善主要体现在以下几方面：

（1）最有效地发挥森林的各种功能；

（2）森林可以有区域层次、企业层次、林业层次的多目标经营管理；

（3）森林经营应有市场变化与生态约束；

（4）区域内应保留一定量的成、过熟林，总体效益最高；

（5）森林经营重在空间利用的最佳决策上，在体制、机制配套时，可持续经营的效益最高。

森林可持续经营旨在长期获得并保持森林资源的培育和森林多种功能的发挥，在时间和空间上的秩序化。

## 二、可持续发展的基本原则

可持续发展理论主张本代人公平分配，并要兼顾后代人的需要；主张建立在保护地球生态系统基础上的可持续的经济发展；主张人类与自然的和谐共处。因此，可持续发展的基本原则可归纳为：

### （一）持续性原则

可持续发展的持续性原则，是指人类的经济建设和社会发展不能超越自然资源与生态环境的承载能力。具体有以下两个方面：

（1）可持续发展以生态环境为基础，必须同环境承载力相适应。

（2）必须转变经济增长方式，要达到具有可持续意义的增长。

在经济发展中坚持环境原则，经济增长方式由粗放型向集约型转变，生态持续性工业发展是一条可供选择的最佳途径。山西省省委、省政府提出的"三个发展"战略，就是力求坚持持续性原则的体现。

### （二）共同性原则

尽管各地区的历史、经济、文化和发展水平不同，可持续发展的具体目标、政策和实施步骤呈现出多元化的特点，但可持续发展作为全球发展的总目标所体现的各项原则，则是应该共同遵守的。从根本上说，贯彻可持续发展就是要促进人类自身之间、人类与自然之间的和谐，这是人类共同的责任。

### （三）公平性原则

可持续发展强调应追求两个方面的公平：一是本代人的公平。可持续发展理论主张满足全体人民的基本需求，给全体人民机会以满足他们要求较好生活的愿望，要给世界以公平的分配和发展权，要把消除贫困作为可持续发展进程特别优先的问题进行考虑；二是代际间的公平。当代人不能因为自己的发展与需求而损害人类世世代代满足需求的条件——自然资源和生态环境。

因此，把握可持续发展基本原则的实质，在森林可持续经营中应遵循以下要点：

（1）生态系统的整体性。森林生态系统衰退的现实迫使我们不得不调整森林经营原则的优先顺序，维持森林生态系统的完整性应该成为森林经营的主要目标。

（2）生物多样性。保护生物多样性无疑是森林可持续经营管理的重点之一。

（3）经济效益。经济效益是森林可持续经营的目标之一。

（4）社会责任。社会责任指社会福利、就业和各种服务。

## 三、可持续发展理论与林业生态建设

### （一）为规范林业生态建设决策机制提供理论基础

林业生态建设是国民经济与社会发展规划的组成部分，事关经济和社会可持续发展的全局，必须在可持续发展理论的指导下，按照法律、法规的要求，从制度上进行规范，确保可持续发展战略的实施。

（1）依照人类活动对生态系统的冲击不超过生态系统的调节能力的原则，林业生态工程建设等重大决策，必须进行环境影响评价。为适应环境与发展综合决策的要求，应对重大经济技术政策的制定、区域国土整治和资源开发战略、流域开发、城镇建设及工农业发展战略等重大决策事项，必须进行环境影响评价。

（2）将环境成本纳入各项经济分析和决策过程，建立有利于林业生态建设实施的资金保障制度。尽快建立生态环境资源有偿使用机制，建立生态建设补偿基金，把环境因素纳入国民经济预算体系，使有关统计指标和市场价格能较准确地反映经济活动所造成的资源和环境变化。制定相应的政策，引导污染者、开发者成为防治污染、保护和建设生态环境的投资主体。

（3）基于可持续发展理论基本内涵，建立林业生态建设公众参与制度。对直接涉及人民切身利益的建设项目决策，要通过召开公众听证会等形式，广泛听取各方面的意见，自觉接受社会公众的监督。要建立起相应的机制与程序，使广大群众能够及时了解规划的内容，充分表达自己的意见和建议，并通过立法手段使公众参与得到法律保障。

（4）基于代内公平与代际间公平的需要，建立重大决策与规划实施的监督与追究责任制度。依法建立重大决策责任追究制度，对因决策失误造成重大生态环境问题的，要追究有关人员的责任。

### （二）林业生态建设是实施可持续发展战略的根本保证

实施可持续发展战略，需要对"人与自然"、"环境与发展"的辩证关系有正确的认识，并对这些组合起来的大系统进行全过程调控，使人与自然相和谐、环境与发展相协调，这就必须从林业生态建设做起。同时，可持续发展作为一种新型的发展模式，必然要求新型的社会、经济、环境关系与之相适应。这就要求林业生态建设必须从社会、经济、环境系统的深层结构入手，改变系统的运行机制和状态，使社会经济在发展过程中，充分考虑环境的承载力，在满足经济需要的同时，又要保证生态环境良性循环的需要；在满足当代人现实需求的同时，又要保证后代人的潜在需求；使环境建设积极配合经济建设的同时，也要充分考虑一定经济发展阶段下的经济对环境的支持力，采取多种手段，使社会、经济、环境协调均衡与持续发展。

联合国环境与发展大会秘书长莫里斯·斯特朗曾指出："在推动环境与经济领域一体化这件事情上，为协调国家利益和全球范围的环境保护利益方面取得一致意见，没有任何别的问题比林业更重要了。"林业以其保护性和生产性的特征，积极参与和协调社会——经济——环境大系统的循环。

（1）林业生态工程是可持续发展的物质基础。陆地四大生态系统——农田、湿地、森林和草原支持着世界经济。林业生态工程是陆地生态系统的主体，在四大生物系统中处于主导地位，并对农田、湿地和草原系统有着深刻的影响，在维护农田、湿地和草原的高产、优质、稳产上具有不可代替的作用，在可持续发展的社会中，广泛建设农林复合生态经济系统，这样既可提供粮食、饲料和生物能源，又可增加土壤中的营养，防止土壤退化，保证稳定的粮食与农副产品的供给。

（2）林业生态工程是可持续发展的环境基础。可持续发展必须遵循生态平衡准则，要在经济环境协调中求发展。森林是人类生存的自然环境基础，也是人类社会经济活动的物质基础，林业生态工程的环境效益是社会——经济——环境良性循环不可缺少、取代不了的基本因素。社会经济发展必须以依赖森林生态系统为基础的环境发展，否则是无源之水，无本之木。只有加强林木生态工程建设，保护和发展森林资源才具有真正促进可持续发展的意义。

（3）林业生态工程是生物能源的主体。可持续发展的社会将不再以煤、石油和天然气为能源，而以太阳能和生物能为主要能源。世界各国在可持续发展的探索中，对生物能源的开发极为关注。森林是一种清洁能源，可固定大气中的 $CO_2$，既可提供能源，又可控制温室效应。目前，国际社会正在讨论"碳税"问题，认为应该对矿物燃料征收"碳税"，并建议把"碳税"的 10％ 用于全球植树造林的费用。目前我国正大力提倡"低碳经济"，推动碳汇造林项目向纵深发展。

生态环境是人类生存和发展的基本条件，是经济、社会发展的基础。加强林业生态建设，保护和建设好生态环境，是实现社会、经济、资源、环境可持续发展的根本保证。

### （三）林业可持续发展与林业分类经营

林业分类经营，是在社会主义市场经济条件下，根据社会对森林的生态和经济需求，按照森林多种功能主导利用的不同，相应地将森林划分为重点公益林、一般公益林和商品林，在此基础上按照各自的经营目标和自然特征，建立一种新型的林业经营管理体制和经营模式。

林业分类经营的提出，使森林经营的目的性更强，不仅考虑到物质产品的生产要以需求为导向，而且生态产品的产出也要以需求为导向，充分地发挥森林作为物质资源与环境资源的双重作用。分类经营的根本目的是通过局部分治，达到整体功能最优。生态公益林既是区域基础设施建设，又是社会公益事业，对人类的生存、生产生活和经济发展具有重要的作用，其经营目标是最大限度地发挥生态效益和经济效益。而商品林的经营则要求在生态环境容量不受到严重干扰和破坏的情况下，谋求木质和非木质林产品产量及其经济效益最大化。因此，林业分类经营是实现林业可持续发展目标的具体体现，也是在社会主义市场经济体制下，现代林业发展道路的必然选择。

从我国的林业分类经营理论与实践来看，涉及以下主要内容：

（1）林业分类经营的基础理论研究，涉及林业分类经营的概念、思想渊源、分类经营的范畴、林业分类经营与森林分类经营的区别等；

（2）林业分类经营对象森林的分类，主要包括生态区划、分类单元、分类指标体系、分类方法、森林分类体系等问题；

（3）分类后商品林和生态公益林的经营管理，包括公益林的事权划分、管理体制、运行机制、经营管理模式、效益评价与经济补偿、林政管理、公益林和商品林经营技术体系等一系列问题。

分类经营与森林可持续经营之间，其内涵既有联系，又有区别。分类经营是从森林生态系统在生命支持系统中的地位和作用出发，以人与森林生态系统之间的相互作用关系和森林生态系统的固有特征为依据，分别确定公益林和商品林的经营目标取向，规范林业部门管理行为、森林经营者的经营行为和政府对林业的宏观调控政策。而森林可持续经营的重点在于通过对公益林和商品林的有效经营，为社会经济发展提供林产品和环境服务功能，从而实现人与森林协同发展的目的。

因此，分类经营是森林可持续经营的前提和基础，森林可持续经营是实现林业分类经营的有效途径和具体体现。没有一个持续经营的森林，就不可能有持续发展的林业；没有一个持续发展的林业，必然严重影响社会经济的持续协调发展。

# 第三节　现代林业理论

我国经济社会发展已经进入了工业化、城镇化、市场化、国际化发展的新阶段，为实现经济社会又好又快发展，中央作出了全面落实科学发展观、构建社会主义和谐社会、建设社会主义新农村、建设创新型国家、建设资源节约型和环境友好型社会等一系列重大战略决策。在这种新形势下，林业在经济发展和社会进步中的地位越来越重要，作用越来越突出，面临的任务也越来越繁重。必须把握时代的脉搏和潮流，适应国内外形势的深刻变化，顺应林业发展的内在规律，全面推进现代林业建设，拓展林业的生态功能、经济功能和社会功能，构建森林生态体系、林业产业体系和森林文化体系（贾治邦）。

国家林业局贾治邦局长指出：现代林业要构建三大体系，要按照生态良好、产业发达、文化繁荣、发展和谐的要求，着力构建林业三大体系，充分发挥森林的多种功能和综合效益。

（1）构建完善的生态体系。通过培育和发展森林资源，着力保护和建设好森林生态系统、荒漠化生态系统、湿地生态系统，充分发挥林业在农田生态系统、草原生态系统、城市生态系统循环发展中的基础作用，努力构建布局优化、结构合理、功能协调、效益显著的森林生态体系。

（2）构建发达的产业体系。遵循市场经济规律和林业发展规律，要以提高林地生产力为核心，以资源培育为基础，做大第一产业；以提高科技含量和附加值为核心，以信息化、机械化、高科技为手段，改造提升第二产业；以改造森林景观、提高文化品位为核心，以人性化、多样化为理念，做活第三产业。

（3）构建繁荣丰富的森林文化体系。通过加强森林文化基础设施建设，积极开发森林文化产业，努力构建主题突出、内容丰富、贴近生活、富有感染力的森林文化体系。加强生态文化基础建设，开发森林文化产业，充分利用文化平台弘扬生态文明。

现代林业既是奋斗目标，又是重要的林业建设理论。

## 一、现代林业的内涵和主要特征

现代林业是由江泽慧同志组织中国林业科学院和林业可持续发展研究中心自1995年以来共同研究的一个课题。林业是生态环境建设的主体，是国土生态安全的重要保障，是社会可持续发展的基础，是促进经济特别是农村经济、提高农民收入和人们生活质量的重要因素。所以，现代林业将对林业发展方向、战略重点和发展模式的建立提供理论指导。

### （一）现代林业的内涵

现代林业是以可持续发展理论为指导，以生态环境建设为重点，以产业化发展为动力，全社会共同参与和支持为前提，积极广泛地参与国际交流与合作，实现林业资源、环境和产业协调发展，经济、环境和社会效益高度统一的林业。

### （二）现代林业的内容

现代林业是以可持续林业理论为指导的林业，是依靠科技进步的林业，是适应社会主义市场经济体制和运行机制的林业，是改善环境、提高人类生活质量的林业，也是全社会广泛参与的林业。

### （三）现代林业的基本特征

现代林业具有功能的多样性、科学性和社会经济特征。较之传统林业，现代林业具有突出的服务于社会和人类的功能多样性、发展的科学性以及经营管理的全社会参与特征。具体表现在：

（1）现代林业的多功能性

森林的功能多样性，决定了现代林业功能的多样性。现代林业的公益性是一个地区生态环境建设和可持续发展的核心，面对当前日益恶化的生态环境，发展森林植被，搞好环境建设和实现可持续发展已经成为国家和社会对发展林业的共

识，大力推进林业生态工程建设成为现代林业发展的重要任务，生态工程建设也就成为现代林业的优先领域。现代林业是现代农业的生态屏障。

（2）现代林业的科学性

现代林业的鲜明特征是以科学技术的发展和应用为根本推动力。林业的现代化，关键是林业科学技术的现代化，是科学技术应用、转化手段和方法的现代化。科学技术对现代林业发展的指导及推动作用，主要体现在现代林业科学知识的生产、应用、传播和积累、林业技术的进步、林业基础装备和设施的现代化以及科学管理等方面。

（3）现代林业的社会经济特征

现代林业的社会经济特征是以森林的社会经济价值为基础，以现代社会人类对森林的需求特征为表征，主要体现在：①林业的公益性特征广泛为社会所接受；②强调资源的高效利用、产业结构的调整和现代市场的引导；③注重全社会的参与，以林业发展的全球化为方向。

张建国、吴静和认为：现代林业是历史发展到今天的产物，是现代科学技术和经济社会发展的必然结果。所谓现代林业，就是在科学认识的基础上，用现代技术装备和用现代工艺方法生产以及用现代科学管理方法经营管理的可持续发展的林业。持续林业是现代林业的发展战略目标，是现代林业发展之路，是持续发展观在林业中的应用。其认为生态林业是现代林业的同义语。生态林业是现代林业的基本经营模式，社会林业是现代林业的基本社会组织形式。

王焕良认为：现代林业是适应不断变化的社会需求，追求森林多种功能对社会发展的实际供给能力，结构合理，功能协调，高效及可持续的林业发展方式。

总之，现代林业是充分利用现代科学技术和手段，全社会广泛参与保护和培育森林资源，高效发挥森林的多种功能和多重价值，以满足人类日益增长的生态、经济和社会需求的林业。

## 二、现代林业的几种建设模式

从实践中看，随着现代林业的深入人心，林业建设者已开始自觉或不自觉地进行具有现代林业特征的林业建设。

### （一）现代林业的几种造林模式

（1）山体上部：大多属于石质山区和丘陵区，立地条件比较差，以营造防护林为主，采用混交林方式进行多树种的配置，形成多景观的复层林结构，建设稳定的生态系统。

（2）山体下部：大多属于丘陵区和农用梯田，立地条件较好，以营造经济林为主，山西生态脆弱区的汾阳、孝义等地具有经济林种植的传统和经验，多采用地埂经济林的栽培模式，达到农林复合经营，提高单位面积的增产增收效益。

（3）村庄外围：有两种地貌类型，一是山区，主要以建设农民公园为主；二是平原，主要以建设环村林带为主。

（4）村庄：以建设园林村为主，适当配置小景点和文化广场，以丰富村民的生活质量。

**（二）现代林业的几种经济运行模式**

（1）立体栽培：地埂经济林、田面种植牧草、中药材。

（2）舍饲圈养：改良牲畜品种，实行圈养，提高畜牧生产力。

（3）加工增值：经济林产品的加工和牲畜产品的加工，以增加效益。推行"公司＋基地＋农户"的组织形式。

**（三）现代林业机制的几种运行模式**

（1）民营林业：包括先治后卖、先买后治、承包经营的私有林和股份合作林业等。

（2）集体林业：在一些经济比较发达的村、镇，可以利用集体的力量来发展林业。特别是通过集体林权制度改革，把集体林长期承包给农民进行经营，以调动农民的积极性。

（3）国有林业：利用现有国营林场的人员、技术、经验优势，经营好国有林。

# 第四节　生态系统学理论

生态系统是指在一定空间内生物和非生物的成分，通过物质循环和能量流动而相互作用、相互依存形成一个生态学功能单位。生态系统是由许多生物组成的，通过物质循环、能量流动和信息传递，把这些生物和环境统一起来，联系成为一个完整的生态学功能单位。可以将生态系统形象地比喻为一部机器，它是由许多零件组成的，这些零件之间靠能量的传送而互相联合为一部完整的机器。

## 一、生态系统结构

任何一个生态系统都是由生物系统和环境系统共同组成的。生物系统包括有生产者、消费者和分解者（还原者）。环境系统包括有太阳辐射以及各种有机和无机的成分。组成生态系统的成分，通过能流、物流和信息流，彼此联系起来，形成一个功能体系（单位）生态系统。生产者、消费者和分解者是根据它在生态系统的功能来划分的，这种划分是相对的，因为在生产过程中有分解，而在分解过程中也存在生产和消费。

尽管生态系统各种各样，但是它们具有共同的基本组成成分：生命成分，即生物群落的三大功能类群：生产者（如绿色植物、光能和化能自养微生物）、消费者（如动物、人）和分解者（如细菌、真菌）；非生命成分，即物理环境的能源和各种物质因子，如太阳辐射、无机物质（如水、二氧化碳、氧气及各种矿质元素）和有机物质。

## 二、生态系统的稳定性

### （一）生态系统的稳定性与复杂性

生态系统的稳定性与结构的复杂性密切相关，在这个问题上生态学家普遍认为系统的复杂性导致稳定性。生态系统都有一个适宜生存、发展的最大负荷。即当生态系统内的生态因子接近或超过某些生物的耐性极限时，就阻止其生存、生长、繁殖、扩散或分布。这些因子就成为制约因子，每一个因子都不能缺少，就像"木桶理论"，边上都是一样高，哪一处都不能少，生态因子亦如此，但是生态因子有主次之分。稳定的群落是不会存在制约因子的，只有当环境发生变化时才会出现，因此，在生态恢复中，从外地引进物种时就要考虑适应当地的生态环境。在治理、改造生态环境时，一定要搞清楚哪些是制约因子，只有针对性地采取措施，才能达到预期的目的，促使生态系统向新的稳定方向转变。

### （二）生态系统的稳定以良好的生物群落为基础

生态系统对外界干扰的抵抗限度就称为生态系统稳定性的阈值；每个生态系统都存在着一个稳定性阈值。生态系统稳定性阈值，取决于生态系统的成熟程度。对外界的抵抗力越高，阈值也越高；反之，抵抗力越低，稳定性阈值也就越低。

生物多样性与稳定性是密切相关的。正常群落物种多样性高的，稳定性就好。每个稳定的生态系统、群落都有其最大的自然资源总量。每个物种在系统或群落中都在互相制约，充分利用共有的资源，如果哪部分资源不能满足某些物种的需求，将会导致不稳定的发生。因此在生态恢复治理中，要充分考虑生物种的互补，使资源得到更加稳定、充分的利用，只有生物种在适宜生态位的生境中生存，才能长好。如栽植密度要适度，要考虑资源的利用满足程度，不然会发生竞争，进而生长不良。这就要求在生态恢复治理中，要充分按照生物多样性和稳定性的原则，按照乔灌草、网带片，多林种、多树种相结合的原则，切实保证群落的多样性、稳定性和持续性。

森林资源具有生产周期的层次性与复杂性、森林资源中生物性产品自然再生产的连续性和经济再生产的间歇性紧紧交织在一起、生产经营活动的风险性等特点。特别是森林资源虽是一种可再生资源，但破坏容易恢复难；森林资源是一种多效益的资源；森林资源是一种稀缺资源；森林资源的自然属性与经济规律相互作用；森林培育既要注重科技创新，又要尊重客观规律。

要建立长远、稳定的生态系统，就必须要有良好的森林资源做保障，因此建立森林动态监测系统十分必要，该系统具有参照、纠错、超前调控等功能，可以正确评价当前林业发展的运行状态，准确预测未来可能发展的趋势，及时反映林业宏观调控效果，以不断提高生态系统生物多样性、成熟程度、对外界的抵抗力，进而提高生态系统的稳定性。

## 三、"生态林业"论

"生态林业"是随着森林生态学研究的不断发展，全球环境意识的增强，同时，也是以木材开发利用为主的传统林业向现代林业转变寻找出路的必然产物。

陈大可认为："生态林业"就是要遵循生态学的原理，发挥森林的多种效益及多种资源价值，按照经济生态系统的整体性规律，达到多层次的有机结合，系统经营、综合经营的目的。也就是要建成一个整体协调，高效能、高效率、无废物、无污染、永续利用的林业。

张建国等认为："生态林业"是以现代生态学、生态经济原理为指导，运用系统工程方法及先进科学技术成就，充分利用当地的自然条件和自然资源，通过生态与经济良性循环，在促进森林成品发展的同时，为人类生存与发展创造最佳状态的环境，也就是同步发挥森林的生态、经济和社会效益。它是实现林业和林区经济与生态功能高效、协调、持续发展的现代林业经营模式。

从本质上讲，"生态林业"就是生态与经济协调发展的林业。从现实的科学和经营水平看，生态林业的经营类型很多，但其核心仍然是自然状态的演替顶极的森林群落，而农林复合生态系统、立体林业等仅具派生性质。

可以说，"生态林业"是充分利用现代生态学、生态经济学原理，运用系统工程的方法及先进的科技成就，对人工林生态系统、农林复合生态系统、林业生态工程以及天然林生态系统，进行合理的设计和经营管理，以极大地发挥其生

态、经济和社会效益。在一定程度上反映了现代森林经营思想的转变，但实质上生态林业所指的生态、经济和社会效益与现代国际社会所公认的范围及内涵有较大的差别。

"生态林业"研究的重点依然是各种人工或天然的森林或农林复合生态系统。

# 第五节　生态经济学理论

## 一、生态经济学的内涵

生态经济系统是生态系统和经济系统相互交织、相互作用、相互耦合而成的复合系统。

经济系统的发展受到生态系统的制约，又对生态系统的物质流和能量流产生直接或间接影响。直接影响表现为从生态系统获取物质和能量、调控生态系统的物质和能量流动以及向生态系统排放生产和生活过程中产生的物质和能量而影响生态系统的结构和功能等。间接影响表现为经济系统的调控政策影响物质流和能量流而对生态系统造成的环境效应，包括正效应和负效应。

1980年我国著名生态经济学家许涤新倡导"要加强生态经济问题的研究"。生态经济学在我国的发展经历了三个阶段：创建科学，普及宣传生态经济知识；科学实验，特别是生态农业的成效影响深远；生态与经济协调持续发展。生态经济学所一贯倡导的生态与经济协调发展的原则在20世纪90年代已成为国家和国际的发展方针。相对而言，我国生态经济学家更重视生态经济理论体系的建立和完善以及生态经济学理论与方法在实践中的具体应用和深化，研究的主要问题有生态农业、生态旅游、生态工业、生态城市、生态林业、山区脱贫致富、黄土高原综合治理开发、生态示范区以及生态城市的建立等。生态经济实证分析或案例分析的研究成果也较多，如自然资源价值核算、全国生态环境损失的货币计量等。研究方法也逐渐趋向多元化，并与生态学、经济学和地理学的研究方法相互借鉴，取得了许多重要的研究成果。

建立了生态与经济协调发展的理论，其主要内涵是：生态与经济双重存在，经济为主导，生态为基础。经济系统的运行与生态系统的运行都是客观存在的，虽然其地位不同，但后者不能被忽视，否则经济发展本身会受到制约。人们应尊重生态平衡的客观规律，建立能够维持生态系统正常运行，又有利于社会经济发展的积极生态平衡。实践证明，凡是经济开发同生态环境治理综合实施的项目，其经济效益、社会效益和生态效益都得到同步发挥，效果最好。

## 二、生态经济林是生态经济学理论的实践产物

20 世纪 90 年代在生态经济学理论的影响下，山西林业主动将生态经济协调发展的理念引入林业建设中，还成立省生态经济学会。林业建设中力求将生态效益与经济效益紧密结合起来，大力推广发展生态经济林取得了明显成效，目前该地区有以红枣、核桃等为主的生态经济林 13.35 万 $hm^2$，但至今国家在林种规划时，仍然没有"生态经济林"这一林种。

从林业实践中看，生态经济林的基本内涵可总结：

生态经济林不同于一般概念上的经济林，概括起来有下面三个基本特点，一是有利于生态环境建设，满足环境建设的基本生态要求；二是所生产的果品（产品）应符合"绿色食品"的标准；三是可持续经营。

发展生态经济林，必须符合当地生态环境建设的要求，有利于生态环境的保护。

生产绿色果品，是以生态经济林为依托，进行产业结构调整，脱贫致富的必然选择，也是生态经济林可持续发展的必然选择。绿色果品不仅要求无污染、安全，而且要优质、高营养。因此，营造生态经济林应建立在品质优良、营养价值高、适应性强的品种（或无性系）的基础上。

实行可持续经营是生态经济林的又一个重要特点。生态经济林不仅要考虑第一代经济树种由结果到更新连年高产、稳产的问题，而且要考虑第一代以后多代的高产、稳产问题，进行可持续经营。研究结果表明，人工林特别是栽培生长迅速、对肥力要求高的树种，有导致地力下降的趋势，因而人工林的长期地力维持问题，成为林业界普遍关注的热点之一。黄河中游丘陵山地土壤肥力普遍低下，使这一地区生态经济林的土壤肥力问题更加突出。可见，生态经济林可持续经营的核心问题，是提高土壤肥力实现林地的有效永续利用。

为此，可通过采取工程措施、生物措施固护土壤，控制水土流失；补充有机质，提高土壤养分含量，改善土壤结构；合理利用局部径流，改善土壤水分状况；科学追肥，进行养分补充；通过树体控制，减少不必要的养分消耗等技术措施。

## 第六节　参与式发展理论

### 一、"参与式发展"的内涵

参与式发展在 20 世纪 60 年代开始萌芽，20 世纪 70 年代～80 年代早期在东南亚和非洲国家逐步推广和完善，20 世纪 80 年代后期至现在，参与式发展理论在中国得到极大的推广。参与式发展理论起源于对传统发展模式的反思，是在发展理论与实践领域的综合和具体的体现。确切地说，"参与式发展"方式带有寻求某种多元化发展道路的积极取向。在某种程度上，将英文"Participation"译为中文"参与"，并不能确切地反映英文所表达的含义，人们往往从字面上将其简单地理解为"介入"，或是简单地理解为群众的参加。而事实上，"参与"反映的是一种基层群众被赋权的过程，"参与式发展"则被广泛地理解为在影响人民生活状况的发展过程中或发展计划项目中的有关决策过程中发展主体的积极的、全面介入的一种发展方式（李小云，2001）。

据初步估计，在国内的国际发展项目中，大约一半的农村发展项目采用了参与式发展的理论和方法，特别是近几年启动的农村发展项目几乎都采用了参与式理论和方法。许多学者对在这些社区开展参与式林业进行了多方面的研究和实践，包括土地权属、社区群众的行为和性别分析、基层推广系统分析等。林业项目大量地采用参与式的理念和方式，可见于 20 世纪福特基金资助的社会林业项目、中德合作造林项目、FAO 资助的林业项目、WWF 资助的自然保护区项目、世界银行贷款"贫困地区林业发展项目"和"林业持续发展项目"等林业项目。如山西省世界银行贷款第三、四期林业建设项目中，一直运用参与式理论和方法，收到了良好效果。

### 二、参与式林业

#### （一）参与式林业的内涵

参与式发展理论和方法运用到森林资源管理中形成了参与式林业。参与式林业可概括为：森林管理的主体是乡村社区群众，将森林的管理看作是乡村社区发展的一个组成部分，社区群众必须积极参与森林经营活动并受益；应当认识到社区和群众在森林管理技术和制度上具备丰富的知识，应当发挥这些知识的潜力，增强他们在森林管理中主人翁的精神；应当进行林地林木权属、税费、利益分配等社会制度方面的改革，以密切森林经营和社区群众的利益关系，使他们感到林业既是他们的工作，又是他们本身的利益所在（刘金龙，1998）。

　　参与式林业不是一门技术，实质上是一个森林经营的思想。参与式林业需要政府部门、科技工作者转变观念，特别是在处理当地群众和森林管理的关系上，把社区和群众作为森林管理的主体。他们应当被看作森林的伙伴，林业发展劳动力的提供者，而不是森林的破坏者。从过去的"为乡村及群众管理森林"转变到"必须和乡村群众共同管理森林"。

　　2008 年世行贷款林业综合发展项目中，便采用了参与式设计，其目的和意义十分明确，对山西现行的林业生态建设工程大有裨益。

**（二）参与式林业的目的**

　　参与式林业设计是确保所有目标群体（受益人）自愿、平等参加项目的有效途径；确保受益人能够参与决策，包括识别项目内容、确定造林模型和管护模式以及寻求避免或消除项目实施带来的对生计产生潜在影响的减缓措施。

　　采用参与式林业设计的主要目的是：

　　（1）保证社区中与项目相关的权益人自愿参加林业综合发展项目；

　　（2）在项目农户或农户联合体代表的参与下，完成项目技术方案的设计，包括选地、树种的选择、造林或人工林改造模型的确定、项目林的管护方案等；

　　（3）保证低收入农户、贫困户、妇女等可能被边缘化的群体能够享有公平参加项目的机会，参与到项目设计和实施中来，并保证他们在参加项目时的受益；

　　（4）确保与项目受益人签订公平、公正的项目合同；

　　（5）避免项目干预可能出现的社会风险，并与相关权益人制定减缓措施；

　　（6）提高农户对可持续森林资源的保护意识和管理能力，强化他们对森林资源管理的承诺。

　　总之，传统林业生态工程的管理主要由政府来完成，群众只是以按工按劳投入为主，造成了群众的积极性不高，群众具有的丰富实践经验没有发挥出来。在参与式发展理论的指导下，政府投资的林业生态工程造林项目在管理过程中，应体现群众在项目选择、规划、实施、监测、评价和管理中的有效参与，而不是形式上的介入，这是确保项目成功的重要条件。

　　山西生态脆弱区正在稳步推进的集体林权制度改革，也可以看作是参与式发展理论在林业建设中的科学实践。

# 第七节　社会林业理论

## 一、社会林业的基本思想

社会林业是研究社会与林业协调发展的科学，通过调整人类、社会、森林的矛盾，促使社会发展与自然的协调，以维护人类生存与社会的发展，成为持续经营、持续发展的社会化经营的林业。

它强调依靠乡村社会力量和社会组织形式来协调树木、森林和人类社会各方面的关系，在乡村社会发展中建立起一种自然、经济、社会与政治间的动态平衡。社会林业以广大农村为服务对象，以农民为主体，通过政府的引导和支持，吸引广大农民自觉参与到林业的各项社会活动中来。以乡村发展为目的的植树造林等活动是林业经营的一种模式，也可以说是森林资源管理的一种形式。

社会林业与传统林业的区别在于：传统林业是靠行政组织发号施令，以生产木材为重要内容的一般以林业部门孤军作战的一统林业；而社会林业是以平等地听取群众意见，让群众主动直接参与有关林业的生产活动，使他们获得实实在在的经济效益，社会林业要求林业工作者改变观念，从森林保护着力为社区服务者以利用社会管理方法和有关技术，通过双方的共同合作，解决发展利用和森林中的各种矛盾，做到既满足林业部门对木材的要求，又满足当地群众对森林和林副产品利用的要求，使林业建设真正成为农民群众的自觉行动。

从社会林业的概念和研究中，可概括出社会林业的基本思想：

（1）社会林业是与农村发展紧密联系的林业活动。

（2）社会林业强调广大农民自觉参与林业活动，并从中获取直接的经济效益。

（3）社会林业发展规划中应进行土地权属、利益分配等社会制度方面的改革。

## 二、社会林业的特点

（1）群众的自主性与参与性。社会林业彻底改变过去开发者与受益者分离的旧林业模式，它强调当地人民自主地直接参与与实地管理开发森林资源，增长当地群众自力更生脱贫的造血功能，从思想上行动上摆脱对外部的依靠性，使林业项目的开发目的、手段和效果真正达到一致。群众的自主性与参与性是社会林业项目的核心特征。

（2）整合性与综合性。社会林业透过一个具体的社会生态系统，把这个系统看作一个不可分离的整体，以追求系统最大利益为目的，达到社会、生态和经济效益的最佳状态。

（3）多样性和灵活性。林业模式的集中化、统一化弊端较多，社会林业则提倡多样性和灵活性，这样更符合自然生态原理和农村经济原理。

（4）通用性和实用性。社会林业的概念通俗易懂，又特别重视乡土知识和技术，因而容易为广大群众所接收，加以推广应用使之成为他们获得利益、生存和发展的手段，成为发展中国家贫困地区摆脱贫困和改善生态恶化及食物燃料短缺的措施。

（5）战略性。社会林业是针对当前人类面临的几大危机把解决贫困、人口生态问题同解决林业问题结合起来。因此具有远大的战略意义。

（6）社会化生产性。社会林业为农村中的妇女儿童甚至残疾人等提供就业机会，它的产品又可以与市场衔接，较快地把资源优势变为经济优势，因此它具有较强的社会化生产性。

（7）持续发展性。由于社会林业具有较强的自主参与性和战略性，村民们要世世代代居住在那里，所以它考虑的问题比较长远。社会林业又是以生态林业理论作为发展社会林业的理论基础，它的发展目标是优质、高产、高效和持续发展，而又以持续发展为核心。因此社会林业是一种持续发展的林业，是能够为群众所接受、认同的林业持续发展模式。

## 三、社会林业的几种模式

山西省在长期林业实践中，探索出许多适应地方自然和社会经济条件的森林培育、保护和利用的技术和方法，其中一些已成形化、系统化，形成了技术模式。

（1）农林结合模式。即农作物与树林间作套种，以求达到充分利用水分、土壤、光照，增加收益或相互促进的目的。

（2）"农—林—牧（牧场）"人工生产性生态系统。采用农、林、牧三种生产关系镶嵌配置，局部互不干扰，产生整个相互促进和生态稳定效应。适合浅山丘陵地区发展，如偏关县林—牧结合型模式，利用柠条资源，形成了以种柠条——养羊——羊产品加工的产业链，使农民获得实惠。

（3）立体林业模式。农民为充分利用土地和空间，采取不同树种、不同作物立体配置，或种植、养殖兼容性配置。如保德县从 1991 年起，有计划、成规模地以枣粮间作立体经营模式发展以油枣为主的干果经济林，使红枣成为农村的支柱产业。

（4）乡村果、药用及野生植物资源等非木材林产业模式。如黄河沿岸的柳林、临县、永和等发展红枣经济林产业模式；吉县发展苹果经济林产业模式。

（5）农田林网模式。即农田防护林，按一定配置形成防护林体系，保护农田。

（6）四旁植树模式。即在路旁、渠旁、村旁及宅旁系统植树，以求充分利用土地增加产出，并改善环境。

（7）村镇林模式。一个村庄一片林，由村周、村内等绿化组成。

（8）庭院林业模式。

（9）乡村多用途薪炭林。

（10）以林产品为原料的乡镇企业。

总之，社会林业与农村发展联系紧密，也是与广大社会阶层密切相关的。山西正在大力推行的集体林权制度改革，政策性强、涉及面广，应用社会林业理论指导实践，可以通过林业的经济、生态、社会与文化等功能，以多元综合的形式来支持农村的改革与发展，而林业也会在农村社会发展过程中，取得自身应有的发展。

## 第八节　近自然林业理论

"近自然林业"理论产生于德国，是对"人工林业"和接近自然的天然林经营结果比较的产物，是对"木材培育论"的否定。德国著名的林学家盖耶尔于 1880 年就提出了"接近自然的林业"（Near－natural－Forestry），经营理论认为：森林生态系统的多样性是"一个在永恒的组合中互栖共生的诸生命因子的必然结果"，人类要尽可能地按照自然规律来从事林业活动。

一百多年来，"接近自然的林业"不仅成为林业科研的主题，而且逐步成为西欧一些国家森林经营的目标。从 20 世纪 70 年代～80 年代开始，德国和西欧一些国家出现了前所未有的林业危机，森林因大气污染、酸雨危害而发生大面积的死亡，人工林地力明显下降，病虫害蔓延，自然灾害频频发生。为此，德国科学家们进行了认真的反思，认为：造成巨大损失的最终原因是 20 世纪把天然生长的森林全部改变为人工的、物种贫乏的人工林。由于长期采取皆伐使混交树种大大减少，林分结构不稳定，生产力明显下降，这种"远离自然的林业"意味着长期的生态欠账，抛弃了森林的持续生产力。

"近自然林业"是在大面积发展人工林，进而带来的人工林稳定性低、地力衰退、多样性下降、木材成品单一、很难满足人类的环境和美学需求等问题变得十分突出的前提下，20世纪80年代后重新受到重视，并赋予"近自然林业"新的含义，即"在确保森林结构关系和自我保存能力的前提下，遵循自然条件的林业活动，它既是顺应自然的，又在森林生态结构关系所允许的情况下偏离自然。

回顾山西省20世纪90年代以前的林业生态建设，一方面长期以来由于在次生林中采取皆伐，使混交林种明显减少，地力明显衰退，森林病虫害时有发生，资源危机日益加剧；另一方面工程造林以来，各地普遍采取纯林栽植，忽视了混交林的培养，使林分结构趋于不稳定状态；部分山区毁林开荒，导致资源减少，水土流失加剧。

进入21世纪，在"近自然林业"等理念的影响下，在营造林中越来越强调建设一个生物多样性的生态系统，从整地时保护原生植被、营造混交林、培养大径材、营造农林复合系统等措施开始，林业建设的指导思想和经营措施正在向"近自然林业"的方向发展。

# 第四章 山西生态脆弱区林业发展区划

## 第一节 林业区划回顾

20世纪80年代初，我国因为森林资源贫乏，无论从木材、林产品的生产，还是保护生态环境方面，都不能适应"四化"建设和满足人民生活的需要。为了加快林业发展的步伐，国家先后发布了"关于大力开展植树造林的指示"、"关于开展全民义务植树运动的决议"等有关政策、法令性文件，提出了搞好林业区划的必要性和迫切性，以求在保护好现有森林的同时，增加森林面积，提高森林覆盖率，改进森林经营管理，促进林木生长。

针对山西自然条件复杂、社会经济情况差别大、发展林业条件不一致的现状，根据自然和经济条件，将全省分区划片，进行林业区划，制定林业发展方向和规模，为有计划有步骤地安排与指导林业生产，提供科学依据。1980年，由山西省林业勘测设计院牵头组成省林业区划办公室，对全省林业进行区划。1982年9月，在参考1975年森林资源清查资料和各重点县区划试点的基础上，编写了《山西省简明林业区划》，区划成果在以后林业发展的不同时期，都发挥了较重要的作用。区划中将山西生态脆弱区主要划分为西部黄土丘陵防护林区、吕梁山土石山水源用材林区和吕梁山东侧黄土丘陵水保林区等三个大区，林业建设以生态防护为主。

进入21世纪，随着经济发展、社会进步和人民生活水平的提高，社会对加快林业发展、改善生态状况的要求越来越迫切。中国林业正处在一个重要的变革和转折时期，正经历着由木材生产为主向以生态建设为主的历史性转变。2007年5月，在国家林业局的统一部署下，开展了全国林业发展区划工作，区划工作受到国家和山西省的高度重视，根据国家林业局《关于开展全国林业发展区划工作的通知》（林资发〔2007〕50号文件）精神，山西省林业厅成立了以厅长为组长的领导小组，领导小组办公室设在山西省林业调查规划院（原山西省林业勘测设计院）。

2007年7月，《国务院关于编制全国主体功能区规划的意见》（国发〔2007〕

21号文件）下发各省，由各省发改委牵头完成省级主体功能区规划，按照国家统一要求，将全省区域类型分为优先开发、重点开发、限制开发和禁止开发等四类主体功能区域。山西省总体上处于限制开发区内。

省级林业发展区划根据山西生态重要性、生态系统脆弱性等指标，与全省主体功能区规划、全省生态功能区划相衔接。为实现因害设防，促进区域生态经济的健康发展，本着突出重点、体现特色的原则，在山西省水土流失、风沙危害严重的生态脆弱区内，有针对性地划分出大同盆地防风固沙、环境保护重点治理区；晋西北丘陵水土保持、防风固沙综合治理区；桑干河防风固沙、水土保持综合治理区；恒山土石山水源涵养、风景林区；管涔土石山水源涵养、自然保护林区；晋西黄土丘陵沟壑水土保持、经济林区；关帝土石山水源涵养、用材林区和昕水河丘陵水土保持、经济林区 8 个林业建设区域，分类施策，指导各地林业生态建设。

# 第二节　指导思想与原则

## 一、区划指导思想

遵循自然规律、尊重科学，全面落实科学发展观和构建社会主义和谐社会的战略思想，在与国家区域主体功能规划相衔接的基础上，实行保护性开发、建设性保护的方针，前瞻性、全局性地谋划好未来生态保护与林业产业发展的合理分区和布局，建立林业生态体系、产业体系、生态文化体系。以生态优先，生态恢复、治理为重点，保护与发展并重，积极发展特色经济林、生态景观林、速生丰产林；科学营林，有序采伐；促进城镇森林生态体系建设，努力改善人居环境，全面推进身边增绿进程；促进社会主义新农村建设，加快兴林富民和山区农民脱贫致富的建设步伐。

## 二、区划原则

### （一）遵循自然规律，实事求是的原则

要基于山西生态脆弱区的具体实际，不能过多地考虑当地不适宜的主观需要，科学合理地考虑与其他规划、工程衔接，处理与其他行业区划的关系，遵循以林为主，科学融合。

### （二）协调发展，突出重点的原则

区内生态功能或生产力布局要具有协调性，生态功能布局根据生态区位和生

态敏感性，重点考虑因害设防和主要的生态需求。生产力布局要全方位地考虑物质产品、生态产品和森林文化产品。要根据林业生产力和市场导向，扬长避短、因势利导、体现特色。

### （三）遵循林业生态建设产业化和林业产业建设生态化的原则

充分协调好长远利益与眼前利益、局部利益与整体利益、国家利益与地方利益的关系。把认识自然，改善和利用自然相结合，最大限度地发挥区域的生态、社会和经济效益，实现自然资源的可持续利用。开发利用不能对区域生态环境总体上造成新的破坏。

### （四）遵循主导因素分异的原则

每个区域在区划上有其主导因子和优先原则。生态区位、生产力级数应是每个区域共性的主导优先指标。其他主导因素和优先原则的确定应以区域的主要生态威胁和区域的主要优势来确定。

### （五）突出生态地位，体现国有林区作用的原则

省直国有林区是该地区的"绿肺"，其主要经营范围应尽可能划入一个分区内，并作为确定区域发展方向的重要因素之一。

### （六）以人为本，改善身边生态环境的原则

将人口稠密，环境压力较大的地级市所在县（市、区）的生态区位级数确定为重点，作为区域划分的重要因子之一。

### （七）保证乡镇界线完整和根据实际确定分区面积的原则

为便于资源统计，区划界线以县界为主，至少保证乡镇界线的完整。各分区的面积应以实际确定，不追求一致。

## 第三节　区划依据与方法

### 一、区划依据

#### （一）法律、法规和政策

全面执行落实国家和行业法律、法规和政策的相关要求。

①国家《森林法》（1998年）。

②中共山西省委 山西省人民政府《关于加快林业发展的意见》（2005年）。

③山西省人民政府《关于搞好全省造林绿化工程的实施意见》（2005年）。

④国家发改委《省级主体功能区域划分技术规程》（草案）（2007）。

⑤《全国生态环境保护纲要》（2004 年）。

⑥国家林业局、国家发改委等《林业产业政策要点》（2007 年）。

⑦中共山西省委 山西省人民政府《关于开展集体林权制度改革的意见》（2008 年）。

⑧《全国生态脆弱区保护规划纲要》（环发〔2008〕92 号）。

**（二）法定调查、监测、统计资料**

气象、水文、资源、环境、人口、经济等数据资料采用法定部门调查、监测和统计成果资料。

①《山西经济年鉴》（2007 年）。

②《山西省生态功能区划》（2008 年）。

③《山西省森林资源连续清查第五次复查成果》（2006 年）。

④《山西省森林资源规划设计调查》（2007 年）。

⑤《山西省荒漠化土地监测报告》（2005 年）。

⑥《山西省京津风沙源治理工程监测报告》（2005 年）。

⑦《山西省湿地保护工程规划（2005～2030）》（2006 年）。

区划的数据来源以《山西省森林资源规划设计调查》、《山西省森林资源连续清查第五次复查成果》数据为主，同时对非木材资源等进行必要的补充调查。

**（三）科学研究成果**

已有的林业、气象、土壤、植被、地貌、地理、野生动植物、湿地和自然综合区划等研究成果，参考生态、经济、农业、水利等区划资料。

①《山西省林业发展"十一五"规划》（2006 年）。

②《山西森林》、《山西树木志》、《山西植被》。

③《山西沿黄河经济带》。

④《山西省土地利用总体规划大纲》（2006～2020）。

⑤《山西省西部山区及盆地造林典型设计》（1986 年）。

**（四）相关区划文件**

全国林业发展区划大纲及一、二、三级分区方案；《山西省林业发展区划三级分区办法》（2007 年）；《山西省简明林业区划》（1982 年）等。

## 二、区划方法

### （一）区划指标体系

遵循主导因素分异的原则，就山西生态脆弱区各地的具体情况，选取主导因素进行区划。区划主要指标包括共性指标和其他指标两大类：

**1. 共性指标**

（1）生态区位等级

以县为单位，根据区域生态区位的重要性，确定生态区位的等级。

（2）生产力级数

以县为单位，计算区域的林地生产力，确定区域生产力级数。

**2. 异性指标**

根据各区域的实际，异区异指标。

（1）自然条件：地质地貌、土壤、光热、水、植被等。

①地貌类型的差异性：山地、丘陵、平原、盆地、沙地、湿地。

②土壤条件的差异性：地带性土壤、非地带性土壤。

③光热指标的差异性：年均气温、≥10℃年均积温、无霜期、年日照时数（h）、年太阳总辐射（MJ/m²）。

④水资源指标的差异性：年均降水、地表水资源（径流量及利用条件）、地下水资源（储量及利用条件）。

⑤区域性植被类型的差异性：森林类型。

（2）社会经济现状

①社会性指标的差异性。

人口密度，GDP，人均GDP，农村人口GDP，一、二、三产业结构，土地利用现状及农、林、牧用地比例，城市化水平和新农村建设。

②社会发展对林业建设需求的差异性和对林业的依赖。

生态环境的依存程度，经济发展的带动程度，文化生活的需求程度。

（3）自然灾害与地域差异

自然灾害类型、强度及地域分布的差异性和主要生态需求。

①主要自然灾害类型、强度、面积及地域分布的差异性。

②主要的生态需求。

（4）生物多样性

①生态系统类型。

②物种多样性（珍稀、濒危物种的种类和分布面积等）。

③自然保护区的类型和面积。

（5）森林资源和土地发展潜力

森林资源和土地对未来生态、生产力布局和发展的支撑力。

①森林资源现状、与社会发展需求的差异：森林资源的防灾减灾能力，森林景观资源的开发潜力，生物多样性保护能力。

②资源潜力。

（6）主导布局

主导布局是指区域发展中的目标布局，可能不是区域中面积比重最大的部分，而是该区最有优势、最重要、最有发展潜力的部分。

（7）主要措施

根据生态敏感性、主导布局等确定主要治理措施、发展措施、保护措施的差异性。

各分区优先采用什么指标，可有所不同。

**（二）生态区位等级与划分**

表述生态区位的两个主要指标是生态区位重要性和生态敏感性。

1. 生态区位重要性

生态区位重要性，标志着某一区域对维持地区生态安全的重要程度及森林在某一区域所表现出的生态功能的大小。

生态区位重要性从高到低，分为重要、较重要和一般3级。划分标准详见表4—1。

表4—1 山西生态脆弱区生态区位重要性等级划分标准

| 因　子 | 生态重要性等级 | | |
|---|---|---|---|
| | 生态区位重要 | 生态区位较重要 | 生态区位一般 |
| 河流 | 流程1000km以上河流和一级支流发源地，年平均流量为100m³/s以上的主要支流 | 流程500km以上河流和一级支流发源地以及1000km以上河流一级支流上游两侧自然地形第一层山脊以内地段 | 其他河流发源地汇水区及流域两侧 |
| | 黄土区黄河一级支流400km以上的河流及其发源地 | 黄土区黄河一级支流200～400km的河流及其发源地 | 黄土区黄河一级支流小于200km的河流及其发源地 |
| | 内陆河流程350km以上的河流及其发源地 | 内陆河流程100～350km的河流及其发源地 | 内陆河流程小于100km的河流及其发源地 |
| 湖库 | 库容为10亿m³以上的特大型水库、高原湖泊、大中城市饮用水源湖库 | 库容为1亿～10亿m³的湖库 | 库容在1亿m³以下的湖库 |
| 自然保护区 | 国家级自然保护区 | 省级自然保护区 | |
| 湿地 | 国际、国家重要湿地 | 其他湿地 | |
| 沙漠和沙地 | 影响省会级（含省会）以上城市的风沙源区 | 影响地市级城市的风沙源区 | 影响地市级以下城市的风沙源区 |

69

（续表）

| 因 子 | 生态重要性等级 | | |
|---|---|---|---|
| | 生态区位重要 | 生态区位较重要 | 生态区位一般 |
| 水土流失区 | 土壤侵蚀模数＞5000t/a·km² | 土壤侵蚀模数500～5000t/a·km² | 土壤侵蚀模数＜500t/a·km² |
| 年暴雨日数 | ＞8d | 5～8d | ＜5d |
| 日最大降雨量 | ＞300mm | 200～300mm | 200mm以下 |
| 盐渍化 | 连续分布 | 面积较大 | 一般 |
| 泥石流 | 易发生区 | 偶发生区 | 未发生区 |
| 沙尘暴 | 多发区 | 偶发生区 | 不发生区 |
| 洪水 | 多发区 | 易发生区 | 偶发生区 |
| 年大风（8级）日数 | ＞75d | 50～75d | ＜50d |

生态区位重要性为分区划界服务，如果一个区域内有几类因子，以任一个级别最高的因子为标准，确定生态区位重要性级别。

2. 生态敏感性

生态敏感性是指自然因素决定下的区域生境对自然和人为因素干扰的反应能力或恢复的难易程度。

生态敏感性用生态敏感级表示，根据区域森林生态敏感性的自然状况和抗干扰能力，生态敏感性从高到低，分为脆弱区、亚脆弱区、亚稳定区和稳定区4级。划分标准详见表4－2。

表4－2　生态敏感性等级划分标准

| 因 子 | 生态敏感性等级 | | | |
|---|---|---|---|---|
| | 脆弱区 | 亚脆弱区 | 亚稳定区 | 稳定区 |
| 植被自然度 | 原始或人为影响很小而处于基本原始状态的植被 | 有明显人为干扰或处于演替中期或后期的次生群落 | 人为干扰大，演替逆行，极为残次状态 | 人工植被 |
| 土壤风蚀程度 | 极强度风蚀（广布沙丘、沙垄，流动性大） | 强度风蚀（有流动或半固定性沙丘或风蚀残丘） | 中度风蚀（常见半固定、固定沙地、沙垄或沙质土） | 轻、微度风蚀 |
| 土壤水蚀程度 | 严重侵蚀，沟壑密度＞3km/km²，沟蚀面积≥21% | 强度侵蚀，沟壑的密度1～3km/km²，沟蚀面积15%～20% | 中度侵蚀，沟壑密度＜1km/km²，沟蚀面积＜15% | 轻度或无明显侵蚀、表土层基本完整 |

生态敏感性为区划后各区的林业发展措施服务，生态敏感性级别越高，保护强度越高。如果一个区域内涉及到多个生态敏感性因子，则以级别最高的因子为标准，确定该区域的生态敏感性。

### （三）森林生产力级数的确定

森林生产力级数只涉及森林蓄积和木材生产能力，包括现实森林生产力级数和期望森林生产力级数。

**1. 现实森林生产力**

现实森林生产力是指各县现有森林蓄积和木材生产能力。

该指数用 4 个指标来反映：①活立木蓄积量（万 m³）；②林分平均蓄积量（m³/hm²）；③年蓄积生长量（万 m³/年）；④采伐限额的商品材出材量（万 m³）。计算过程如下：

（1）全国平均数计算

以县为计算单位。全国县级行政单位 2860 个，国有林业局 92 个，共计 2952 个计算单位，按 3000 计。

4 个指标的全国平均数分别为①活立木蓄积量 454 万 m³；②林分平均蓄积量 84.7m³/hm²；③年蓄积生长量 16.56 万 m³/年；④采伐限额的商品材出材量 3.33 万 m³。

（2）求各县（局）4 项指标与全国平均数的比值

活立木蓄积量见一类调查数据；林分平均蓄积量＝林分蓄积量÷林分面积；年蓄积生长量＝活立木蓄积量×生长率（如果县没有生长率数据，可以市级生产率的平均数代替）；采伐限额的商品材出材量见采伐限额表。

计算公式如下：

①活立木总蓄积生产力（Mp）及分级

$$Mpi = \frac{Mi}{M} \times 10$$

$Mi$——$i$ 县活立木总蓄积（万 m³）

$M$——全国活立木总蓄积（454 万 m³）

②林分平均蓄积量 Ap（m³/hm²）及分级

$$Api = \frac{Ai}{A} \times 10$$

$Ai$——$i$ 县林分平均蓄积量（m³/hm²）

$A$——全国林分平均蓄积量（84.7m³/hm²）

③森林平均生长量生产力计算（Zp）及分级

$$Zpi = \frac{Zi}{Z} \times 10$$

$Zi$——$i$ 县（局）森林平均生长量（万 m³/年）

$Z$——全国森林平均生长量（16.56 万 m³/年）

④采伐限额的商品材出材量（Dp）及分级

$$Dpi = \frac{Di}{D} \times 10$$

$Di$——$i$ 县（局）原木出材量（万 m³）

$D$——全国原木出材量（3.33 万 m³）

（3）现实森林生产力各指标分级

根据计算结果，对每个指标进行分级，活立木总蓄积（Mp）、林分平均蓄积量（Ap）、森林年蓄积生长量（Zp）和采伐限额的商品材出材量（Dp）的分级标准详见表4—3。

表4—3　山西生态脆弱区现实森林生产力各指标分级标准

| 等　级 | 1 | 2 | 3 | 4 | 5 | 6 | 7 | 8 | 9 | 10 | 11 | 12 |
|---|---|---|---|---|---|---|---|---|---|---|---|---|
| 计算值 | <2 | 4 | 6 | 8 | 10 | 12 | 14 | 16 | 18 | 20 | 22 | >22 |

需说明的是县（局）级的自然保护区，由于其没有采伐限额，为了保证数据的可比性，其商品材出材量级数定为10。如庞泉沟国家自然保护区，其商品材出材量级数定为10。

（4）现实生产力级数

根据分级标准得到每个指标的级数，将4个指标相加，得到现实生产力级数。公式如下：

现实生产力级数 $Pi = Mpi + Zpi + Api + Dpi$

（5）生产力级数的使用

相邻县生产力级数相差5以上，可考虑划分不同区域；相差小于5，可以合并为一个区域。

**2. 期望森林生产力**

期望森林生产力是指通过科学经营，以充分发挥现有林地和森林的生产潜力，该县可能达到的最大森林生产能力。该指数用4个指标来反映：①活立木蓄积量（万 m³）；②林分平均蓄积量（m³/hm²）；③年蓄积生长量（万 m³/年）；④采伐限额的商品材出材量（万 m³）。计算办法为：

（1）全国平均数计算

指标的全国平均数分别为①活立木蓄积量 454 万 m³；②林分平均蓄积量

84.7m³/hm²；③年蓄积生长量 16.56 万 m³/年；④采伐限额的商品材出材量 3.33 万 m³。

（2）各县各指标计算

①期望活立木蓄积量（Mpp）计算：

期望活立木蓄积量（Mpp）：

期望活立木蓄积量（Mpp）分龄组计算，即由成熟林组（包括近熟林和过熟林）、中龄林组、幼龄林组的期望活立木蓄积，再加上未成林造林地的期望活立木蓄积之和，即为该县期望活立木蓄积量（Mpp）。

各龄组期望活立木蓄积的计算：

成熟林组、中龄林组、幼龄林组的期望活立木蓄积分别为各龄组现实林分优势树种的最大单位蓄积量平均值（m³/hm²）乘以各龄组面积之和。

未成林造林地的期望活立木蓄积为幼龄组现实林分优势树种的最大单位蓄积量平均值（m³/hm²）乘以未成林造林面积。

最大单位蓄积量平均值（m³/hm²）的计算：

最大单位蓄积量平均值（m³/hm²）以各龄组各优势树种的现实林分为计算单元。

若某龄组某一优势树种的林分数（小班数）超过 10 个，取各优势树种单位蓄积量（m³/hm²）的前 3 个最大数值计算平均值，作为该龄组优势树种最大单位蓄积量平均值（m³/hm²）。

若某龄组某一优势树种的林分数（小班数）小于 3 个，取优势树种单位蓄积量（m³/hm²）的最大值作为该龄组优势树种最大单位蓄积量平均值（m³/hm²）。

若某龄组某一优势树种的林分数（小班数）在 3～10，取各优势树种单位蓄积量（m³/hm²）的前两个最大数值计算平均值，作为该龄组优势树种最大单位蓄积量平均值（m³/hm²）。

计算公式：

$$Mpp_j = \sum_{i=1}^{n}（某优势树种最大单位蓄积量平均值 \times 某优势树种 j 龄组面积）$$

$$Mpp = \sum_{j=1}^{3} Mpp_j$$

式中 j 为龄组，i 为优势树种。

林分以外的活立木蓄积也按林分增加的比例予以增加；

②林分平均蓄积量（App）计算：

林分平均蓄积量（$App$）为期望林分总蓄积除以林分总面积；

$App$＝期望林分总蓄积÷林分面积

③期望年蓄积生长量（$Zpp$）计算：

期望年蓄积生长量（$Zpp$）为期望活立木蓄积量乘以林分生长率；

$Zpp＝Mpp×$生长率；

④商品材出材量（$Dpp$）计算：

商品材出材量（$Dpp$）为期望年蓄积生长量扣除原有商品材出材量的42%，再加上原有商品材出材量；

$Dpp＝$（$Zpp$－原有商品材出材量）×0.42＋原有商品材出材量

（3）计算各县与全国平均数的比值

各县指标与全国平均数相比。计算公式同现实生产力级数计算公式。

（4）期望森林生产力各指标分级

期望活立木总蓄积、林分平均蓄积量、年蓄积生长量和商品材出材量的分级标准详见表4－4。

表4－4　山西生态脆弱区期望森林生产力各指标分级标准

| 等级 | 1 | 2 | 3 | 4 | 5 | 6 | 7 | 8 | 9 | 10 | 11 | 12 |
|---|---|---|---|---|---|---|---|---|---|---|---|---|
| 计算值 | <3 | 6 | 9 | 12 | 15 | 18 | 21 | 24 | 27 | 30 | 33 | >33 |

（5）期望森林生产力级数的确定

期望生产力级数＝（$Mpp＋Zpp＋App＋Dpp$）

（6）生产力级数的使用

相邻县生产力级数相差5以上，可以考虑划分不同区域；相差小于5，可以合并为一个区域。

在指标计算中，当现实生产力级数与期望生产力级数出现分析矛盾时，以前者为主。

**（四）区划因子的确定与分析**

**1. 生态区位的重要性和敏感性**

在项目区内各县按规定确定其生态区位等级和敏感性等级。若生态区位的主导因子与相邻县差别显著，应作为划分区的依据。

生态敏感性是考虑区域保护发展措施的依据之一。相邻区域保护发展措施差别过大，也应考虑单独成区。

**2. 森林生产力级数**

各县按规定计算现实和期望的森林生产力级数。若与相邻县差别显著（≥5

级），可作为划分三级区的依据。

**3. 林业产业**

各县分析林业产业情况，林业产业的统计范围是全社会。提出区域林业产业的条件和发展方向，探讨产业规模的最优容量。

**4. 森林经营、保护和治理措施**

根据区域森林经营、保护和治理措施现状，提出优化森林经营、保护和治理措施的途径和措施。

**5. 区域优势和发展潜力**

分析区域的森林覆盖率和发展目标，评价区域内森林资源数量、质量和满足社会、生态需求的程度、发展趋势及达到需求的途径。

# 第四节 山西生态脆弱区区划结果

根据区划原则，异区异指标，将山西生态脆弱区从北到南，区划为 8 个林业发展分区，详见本书彩色插页附图 2《山西生态脆弱区林业区划图》。

**（一）大同盆地防风固沙、环境保护重点治理区**

（1）范围与特点：位于山西省最北端，属大同盆地的北部，包括天镇县、阳高县、新荣区、南郊区、大同城区、大同矿区、大同县共 7 个县（区）。自然条件恶劣，雨少风大，森林覆盖率低，以防风固沙、环境保护、矿区植被恢复、水土保持、封山育林为建设重点，应实施好京津风沙源治理工程，努力改善人居环境。

（2）区划主要目标：森林（包括有林地、特灌）覆盖率由 2006 年的 13.58％，提高到 2020 年的 23.30％。

**（二）晋西北丘陵水土保持、防风固沙综合治理区**

（1）范围与特点：位于山西省晋西北地区，属吕梁山北部余脉，包括左云县、右玉县、平鲁区、偏关县 4 个县（区）和山阴县、神池县的一部分。自然条件较差，以水土保持、防风固沙、矿区植被恢复等林业生态建设为重点。

（2）区划主要目标：森林（包括有林地、特灌）覆盖率由 2006 年的 12.60％，提高到 2020 年的 24.50％。

**（三）桑干河防风固沙、水土保持综合治理区**

（1）范围与特点：位于大同盆地的中、南部，包括怀仁县、朔城区 2 个县（区）和山阴县、浑源县、应县的一部分。自然条件恶劣，雨少风大，以防风固沙、水土保持、矿区植被恢复、封山育林、城市林业等林业生态建设为重点。

（2）区划主要目标：森林（包括有林地、特灌）覆盖率由 2006 年的 10.81％，提高到 2020 年的 20.05％。

### （四）恒山土石山水源涵养、风景林区

（1）范围与特点：位于恒山山脉，以土石山为主，包括广灵县、灵丘县 2 个县（区）和浑源县、应县的一部分。自然条件较差，为桑干河支流的发源地，以水源涵养、水土保持和封山育林等生态建设为重点，依托森林资源积极开展生态旅游，南部可适当发展经济林。

（2）区划主要目标：森林（包括有林地、特灌）覆盖率由 2006 年的 14.23％，提高到 2020 年的 27.89％。

### （五）管涔土石山水源涵养、自然保护林区

（1）范围与特点：位于吕梁山北段，以土石山为主，包括宁武县、五寨县、苛岚县 3 个县（区）和神池县的一部分。森林植被较好，是汾河、朱家川河、桑干河的发源地，以水源涵养、水土保持和封山育林等生态建设为重点，加强卢芽山国家级自然保护区建设，依托森林资源积极开展生态旅游和林下经济开发。

（2）区划主要目标：森林（包括有林地、特灌）覆盖率由 2006 年的 15.30％，提高到 2020 年的 29.35％。

### （六）晋西黄土丘陵沟壑水土保持、经济林区

（1）范围与特点：位于吕梁山脉的西侧，以黄土丘陵为主，包括河曲县、保德县、临县、柳林县、石楼县 5 个县（区）和兴县、中阳县的一部分。水土流失严重，森林植被相对稀少，以水土保持和封山育林等林业生态建设为重点，加强天然林保护工程建设，大力发展以红枣为主的干果经济林及相关产业。

（2）区划主要目标：森林（包括有林地、特灌）覆盖率由 2006 年的 13.24％，提高到 2020 年的 30.89％。

### （七）关帝土石山水源涵养、用材林区

（1）范围与特点：位于吕梁山主脉中段和东侧的丘陵区，包括方山县、离石区、交口县、岚县、静乐县、娄烦县、古交市 7 个县（区）和兴县、中阳县、交城县、文水县、汾阳市、孝义市的一部分。森林植被较好，是三川河等多条黄河一级支流的发源地，以水源涵养、水土保持和封山育林等林业生态建设为重点，加强天然林保护、庞泉沟国家级自然保护区建设，分类经营，科学营林，有计划地进行低效林改造，提供部分民用材，并因地制宜地发展以核桃为主的干果经济林及相关产业。

（2）区划主要目标：森林（包括有林地、特灌）覆盖率由 2006 年的 26.99％，提高到 2020 年的 37.81％。

### （八）昕水河丘陵水土保持、经济林区

（1）范围与特点：位于吕梁山脉的南段，以黄土丘陵为主，包括永和县、隰县、汾西县、大宁县、蒲县、吉县、乡宁县 7 个县（区）。森林植被主要集中分布在吕梁山主脉的土石山区，黄河沿岸丘陵区水土流失严重，以水土保持和封山育林等林业生态建设为重点，加强天然林保护、五鹿山国家级自然保护区建设，大力发展以红枣为主的干果经济林及相关产业。

（2）区划主要目标：森林（包括有林地、特灌）覆盖率由 2006 年的 23.60％，提高到 2020 年的 36.05％。

# 第五章　山西生态脆弱区林业生态建设总体布局

林业是生态建设的主体，发挥着维护生态安全、促进经济发展、实现人与自然和谐的作用。加快推进造林绿化，是解决生态脆弱的有效途径和重要举措，是一项功在当代、利在千秋、惠及子孙后代的伟大事业，是全面贯彻落实科学发展观、建设生态文明的必然要求。加快推进林业生态建设，进一步优化生态环境，对推动山西省"转型发展、安全发展、和谐发展"战略的实施，促进山西生态脆弱区经济社会全面协调可持续发展具有重大意义。

## 第一节　林业生态工程的作用与发展战略

### 一、林业生态工程的作用

环境问题的实质是生态系统的维护问题。全球环境战略的重点将是优先改善或解决与环境密切相关的林业生态工程问题。

林业生态工程是区域生态环境保护和整治的基本内容和首要任务，是实现农业高产稳产、水利设施长期发挥功效、减轻自然灾害的重要保障和有效途径。林业生态工程作用的实质是森林对环境的影响。林业生态工程不仅可以保护现有的自然生态系统，而且可以使已破坏的生态系统重建、修复。林业生态工程的作用是多方面的，除了较为周知的减少土壤侵蚀、防治土地荒漠化外，还有缓解水资源危机、减缓气候温室效应等。

#### （一）减缓土壤侵蚀

森林的枯枝落叶不仅可以吸收 2～5mm 的降水，而且可以保护土壤免遭雨滴的冲击。枯枝落叶层腐烂后，参与土壤团粒结构的形成，有效地增加了土壤的空隙度，从而使森林土壤对降水有极强的吸收和渗透作用。树冠对森林土壤有双重作用，一方面可以减少降水到地面的高度和水量（林冠可吸收 10～20mm 降水），另一方面树冠截流的降水要积聚到一定程度才降落，使得水的破坏力增强但作用不大。森林中有大量的动物群落和微生物群落活动，林木根系强大的固土和穿透作用都能有效地增加土壤空隙度和抗冲刷能力。

**（二）防治土地荒漠化**

荒漠化是全球性的重大环境问题，已引起国际社会的广泛关注，以植树造林、种草为主的生态工程是治理荒漠化的有效措施。

自 1978 年以来，我国先后实施了举世瞩目的"三北"防护林体系建设、防沙治沙工程建设、草原建设、农业综合开发和水土流失综合治理工程建设等一系列重大生态建设工程，取得了明显的生态、社会和经济效益。

山西省自从"三北"防护林体系建设以来，新增植被约有 150 万 $hm^2$，工程区林木覆盖率提高了将近 5%。通过植树造林、封育、飞播等措施，使一些地区初步形成了比较完善的生态体系，农牧业生产条件明显改善，粮食产量持续增长，荒漠化地区人民生活水平逐步提高。

**（三）缓解水资源危机**

水是生命之源，水资源危机的后果是灾难性的，它不仅阻碍了经济发展，而且严重影响了人民的生活和生存。目前全世界已有 100 多个国家缺水，严重缺水的国家已有 40 多个，全球 60% 的陆地面积淡水资源不足，20 多亿人饮用水资源紧缺。我国人均水量是世界平均水平的 1/4，全国有 200 多个城市水资源紧缺。山西更是我国严重缺水的地区之一，山西生态脆弱区人均水资源占有量不足全国人均水资源量的 1/5，亩均水资源占有量仅为全国相应值的 15%。

森林缓解水资源危机的作用表现在：

（1）森林是"绿色水库"，森林土壤像海绵一样可吸收、贮藏大量的降水，涵养水源，并防止和减轻洪水灾害，增加枯水期的河水流量，增加可利用的有效水资源。

（2）森林可防止土壤侵蚀，减少河流泥沙，维护江河湖库的蓄积能力，延长水利工程设施的寿命，减少无效水损失，并且还能有效地缓解水体污染。

（3）森林可以促进水分循环和影响大气环流，增加降水。晋西北的右玉县由60 年前的风沙肆虐，转变为林区云多、雾多、水多的现象就是最好例证。

**（四）改善大气质量**

（1）有效减缓温室效应

在 2009 年哥本哈根世界气候大会上，全球气候变暖引发人类前所未有的关注和激辩。

气候变暖主要是大气中温室气体 $CO_2$ 的增加所致。研究表明，当全球大气中 $CO_2$ 增加到当前水平的 2 倍时，全球气温将上升 1.5～4.5℃。到 21 世纪末气候变暖将使海平面上升 0.3～1.0m，那时全球 30% 的人口势必迁移。陆地生态系统碳储量约 5600 亿－8300 亿 t，其中 90％的碳自然贮存森林中。森林每生长 1 立方米木材可固定 350 千克 $CO_2$。森林对大气中 $CO_2$ 的吸收，是通过林木的光合作用，植树造林将成为降低大气中 $CO_2$ 浓度的一个重要途径。假设在 $1hm^2$ 的土地上造林，包括树根，每年可生长 10 吨木材，则可吸收、固定 15 吨 $CO_2$。

（2）森林是主要的氧源

森林在其光合作用中能释放出大量的 $O_2$，据观测，1 公顷阔叶林 1 天消耗 1 吨 $CO_2$，释放 0.37 吨 $O_2$，可供约 1000 人呼吸。

（3）减少臭氧层的耗损

臭氧层可保护地球上的生命免遭太阳的有害辐射。臭氧层的破坏主要是由于人类生产或毁林烧垦中产生的氮和氢的氧化物、硝酸盐、甲烷、氟氯烃等在平流层中被光解或氧化后破坏臭氧分子。森林可以有效地吸收 $NO_2$，每公顷森林每年可吸收 $NO_2$ 0.3 万吨，森林对烧垦产生的气溶胶有巨大的吸附能力。

（4）森林可净化空气。森林对大气污染物有一定的吸收和净化作用。美国环保局研究结果表明，每公顷森林可吸收 $SO_2$ 7.48 吨、NO 0.38 吨、CO 2.2 吨。森林通过降低风速、吸附飘尘，减少了细菌的载体，从而使大气中的细菌数量减少。侧柏、油松等许多针叶树木的分泌物可以杀死细菌。

### （五）降低噪声污染

森林可有效地消除噪声，为人类生存提供一个宁静的环境，噪声经树叶不规则反射而使声波快速衰减，同时噪声波所引起的树叶微震也可消耗声能。森林还能有限吸收对人体危害最大的高频和低频噪声。据测定，100 米宽的防护林带可降低汽车噪声 30％、摩托车噪声 25％、电声噪声 23％。山西省 2.60 万公顷的公路防护林带在减少噪声污染上发挥了重要作用。

### （六）丰富生物多样性

森林问题和生物多样性问题是一对互相关联的问题。

（1）森林与物种多样性

森林是物种多样性最丰富的地区之一。据估计，地球上有 500 万～3000 万种生物，其中一半以上在森林中栖息繁衍。由于森林破坏、草原垦耕、过度放牧和侵占湿地等，导致了生态系统简化和退化，破坏了物种生存、进化和发展的生境，使物种和遗传资源失去了保障，造成生物多样性锐减。

（2）森林与生态系统多样性。森林占陆地面积 1/3，其生物量约占整个陆地生态系统的 90％。在森林生态系统中，植物及其群落的种类、结构和生境具有多样性，也是动物种群多样性赖以生存的基础和保证。山西省加强对森林自然保护区和湿地的保护，使褐马鸡种群和大天鹅等候鸟数量明显增加，便是一个良好的例证。

（3）森林与遗传多样性。一个物种种群内，两个个体之间的基因组合没有完全一致的，灭绝部分物种，就等于损失了成千上万个物种基因资源，森林生态系统多样性提供了物种多样化的生境。不仅具有丰富的遗传多样性，而且为物种进化和产生新种提供了基础。

## 二、发展战略

实施可持续发展战略是我国的基本国策之一。在贯彻可持续发展战略中林业具有重要地位，在生态建设中林业具有首要地位，在西部大开发中林业具有基础地位，在应对气候变化中林业具有特殊地位。

2009年11月，山西省委、省政府召开了全省林业工作会议，要求各级党委、政府要把生态兴省和集体林权制度改革纳入经济社会发展全局，做到领导力量到位、工作部署到位、责任措施到位、政策保障到位，形成党委统一领导、党政齐抓共管、部门密切协作的格局。会议指出，全面实施生态兴省战略，是结合山西实际提出的新要求，是推进"转型发展、和谐发展、安全发展"、保持经济平稳较快发展的内在要求，是破解"三农"问题、建设新农村的迫切要求，是改善人民生活、提升山西形象和竞争优势的重要途径。

"生态兴省"战略，为山西生态脆弱区的林业生态建设发展进一步指明了方向，明确了任务。在林业生态建设中不仅要植树造林，还要注重发展林业多元化经济，延伸林业产业，搞活林下经济，发展森林旅游和生态经济，做到修复生态与兴林富民同步进行，相关部门要进一步健全金融、财政及林木采伐、流转制度，保障生态兴省战略的顺利实施。

要从区域的实际出发，把解决当前问题与实现长远战略目标结合起来，正确处理生态环境建设与经济社会发展的关系，对以下问题必须要有明确的认识：

### （一）跨出行业框框，全社会办林业

必须充分发挥各地人民政府的推动作用，同时要最大限度地调动好、发挥好全社会造林绿化的积极性。充分认识到林业的首要地位、基础地位，充分体现和突出林业的公益性和社会性，要全党动员，政府负责，创新机制，全民动手，全社会办林业，使林业更好地为国民经济和社会发展服务。

### （二）以"林改"为核心，全面推进林业改革

集体林权制度改革要抓住"一个核心"——明晰产权；实现"两大目

标"——确保生态受保护、农民得实惠；坚持"三大原则"——坚持尊重农民意愿的原则，坚持依法办事的原则，坚持分类指导的原则，对公益林要以保护为主，商品林依法自主经营；处理好"四个关系"——处理好主体改革和配套改革的关系、放活经营与加强管理的关系、质量与进度的关系、改革与稳定的关系。

要加快建立公共财政支持林业发展的制度、金融服务林业改革发展制度、林木采伐管理制度、集体林权流转制度、林业社会化服务制度，为林业改革发展营造良好的政策环境。

### （三）处理好开发与保护的关系，促进人与自然和谐

作为区域开发建设的基础和前提，要把加强资源合理开发利用和生态环境保护列为区域规划的重点内容，增强可持续发展能力。以人为本，近期利益和远期利益相结合，走经济平稳较快发展，社会文明进步，生态环境良好，资源永续利用，人民生活富裕的健康发展之路，实现人口、资源、生态环境与经济社会全面协调可持续发展。

### （四）突出重点，加大林业生态建设力度

坚持生态优先，以大工程带动大发展，以大发展促进大跨越，继续实施好国家和省级林业重点工程，加强重点地区、重点流域生态治理，同时逐步加强低产林改造和现有森林的保育管护力度。"山上治本"与"身边增绿"同步推进，要按照社会大发动、城乡大绿化的思路推进造林绿化，体现特色，凸显亮点。

### （五）发挥森林多重功效，加快兴林富民步伐

将林业作为国家经济的重要产业来培育，要大力发展林业产业，把兴林和富民紧密结合起来。造林绿化既要充分发挥改善生态环境的重要作用，又要充分体现林业的经济和社会功能。要根据立地条件，合理规划生态公益林和经济林，培育林业产业，促进农民增收，让广大人民群众共享造林绿化成果。下大力气实施干果经济林为重点的富民工程，加强核桃、红枣、仁用杏、花椒、柿子等干果经济林基地建设。不仅要发展林木、林果产业，还要发展林下产业，推进林业的多种经营，发挥多重效益。

### （六）加强林业基础设施建设，改善林区生产生活条件

长远规划，对林区道路、水、电、通讯、卫生等基础设施，逐年保障投入，与林业发展形势同步提高，不断改善林区职工生产、生活条件，为林区可持续发展创造有利条件。

# 第二节　建设指导思想、原则与目标

## 一、指导思想

全面实施"生态兴省"战略，按照发展现代林业、建设生态文明、促进科学发展的基本要求，以建设完备的山西生态脆弱区绿色生态屏障为主要目标，以水土流失治理和防沙治沙为重点，以重点项目和重点区域建设为依托，以科技创新为动力，继续加快造林进程，开展退化林分的生态修复，加强中幼林抚育，提高防护林林网化水平，完善防护林体系，提升防护林综合功能，把地区防护林体系建设同建设小康社会、区域经济发展和农民脱贫致富紧密结合起来，促进兴林富民，努力实现该地区生态环境根本好转，为人民生活水平提高、建设社会主义生态文明和加快建设山川秀美新山西作出新贡献。

## 二、建设原则

在生态林业建设中，坚持以下原则：

（1）坚持以人为本，统筹兼顾，协调发展的原则，多种治理措施相结合，区域发展相协调，重点工程与身边增绿工程建设相衔接。

（2）坚持以生态效益为主，生态效益、社会效益、经济效益相结合的原则，建设生态经济型防护林体系，实现生态建设与经济发展的协调统一。

（3）坚持因地制宜，因害设防，突出重点，分步实施，讲求实效的原则，在重点治理地区优先取得突破，建设区域性防护林体系。

（4）坚持人工恢复和大自然自我修复相结合的原则，尊重自然规律，分类指导，分区施策，切实提高工程建设的质量与成效。

（5）坚持中央、地方、集体、个人一起上的原则，在充分体现政府投资主体责任的前提下，多渠道、多层次、多方位筹集资金，依靠各级政府和广大群众，广泛动员全社会共同参与，建立多元的投入机制。

（6）从森林经营的角度来看，要坚持"分类经营"的林业发展思想，实行"保护优先、发展为主、改善质量、适度利用"的原则。保护优先就是加强现有森林资源的保护；发展为主就是针对地区森林资源少、宜林荒山面积大的现状，通过封山育林、人工促进天然更新等多种方式，采用先进实用的科学技术，提高造林成活率、种植率，增加森林资源；改善质量就是通过对低质低效林的系列改

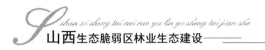

造，形成混交林、异龄林、多层林，提高林业质量，使之充分发挥森林多功能效益；适度利用就是在严格控制采伐量的基础上，按可持续经营采伐的要求，对密度过大的天然林和人工林进行抚育间伐，调整林分的树种结构，促使森林健康成长。

## 三、建设目标

山西生态脆弱区森林资源总量严重不足，生态环境脆弱，因此，加快林业发展是山西生态脆弱区一项长期而艰巨的任务。要充分认识和高度重视加快林业发展，不仅在该地区可持续发展中具有重要地位，而且在生态环境建设中占有首要地位，对满足经济社会发展和广大人民群众对林业的多种需求，发挥森林特殊的多种生态功能具有重要作用。

根据区域对林业发展的要求和影响生产力发展因素，要优化林业生产力布局，以生态建设为主线、重点工程项目为载体，推进发展与保护相协调、林业建设与农民脱贫致富相协调，坚持以生态效益优先，生态、经济与社会三大效益相协调的林业发展方针；把山西生态脆弱区作为全省林业建设的重点地区，并根据不同生态类型地区的特征和立地条件，按照不同的建设重点和方向，进一步实施好国家和省级林业重点工程。

2011 年～2020 年是关系到山西省生态环境建设战略性目标能否最终实现的关键十年。山西生态脆弱区在保护和巩固好现有建设成果的基础上，通过大力造林、退化林分修复、现有林管护和科学育林，提高防护林复层郁闭水平，增加林下植被盖度，提高森林涵养水源、保持水土的能力，增强防护效能，同时在有条件的地方大力发展林业产业，力争到 2020 年时完成以下建设目标：

（1）森林覆盖率：使区域内森林面积达到 208 万 $hm^2$，平均森林蓄积量达到 $70m^3/hm^2$，活立木蓄积达到 6940 万 $m^3$ 以上。宜林荒山绿化率达到 85％以上，森林覆盖率由 2006 年的 17.62％提高到 30.19％，林木绿化率达到 44.07％。

（2）荒漠化治理：风沙区 80％的沙化土地得到初步治理，使水土流失区50％的水土流失面积得到有效遏制。

（3）通道绿化：铁路、公路宜绿化里程绿化率达到 95％以上；两侧宜林荒山绿化率达到 90％以上。

（4）县城绿化：建成区绿化覆盖率达到 35％以上，人均公共绿地达到 9m² 以上；县城周边 3km 范围内无宜林荒山；城郊森林公园达到 126 个。

（5）村镇绿化：村镇绿化率达到 90％；村镇林木覆盖率达到 20％以上，建成 1 处以上能满足村民活动的公共绿地。

（6）平原绿化：使 90％的宜林网化农田实现林网化，河流、渠道、滩涂绿化率达到 95％以上。

（7）经济林建设：经济林面积达到 59 万 hm² 以上，实现农民人均经济林面积 0.067hm² 的目标。

（8）矿区绿化：采空区和废弃矿井地面的绿化率达到 80％以上。

（9）林业产业：着力提升第二产业，培育壮大第三产业，林业产业基地面积达到 3.50 万 hm²，力争到 2015 年该地区林业总产值达到 180 亿元以上，到 2020 年达到 300 亿元以上。

# 第三节　山西生态脆弱区总体布局及主要建设内容

## 一、总体布局

山西生态脆弱区生态退化后的主要表现是植被减少，土地生产力下降，裸地大面积出现，这就为生态环境的恶化提供了起源。只要风力达到起沙速度或有雨水冲刷，就会有沙尘天气和表土的流失。为遏制沙源和保护地表，就要增加地表植被覆盖度，提高地面粗糙度，以有效降低风速、涵养水源，减少土壤水蚀、风蚀，保护生态环境。

2006 年山西生态脆弱区内还有各类宜林地 122.35 万 hm²，且立地条件很差，绿化任务艰巨而繁重。因此该区林业生态建设要继续坚持"大工程带动大发展"的思路，通过实施国家天然林资源保护工程、退耕还林工程、"三北"防护林体系建设工程、京津风沙源治理工程、平原绿化工程、自然保护区建设工程和省级造林绿化重点工程等，使生态环境得到有效治理，充分发挥森林的多重效益，兴林富民并举，为建设小康社会做出贡献。

（一）全区布局建设指标

### 1. 生态建设布局

坚持以生态建设为主，兼顾社会对林业的多种需求。在现有林种基础上，向下调整地方生态公益林的比重。到 2020 年，将生态公益林面积由 2006 年的 377.58 万 hm² 调整到 293.43 万 hm²，生态公益林与商品林的比例调整为 7：3。新增建设为：

（1）新造林 122.96 万 hm²，其中人工造林 78.64 万 hm²、封山育林 44.32

万 hm²；使林地利用率达到 45.3%；

（2）通道绿化 47070km；

（3）退化林分修复 45.72 万 hm²，其中老残林带更新 11.45 万 hm²、低效林改造 34.27 万 hm²；

（4）中幼林抚育 66.24 万 hm²，其中中龄林抚育 15.89 万 hm²、幼龄林抚育 50.35 万 hm²；

（5）现有林管护 91.39 万 hm²，其中集中管护 63.97 万 hm²、承包管护 27.42 万 hm²；

（6）新农村绿化 5835 个，其中生态防护型 1800 个、生态经济型 2809 个、生态景观型 1226 个；

（7）建设自然保护区（包括湿地）45 个，其中省级 29 个、市县级 16 个。

**2. 工业原料、生物质能源林布局**

落实国家产业政策，大力发展以优良速生杨树、文冠果、黄连木、华北落叶松、紫穗槐、柠条等为主的工业原料、生物质能源林，基地化建设，到 2020 年新发展 21.20 万 hm² 工业原料林和生物质能源林。

**3. 特色经济林布局**

特色经济林种植是该地区中南部林业建设的优势，农民从经济林中得到了实惠，必然焕发起发展特色经济林的热情。正确引导，合理规划，集约经营，到 2020 年新增经济林 45.99 万 hm²，其中果树林 26.76 万 hm²、药材林 3.69 万 hm²、油料林 15.54 万 hm²。

实现山西生态脆弱区人均 0.067hm² 经济林的目标。

**4. 林业产业基地、花卉苗木及种苗基地建设布局**

到 2020 年，建设林业产业基地 398 个，花卉苗木基地 186 个，林木种苗基地 133 个，总计面积 3.79 万 hm²。

**5. 用材林建设布局**

到 2020 年，新发展或改造水土保持用材林、水源涵养用材林 17.48 万 hm²。

**6. 生态旅游建设布局**

正确处理保护与开发的关系，全面提升森林旅游的对外服务功能。以现有森林公园为核心向外延伸，提高生态景观等级，同时有计划地在县城及重点乡镇周边建设一批城镇森林公园，发展生态旅游。立足乡村，面向城市，加大生态旅游产品推广力度，倡导回归自然式的旅游经营方式，满足不断升级的旅游消费新风尚，把生态旅游业建设成为可持续发展的绿色产业。

到 2020 年，新建城镇森林公园（包括湿地）98 个，其中生态休闲型 49 个、生态观光型 49 个。

### （二）分区总体布局任务

总体上，在晋西北等区域，建成大规模、集中连片、比较完备的区域性防护林体系；在晋陕峡谷、昕水河流域，建成比较完备和较发达的生态经济型防护林体系、干果经济林产业体系。

要坚持全地区动员，全民动手，全社会大办林业；坚决贯彻落实中央和山西省的各项林业政策法令和措施，打击林业各项违法犯罪活动，保证林业建设健康快速发展；多渠道、多层次、多形式、筹集林业建设资金，尤其是要把国家和省的林业建设投资及引进国际组织的贷款及援助资金，真正全部用到林业建设中；深化林业体制改革，特别要积极推进集体林权制度改革，加强林业管理、科技机构、队伍及基础设施建设，依靠科技创新和管理创新，推动该地区林业跨越式发展。

巩固和提高现有高速公路通道绿化成果，交通沿线荒山绿化工程重点要向一、二级国省道沿线两侧荒山绿化布局；继续与新农村建设相结合，推进村庄绿化，以县为单位，集中连片，逐步形成村级绿化小循环，在此基础上，以市构建村庄绿化大循环；整体推进环城绿化工程，要加快山区县城周围 2～3km 和晋北风沙区县城的环城林带建设步伐；加快实施城郊森林公园工程，力争用 5～10 年的时间每个市县建设 1～2 个高品位的城郊森林公园。

由于山西生态脆弱区土地面积宽广，各地条件相差很大，因此在加大生态建设治理力度时，必须要突出重点，分类布局。山西生态脆弱区按立地特征可划分为晋西黄土丘陵类型区、吕梁土石山类型区、晋北盆地类型区、恒山土石山类型区。按照不同地貌、气候类型区因害设防，突出特色，协调发展的总原则，根据林业发展区划结果，在山西生态脆弱区分以下 8 个大区，进行林业生态建设布局：

#### 1. 大同盆地防风固沙、环境保护重点治理区

建设范围包括天镇县、阳高县、新荣区、南郊区、大同城区、大同矿区、大同县和省直属杨树林局。以对区内沙化土地治理为主，在平川地区，重点改善农业生产条件，坚持建设、改造、提高相结合，建成带、片、网相结合的高效农业防护林体系，同时加大对矿区和城区周边的生态环境的保护治理。

在矿山地质环境保护与治理上，林业生态重点治理区为：新荣区、大同南郊区、大同矿区。

根据该区的生态特征和林业建设现状，到2020年，林业生态建设布局主要为：

人工造林4.49万hm²、封山育林2.68万hm²、特色经济林2.77万hm²，退化林分修复5.59万hm²，中幼林抚育4.30万hm²，现有林管护5.74万hm²，新农村绿化768个，自然保护区6个，城镇森林公园14个，通道绿化2547km。

**2. 晋西北丘陵水土保持、防风固沙综合治理区**

建设范围包括左云县、右玉县、平鲁区、偏关县及山阴县、神池县的部分。以治理水土流失、沙化土地为重点，通过大力开展以樟子松为主的防护林建设、封山育林等措施进行全面治理，适度开发利用沙区资源，建成乔、灌、草相结合的水土保持、防风固沙防护林体系。

在矿山地质环境保护与治理上，林业生态重点治理区为：左云县、平鲁区、偏关县、山阴县、神池县。

根据该区的生态特征和林业建设现状，到2020年，林业生态建设布局主要为：

人工造林7.12万hm²、封山育林4.08万hm²、特色经济林0.83万hm²，退化林分修复3.84万hm²、中幼林抚育6.34万hm²，现有林管护8.46万hm²，新农村绿化1085个，自然保护区5个，城镇森林公园10个，通道绿化9184km。

**3. 桑干河防风固沙、水土保持综合治理区**

建设范围包括怀仁县、朔城区及山阴县、浑源县、应县的部分。以治理沙化土地、水土流失为重点，坚持建设、改造、提高相结合，以河流、道路两侧为骨架，建成带、片、网相结合的高效农业防护林体系。

在矿山地质环境保护与治理上，林业生态重点治理区为：怀仁县、朔城区。

根据该区的生态特征和林业建设现状，到2020年，林业生态建设布局主要为：

人工造林2.25万hm²、封山育林1.40万hm²、特色经济林1.63万hm²，退化林分修复3.36万hm²、中幼林抚育2.57万hm²，现有林管护3.42万hm²，新农村绿化969个，自然保护区5个，城镇森林公园12个，通道绿化10185km。

**4. 恒山土石山水源涵养、风景林区**

建设范围包括广灵县、灵丘县及浑源县、应县的部分。在河流源头、河流上游地区，通过封山育林、低产林改造等措施，提高林地的防护功能及林分质量，建设以水源涵养为主的风景观光型防护林体系。

在矿山地质环境保护与治理上，林业生态重点治理区为：广灵县、灵丘县。

根据该区的生态特征和林业建设现状，到 2020 年，林业生态建设布局主要为：

人工造林 7.81 万 $hm^2$、封山育林 4.00 万 $hm^2$、特色经济林 3.13 万 $hm^2$，退化林分修复 3.53 万 $hm^2$，中幼林抚育 4.84 万 $hm^2$，现有林管护 6.45 万 $hm^2$，新农村绿化 360 个，自然保护区 3 个，城镇森林公园 8 个，通道绿化 1647km。

**5. 管涔土石山水源涵养、自然保护林区**

建设范围包括宁武县、五寨县、苛岚县及神池县的部分。在汾河上游地区，结合汾河流域生态修复工程，建设以水源涵养和自然保护区建设为主的防护林体系；

在矿山地质环境保护与治理上，林业生态重点治理区为：宁武县等。

根据该区的生态特征和林业建设现状，到 2020 年，林业生态建设布局主要为：

人工造林 5.12 万 $hm^2$、封山育林 3.29 万 $hm^2$、特色经济林 0.20 万 $hm^2$，退化林分修复 3.57 万 $hm^2$，中幼林抚育 5.08 万 $hm^2$，现有林管护 6.77 万 $hm^2$，新农村绿化 318 个，自然保护区 3 个，城镇森林公园 8 个，通道绿化 2952km。

**6. 晋西黄土丘陵沟壑水土保持、经济林区**

建设范围包括河曲县、保德县、临县、柳林县、石楼县及兴县、中阳县的部分。以小流域水土流失治理为重点，积极发展以干鲜果品为主的水土保持兼用林，建设较完备的生态经济型防护林体系。

在矿山地质环境保护与治理上，林业生态重点治理区为：柳林县、中阳县、河曲县、保德县、兴县。

根据该区的生态特征和林业建设现状，到 2020 年，林业生态建设布局主要为：

人工造林 21.73 万 $hm^2$、封山育林 10.00 万 $hm^2$、特色经济林 13.64 万 $hm^2$，退化林分修复 5.27 万 $hm^2$，中幼林抚育 7.95 万 $hm^2$，现有林管护 10.61 万 $hm^2$，新农村绿化 678 个，自然保护区 6 个，城镇森林公园 14 个，通道绿化 5520km。

**7. 关帝土石山水源涵养、用材林区**

建设范围包括方山县、离石区、交口县、岚县、静乐县、娄烦县、古交市及交城县、文水县、汾阳市、孝义市的部分。在河流源头、河流上游地区，分类经营，永续利用，通过封山育林、低产林改造等措施，提高林地的防护功能及林分质量，建设以水源涵养为主、生产木材为辅的防护林体系。

在矿山地质环境保护与治理上，林业生态重点治理区为：孝义市、古交市、离石区、交城县、汾阳市、娄烦县、交口县、岚县。

根据该区的生态特征和林业建设现状，到 2020 年，林业生态建设布局主要为：

人工造林 17.02 万 hm²、封山育林 10.70 万 hm²、特色经济林 13.58 万 hm²，退化林分修复 12.92 万 hm²，中幼林抚育 23.65 万 hm²，现有林管护 31.53 万 hm²，新农村绿化 847 个，自然保护区 11 个，城镇森林公园 18 个，通道绿化 10852km。

### 8. 昕水河丘陵水土保持、经济林区

建设范围包括永和县、隰县、汾西县、大宁县、蒲县、吉县、乡宁县。以小流域水土流失治理为重点，积极发展以干鲜果品为主的水土保持兼用林，建设较完备的生态经济型防护林体系。

在矿山地质环境保护与治理上，林业生态重点治理区为：乡宁县、蒲县、汾西县。

根据该区的生态特征和林业建设现状，到 2020 年，林业生态建设布局主要为：

人工造林 13.10 万 hm²、封山育林 8.16 万 hm²、特色经济林 10.22 万 hm²，退化林分修复 7.64 万 hm²，中幼林抚育 11.51 万 hm²，现有林管护 18.41 万 hm²，新农村绿化 810 个，自然保护区 6 个，城镇森林公园 14 个，通道绿化 4182km。

## 二、主要建设内容

林业生态工程是生态工程的一个分支，是以改善优化生态环境、提高人民生活质量、实现可持续发展为目标，以大流域和重点风沙区为重点，在一定区域内开展的以植树造林、种草为主要内容的工程建设。

林业生态工程是根据生态学、林业及生态控制论、生态经济学等原理，设计、建造与调控以木本植物为主体的人工复合生态系统的工程技术。根据区域对林业发展的要求和影响生产力发展因素，要优化林业生产力布局，以生态建设为主线，重点工程项目为载体，推进发展与保护相协调、与农民脱贫致富相协调，坚持以生态效益优先，生态、经济与社会三大效益相协调的林业发展方针；把整个山西生态脆弱区作为林业建设的重点地区，并根据区域内不同生态类型地区的特征和立地条件，按照不同的建设重点和方向，有计划、有步骤地推进林业生态建设。

**（一）林业生态工程的经济特性**

从林业生态工程的经济特性来看，具有4个特点：

（1）综合性强，涉及的专业领域广。包括育种、造林、管理、生态、经济等各方面多个生产阶段。

（2）涉及的单位、主体多，包括领导组织机构、投资主体、设计规划单位、施工单位、成果经营单位等多个主体，给林业生态工程的管理带来一定的难度。

（3）涉及的劳动力范围广，作业面积较大。

（4）林业生态工程所有制形式较多，包括国有、集体、个人、股份、股份合作等各种形式。

此外，工程效果、质量监督、评价指标表现出复杂性和多样性，这和其他工程要求尽快产生直接经济效益有明显区别。可见，林业生态工程是系统工程，要维护和改善生态环境条件，就必须协调好各方面关系，把握各生产环节，以取得总体最优的效果。

**（二）林业生态工程的方式**

在山西生态脆弱区进行林业生态建设，其实也就是生态恢复的过程。所谓的生态恢复，就是恢复生态系统合理的结构、高效的功能和协调关系。生态系统恢复的目标是把受损的生态系统返回到它先前的或类似的或有用的状态。恢复不是复原，恢复包含着创造与重建的内容。

（1）自然恢复及保护

当生态系统受损程度不超过本系统负荷，并且是可逆的情况下，压力和干扰被去除后，恢复可以在自然过程中发生的过程就是自然恢复过程。对于这样的退化生态系统，主要是进行封禁保育，杜绝继续受外力的损伤，在经过5~8a的生长季后，植物种类数量、植被盖度、物种多样性和生产力，都可以得到较好的恢复。

（2）人为辅助恢复

生态系统的受损是超负荷的，并发生不可逆的变化。只依靠自然力已很难或不可能使系统恢复到初始状态，必须依靠人为的一些正干扰措施，才能使其发生逆转。如已经退化的沙质土地，由于生境条件的极端恶化，仅依靠自然力进行围栏封育是不能使植被得到恢复的，只有人为采取固沙、植树种草措施才能使其得到一定程度的恢复。

（3）主要途径

①恢复途径：一是受损程度较轻的生态系统恢复途径。在进行围栏封育后，

人为进行辅助整穴，以促进母树下种后种子的发芽生长，在几个生长季后可恢复的途径。二是受损程度大的生态系统恢复途径。进行部分人工补植补造后，并围栏封育，在几个生长季后可恢复的途径。

②重建途径：一是受损程度较大的生态系统恢复途径。需要进行人工全面造林，以促进生态系统恢复的途径。二是受损程度严重的生态系统恢复途径。先进行围栏封育，使地力免受继续破坏，待地力有一定恢复后再进行人工补植补造，促进生态系统恢复。三是建造农田防护林恢复农田生态系统的途径。进行建造农田防护林，保证农田生态系统的良性恢复，提高农田的产量。

③维持途径：对于在长时间强烈的自然扰动和人为破坏的地方，生态系统完全失去自我调节能力，环境退化到原生裸地、重盐碱地等。在这种立地条件下，植被的恢复和重建是极其困难的，一定要因地制宜、宜林则林、宜草则草。对于远离居住区并对生态环境影响不大的地段，在现阶段没有必要投入大量的人力物力去治理，而是要停止一切人为的干扰活动，让生物群落自我维持与发展，逐渐适应并改造环境。

④辅助途径：改变生产生活习惯，调整产业结构的途径。增加经济林的栽植，实施舍饲养殖，加大后续产业的发展，提高农民的收入和生活水平，减轻生态系统压力，起到保护生态系统作用。

林业生态工程的目标是建造某一区域（或流域）的以木本植物为主体的优质、稳定的复合生态系统。因此，林业生态工程的主要内容可划分为两大部分：

一是生物群落建造，把设计的种群按一定的时间顺序或空间顺序定植或安置在复合生态系统之中。例如各种农林复合生态系统、农牧复合生态系统。生物种群的合理选择与匹配是建造人工生态系统的前提。林业生态工程的主要种群可以是乔木、灌木，甚至是草类。

二是环境改良，人工复合生态系统主要在非森林环境中建造。为了保证植物（包括作物）正常生长发育，为复合生态系统的建造提供一个良好的环境条件，必须改良当地立地条件。例如改善造林立地条件的各类蓄水整地工程、径流汇集工程、防止各类侵蚀的水土保持工程、盐碱地排水工程、爆破整地、地面覆盖保墒、吸水剂应用等。在一些严重退化的困难立地条件下，不采用环境改良或治理工程，就很难建造稳定的复合生态系统。

显然，生物群落建造是林业生态工程最主要、涉及面最大的任务。

### （三）林业生态工程的主要措施

### 1. 人工造林

人工造林是林业生态建设的主体，在建设思路上应坚持以防护林为主体，适当配置特用林、用材林、经济林、薪炭林（含林木生物质能源林），形成多林种、多功能的综合防护林体系；采取人工造林、封山（沙）育林等方式，以封山（沙）育林为重点；以乡土树种为主，适地适树，实行多树种，乔、灌、草结合。

工程造林要根据区域自然条件和社会经济条件，造林技术水平、宜林地条件的差异性，确定工程造林的建设规模、造林方式、林种结构和树种组成。

（1）建设对象

工程造林任务主要针对宜林地，包括宜林荒山荒地、宜林沙荒地、道路两侧10～50m、河流两岸，通过工程造林可以形成新的森林资源，增加有林地和灌木林地面积。

（2）造林方式

人工造林：按山系、流域、通道、地区集中连片、成规模营造。土层厚度一般不少于30cm，坡度一般在25°以下，土壤中石砾含量一般在30％以下；水资源能满足造林成活的需要。

封山（沙）育林：主要选择有天然下种或萌蘖能力的疏林、灌丛、草地、采伐迹地，人工造林困难的高山、陡坡以及风沙危害大、水土流失严重及生态环境脆弱的地区，采取封、改、造、管相结合的方式，通过封禁和人工辅助手段，将可望封育成林或增加林草盖度的资源尽快封育起来，地块要保持相对集中连片。

（3）林种结构

以建造防护林为主体，并加大水土保持林和防风固沙林二级防护林种建设的比重，因地制宜，适当配置特用林、用材林、经济林、薪炭林（含林木生物质能源林）。通道绿化、河流绿化形成具有景观性的护路林和护岸林。

（4）种植材料

以乡土树种为主，引进和推广培育新树种，适地适树，实行多树种，乔、灌、草结合。

主要乔木树种：油松、樟子松、落叶松、侧柏、云杉、华山松、刺槐、白蜡、臭椿、火炬、毛白杨、新疆杨、箭杆杨、河北杨、青杨、泡桐、白榆、柳属、槭属、栎类以及核桃、枣、花椒、柿、板栗、苹果、梨、桃、杏等。

主要灌木树种：沙棘、柠条、山杏、山桃、紫穗槐、胡枝子、柽柳、沙柳、黄栌等。

主要草本植物：紫花苜蓿、沙打旺等。

**2. 退化林分修复**

为了提高防护林体系的生态功能，将老残防护林带和低效林作为退化林分，依据国家《生态公益林建设技术规程》和国家《农田防护林采伐作业规程》，确定退化林分修复对象和具体措施，使该地区的森林生态系统进入平衡、稳定、高效的发展阶段。

（1）退化林分

老残林带：指超过防护成熟年龄或残缺严重的防护林带，包括农田牧场防护林、护岸林和护路林。

低效林：指防护功能低下的各类防护林分。

①老残林带

根据造林技术规程（GB/T15776－2006）确定防护成熟年龄。

残缺严重是指单位面积保留株数不及初植密度的30％；濒死木＞30％。

②低效林

防护功能低下是指因经营管理不科学形成的单层、单一树种，且防护功能低下；因病虫鼠害、火灾等自然灾害危害形成的病残林。

（2）修复

退化林分修复主要是对老残林带进行更新，对低效林进行改造。

①老残林带更新：主要树种平均年龄（防护成熟龄）达到规定标准，或濒死木＞30％，或单位面积保留株数不及初植密度的30％，都可以进行更新。

②低效林改造：低效林符合下列条件之一时可以进行改造：

林木分布不均，林隙多，郁闭度＜0.3；

年近中龄而仍未郁闭，林下植被覆盖度＜0.4；

单层纯林尤其是单一针叶树种的纯林，林下植被覆盖度＜0.2，土壤结构差，枯枝落叶层厚度＜1cm；

每公顷蓄积＜90m³；

病虫鼠害或其他自然灾害危害严重，病腐木≥20％。

### 3. 中幼林抚育

对过密、过纯的中幼林（含林带）进行间伐、透光等抚育，改善生长条件，促进生长发育。抚育条件需要符合国家《生态公益林建设技术规程》中的有关规定，并依据该技术规程选择科学的抚育方法。

中幼林抚育是指对防护林的中幼林进行抚育。对过密、过纯的林分进行定株抚育、生态疏伐和卫生伐等抚育，改善生长条件，促进生长发育。

（1）抚育条件

目的树种多、有培育前途，并且抚育不会造成水土流失和风蚀沙化的防护林分，符合下列情况之一的应列为抚育对象。

人工幼龄林郁闭度≥0.9，天然幼龄林郁闭度≥0.8的林分。林木分化明显，林下立木或植被受光困难。

人工中龄林郁闭度≥0.8，天然中龄林郁闭度≥0.7的林分。林木分化明显，林下立木或植被受光困难。

（2）抚育方式

①定株抚育：在幼龄林出现营养空间竞争前进行，目的是调整树种结构。

②生态疏伐：在中龄林至近成熟林阶段进行，伐除生长过密和生长不良的林木，将立木密度调整合理，使保留木具有较好的营养空间，促进林木的干形生长，培育优良木。

对坡度<25°、土层深厚、立地条件好、兼有生产用材的防护林采用生态疏伐法。

生态疏伐可采用下层疏伐、上层疏伐、综合疏伐三种方法。

下层疏伐，适用于同龄纯林。

上层疏伐，适用于阔叶混交林、针阔混交林，尤其是复层混交林。

综合疏伐（自由疏伐）：用于反复多次不合理择伐所造成的复层混交林和天然混交林。

③卫生伐：在遭受病虫害、风折、风倒、雪压、森林火灾的林分中进行，坡度>25°的防护林原则上只进行卫生伐。

**4. 现有林管护**

主要是对已有国家和省工程建设成果（达到成林标准的乔木林和灌木林）落实有效管护措施。

按照森林分类经营原则，将工程区内的生态公益林，分别纳入国家级公益林或地方重点公益林，因地制宜规划，采取集中管护、承包管护措施。

现有林主要实行集中管护、承包管护和自包管护三种管护模式。

集中管护主要针对国有公益林，在交通不便的地方可以采取设立固定管护点，实行封山管护。

承包管护主要针对集体林，可以采取合伙承包、家庭承包、个体承包和股份合作等方式。

自包管护针对商品林。

现有林管护主要包括林木管护、林地管理、森林防火、病虫鼠害防治、气象灾害预防等。

现有林管护要合理安排管护站点和必要的基础设施建设，配备必要的管护设备。在原有基础上必要时可新建与改扩建，以满足工程建设需求。

**5. 新农村绿化**

在重点区域，将林业建设与新农村建设相结合，建成辐射性强、标准高、示范作用好的典型。

重点做好"五边绿化"，即村边、宅边、渠边、田边和路边绿化，推动开展乡村环境绿化美化和身边增绿，建立生态防护型、生态经济型和生态景观型等适宜发展模式。

（1）生态防护型

生态防护型发展模式是在进行"五边绿化"等新农村建设过程中，造林时重点考虑能发挥防护功能的造林树种、造林模式、抚育方式等，充分发挥森林的生态防护功能。一些偏远、自然条件差的山区村庄适合发展此类型。

（2）生态经济型

生态经济型发展模式是在进行"五边绿化"等新农村建设过程中，造林时重点考虑能发挥经济功能的造林树种、造林模式、抚育方式等，充分发挥森林的生态经济功能。一些自然条件较好、人均土地多的村庄适合发展此类型。

（3）生态景观型

生态景观型发展模式是在进行"五边绿化"等新农村建设过程中，造林时重点考虑能发挥景观功能的造林树种、造林模式、抚育方式等，充分发挥森林的景观功能。一些位于县城、乡镇周边和交通沿线、景点附近的村庄适合发展此类型。

# 第四节　林业建设分析及对策

## 一、政策性分析及对策

### （一）落实林改政策，调动民间造林、护林积极性

《中共中央、国务院关于全面推进集体林权制度改革的意见》最核心的内容是明晰产权，就是在坚持集体林地所有权不变的前提下，依法将林地承包经营权和林木所有权，通过家庭承包方式落实到农户，确立农民作为林地承包经营权的主体地位。目前最主要的任务是落实好林改的各项政策法规，做到"林定权，人定心"。按照《中共山西省委 山西省人民政府关于开展集体林权制度改革的意

见》（晋发［2008］24号）的要求，各地要积极搞好集体林权制度改革，充分调动广大农民参与造林绿化的积极性，增强林业发展活力。

山西生态脆弱区林业生态建设多年的实践告诉我们，林业生态建设任务是艰巨而长期的，仅仅靠政府来完成是不够的，要从根本上改变该地区生态环境落后的面貌，必须要让广大农民投入和参与进来，使他们爱林护林，像对待自家的庄稼那样"精耕细作"，爱护自己的林木。农民是最朴实、最讲实惠的群体，要用现代林业的观念来对待林改，林改要让利于民，要在保护的前提下，让他们得到权利和利益。通过公开竞标、租赁、承包、股份合作等方式明晰所有权，放开投资权，搞好经营权，进一步激活林业生产的各个要素，调动民间造林、护林积极性，为民间资本和人力投入林业建设提供政策保障。

鼓励各种社会主体以股份制、股份合作制、个体承包等多种形式参与造林绿化，大力培育和扶持民营造林大户。结合集体林权制度改革，在政策、资金、工程安排上，对林权到户的农民给予支持。逐步完善以煤（矿）补林机制，大力推行"一矿一企治理一山一沟"，积极引导和组织资源型企业特别是煤炭企业，以出资或承包荒山绿化的方式参与造林绿化，对因资源开采形成的塌陷土地、矸石山要加快绿化。各地根据造林绿化的需要，可以划定区域，由资源型企业限期绿化。

**（二）重视林业产业建设，带动林业生态建设大发展**

林业产业的发展，是传统林业向现代林业、粗放林业向集约林业、低效林业向高效林业转变的必然趋势。

林业产业的发展，有利于调整农村产业结构，降低调整成本，增加农民收入，使农民更愿意经营市场风险相对较小、成本较低的林产品，有利于发展地方企业，壮大地方经济，从而像火车头一样牵引区域林业生态建设向纵深发展，走良性循环的路子。

（1）加强龙头企业建设，发挥"龙头"带动作用

搞好龙头企业建设，是林业产业发展的关键，龙头企业的强弱，决定着林业产业化的整体水平，必须采取有效措施，鼓励、引导和加强龙头企业建设。

（2）加强基地建设，为林业产业发展提供物质基础

林业基地建设是林业产业经营的第一车间，是龙头企业所需原料的集中产地，是木材和非木材资源批量均衡供给的保证。由于实行规模化栽培，龙头企业为了取得稳定的原料源，也会加强基地建设，增强对基础的服务。在基地建设上，要理顺企业与农户的关系，协调好各个方面的利益，要以合同方式约束双方

的行为，防止任何一方违约给另一方造成损失。

（3）加大科技支撑力度

必须把造林与林业产业发展结合起来。在树种的选择上，要选择果品、用材、生物能源与防护相结合的树种，这样既有利于生态环境的保护，又有利于企业的合理利用，还有利于增加农民的收入，达到经济效益与生态效益的协调发展。

（4）加快市场化建设步伐

发展林业产业，必须大力开拓市场，为龙头企业和农户进入市场创造条件，通过市场带动林业的发展，通过林业反馈市场。

（5）以优惠政策，提高农民营林积极性

林业和林业产业的发展是一个漫长的过程，除引导宣传外，最有成效的就是制定和实施一系列具有扶持性、优惠性的政策，提高农民营造林的积极性。

**（三）利用计划调控手段，提高造林质量**

保证造林质量的关键在于真正建立营造林工程质量奖惩机制，使营造林任务安排、资金使用与质量控制三者有机结合起来。

（1）合理制定标准

进一步完善投资标准，一是要积极争取增加单位面积营造林资金投入，增加前期工作和后期管护工作经费；二是要研究细化投资标准，根据气候、土壤类型、海拔高度、地形地貌等因素，制定不同的营造林投资标准或补助标准，使投资标准更加合理，更加科学。

（2）科学调控计划

在现行林业工程的计划管理体制下，宜实行突出重点、分区施策。即突出生态脆弱区的建设，保证计划安排重点和提前下达；同时对经济条件、环境条件较好的地区，在阶段任务内，实行造林任务年度申报制，完成多少、上报多少，根据上报情况和检查验收情况拨付资金。要加强宏观调控，在下年度的营造林计划安排上和资金拨付使用上适当进行调控，完成好的奖励，质量差的调减，旗帜鲜明，区别对待。

**（四）实践科学发展观，促进森林经营健康发展**

**1. 认识森林经营内涵，科学制定森林经营目标**

传统上认为森林经营是培育森林的各种技术措施的总称，这种看法是不全面的。因为"经营"是某一个经济实体为实现某一目标而进行谋划治理活动的总称，应该是业主在某一具体条件下，按照一定目标，对森林资源进行各种技术的、经济的、行政的组织和处理活动的总称。森林经营的实践过程，是从森林的培育、管护到利用的完整的动态过程。为此，森林经营的内涵应该包括森林经营单位的建立、森林经营目标的确定、森林经营要素的组合、森林经营措施的安排、森林经营规划的编制、执行、检核、调整等。

传统的森林经营主要是以人类对森林资源的物质需求来考虑的，焦点在林木及其副产品的生产，主要目的就是追求最大的森林纯收益或林地纯收益；现代林业提出建设林业三大体系，即完备的生态体系、发达的产业体系和繁荣的文化体系。现代林业的森林可持续经营目标，是从森林在区域社会经济发展过程中的作用和预期目的来考虑，是通过对森林资源的科学经营管理，保持森林生态系统的健康、稳定和完整，既能更多地提供木材和非木材产品，还要充分发挥森林各种生态和保护环境的功能，同时还要提高森林游憩功能和社会福利贡献，以促进社会经济发展，实现人口、资源和环境的协调发展。正如，第十一届世界林业大会安塔利亚宣言所说"森林可持续经营是林业部门能够为国家可持续发展所做的最重要的贡献之一"。森林可持续经营与传统经营模式相比，最大的差异是森林可持续经营的主体是人，对象是森林。强调规范人的行为，包括体制和法规、规划决策的程序化、公众参与、标准与指标等。

**2. 森林经营中存在的主要问题及原因**

该地区森林经营长期不能到位有多种原因，既有认识原因，也有体制机制上的障碍，还有财政扶持和技术支撑不力等等。

（1）对森林经营认识不够，重视不足

一是长期以来林业主管部门只抓造林和采伐两头，而对中间时间周期最长、内容最多的森林经营工作的重要性认识不足或不予重视。把森林经营工作过于简单化，甚至认为只要不发生森林火灾，森林自生自长就是森林经营。

二是对森林经营的内涵认识片面，错误地认为森林经营是培育森林的各种技术措施的总称，而不认为是经营主体对森林所采取的经济的、行政的、技术措施的全部。

三是没有把森林采伐和更新看成是森林经营中的重要环节，更没有认识到科学合理的采伐活动可以将培育林木和利用林木的两方面有效地结合起来，使采伐活动发挥双重功能。

（2）森林经营主体不明确，责权利关系不合理

由于森林经营主体不明确，责权利关系不合理，影响经营主体对林地的投入和对森林长期经营的积极性，造成各种急功近利的短期行为。例如在抚育间伐中

常常是采大留小、采好留坏，在主伐时不考虑保护幼树；森林经营中保护和经营管理费用严重不足等等。

（3）森林管理制度设计有缺陷

长期以来，我省森林限额采伐制度在控制森林总量上发挥了重要作用，但同时也压抑了部分社会造林的积极性；森林经营方案在执行中分类经营贯彻不够，屡屡变更以及损害森林经营者的税费制度。

**3. 该地区森林经营工作中应采取的对策**

（1）树立森林经营是系统工程的观念

采伐和更新都是森林经营的某个环节，通过这些经营施业来加速林分的正向演替。特别是我省国有林区现存的天然林，大都是过伐林或次生林。这种林分的森林经营应该推行综合小班经营法，对小班划分不同细班，按"宜采则采、宜抚则抚、宜造则造、宜改则改"的原则进行综合施业。

（2）管林护林与造林并举

加强造林成果管护，提高造林成活率和保存率，努力做到种一棵、活一棵、成材一棵。认真组织实施《山西省封山禁牧办法》（山西省人民政府令210号），做到山封得住、牧禁得牢。认真落实森林防火各级行政首长负责制，加快森林远程视频监控系统建设，用现代技术手段加强森林资源保护。

（3）发挥和利用森林的多重效益

高质量的森林一定是经济和生态双赢的结果。用材林可提供木材，除特别保护区的森林外，其余林种的林木也能提供木材，问题是如何科学地划定林种和合理地提供木材。森林法有关森林采伐章节的一些规定，如"国家根据用材林的消耗量低于生长量的原则，严格控制森林年采伐量"，"国家制定统一的年度木材生产计划"，是否符合实际有待商榷。

同时，森林法有关林种的划定和管理也需要完善和充实，日本的做法很值得借鉴。在《森林·林业基本计划》中，他们按照主导功能将全国的森林分为三大林种，即：水土保全林、人与自然共生林和资源循环利用林。并根据森林资源现状、立地条件和主导功能，又将每一类型的森林又分为单层林、复层林和天然林等三种培育方向，针对不同培育方向的森林，规定了相应的经营措施。日本并没有实行"一刀切"的禁伐政策，而是鼓励在保证森林多种功能正常发挥的前提下合理地采伐利用。2010年水土保全林和人与自然共生林计划生产木材 $1600m^3$，占64%，到2020年，这些生态公益林的木材生产量仍占到57%。日本森林在三大林种下还划有亚林种并要落实到小班，但林种划定后不是终身不变的，而是在

5 年或 10 年森林经理复查时进行必要的调整。

（4）通过采伐优化森林结构

在整个森林经营周期中最多的施业活动是采伐，不同的生长阶段对采伐的要求不尽相同，留优汰劣促进森林结构优化却是不变的宗旨。为此要学习德国近自然森林经营法，根据立地环境和森林演替阶段，标定"目标树"并对其进行单株木抚育经营，在保持森林生态功能的前提下，达到由"目标树"形成的森林，其生长量最大、预期收益最高。为此，在每次抚育采伐前首先要标定"保留木"，再确定采伐木，砍除这些采伐木就是为了"保留木"更好地生长。我省在一些林区内进行的大径材培育间伐尝试，值得分析研究后总结推广。

（5）实行按经营方案进行森林经营的制度

森林经营周期长，具有多种功能，要经营好森林就必须重视森林经理工作，编制并执行森林经营方案。森林法第十六条虽然提到森林经营方案，但没有规定要按其进行森林经营的具体要求，从林业发达国家的经验看，认真编制和执行森林经营方案并及时监测、调控就能把森林越经营越好。通过森林经营方案来及时调整林种配置，完善森林结构，预定合理采伐量和伐区安排等等，这样可以使森林经营管理和采伐管理的决策更加基层化，具有可操作性和科学性。

（6）制定扶持林业的法律法规和配套政策

森林经营风险性较大，生态效益外溢性强，因此一定要用法律法规保障森林经营的持续进行。如美国有"国有林经营法"，日本有"林业信用基金法"、"森林组合法"、"国有林业法"和"国有林经营管理法"。发达国家的政府对林业都实行财政扶持政策，对按规范造林和抚育采伐作业，特别是非商业性的间伐都给予资金补助，对编制并执行森林经营方案的林农和单位都给予税收、贷款优惠和技术支持。

近年来，在该地区森林经营的单位投入力度和工程覆盖范围都远不能满足生产实际的需要，特别是人工未成林和幼林的林地经营工作十分滞后。建议国家应制定森林经营法或森林经营条例，通过依法经营森林保障森林质量越来越好，取得综合效益最大化。用 5～7 年时间，初步建立起"产权归属明晰、经营主体落实、责权划分明确、利益保障严格、流转顺畅规范、监督服务有效"的现代林业产权制度，通过放活经营、完善服务、规范管理，逐步形成森林经营的良性发展机制，实现森林增长、生态改善、农民增收、林区社会和谐的目标。

**（五）积极引导，推动生态庄园经济发展**

随着社会主义新农村建设和城镇一体化的推进，移民搬迁步伐加快，要不失时机地大力发展生态庄园经济，利用闲置资产，绿化废弃山地。

该地区是水土流失、风沙危害严重的地区，也是贫困人口分布比较集中的地区。一些山庄窝铺的群众长期生活在交通不便、信息闭塞、土地瘠薄的大山深处。客观上讲，即使再加大扶持力度，也很难就地解决温饱问题。实行生态移民和扶贫移民，将闲置下来的村庄土地资源通过拍卖等形式，由林业大户或社会力量来集中开发林地资源，开展以林业为主的生态综合治理开发，不仅是从根本上解决这部分人口贫困问题的有效途径，而且有利于吸引社会资金对迁出地区进行生态环境综合治理，走生态经济协调发展的道路，于是便产生了"生态庄园经济"。

生态庄园经济是依托移民搬迁村旧址及其他宜开发区的耕地及荒山、荒地、荒沟、荒滩等资源，以多元投资方式筹集社会资本，以租赁、购买土地使用权等方式集中一定规模的土地，以经济生态高效统一为宗旨，运用和投入先进生产要素，开展以市场为导向、经济效益为中心、科技为支撑的高效林业、种养殖业、农产品加工业、生态旅游产业等开发建设模式和组织经营形式。

**1. 生态庄园经济的建设原则**

（1）以人为本，和谐发展原则

生态庄园经济要科学发展，必须处理好农民、集体、庄园开发者三者之间的利益关系，尤其要注重保护农民的权益。要始终把实现好、维护好、发展好广大农民根本利益作为庄园经济开发的出发点和落脚点。不搞强迫命令，不搞大包大揽，引导和动员广大群众自觉投身到庄园经济开发中。

（2）以林立庄、生态优先原则

在生态庄园建设中要遵循自然规律和经济社会发展规律，实行"以林立庄"的可持续经营战略。以生态优先、林业开路，把增加植被、改善生态作为庄园建设的首要任务，以建设庄园改善生态、以改善生态增进效益、以增进效益促进发展。

在保护环境的前提下，开发建设。在利用自然自我修复能力的同时，辅以必要的人工措施，优化生产要素组合，将生态庄园经济开发引入可持续发展的轨道，走循环经济的路子。

（3）因地制宜、科学开发原则

根据建设资源节约型和环境友好型社会的总要求，结合规划区内土地资源和自然条件实际情况，统筹规划。一业为主、多业并举，因地制宜、多元开发。符合现代农业高产、优质、高效、生态、安全的要求，宜林则林，宜农则农，宜牧则牧，宜果则果，宜游则游，最终实现经济效益、生态效益和社会效益的有机统一。

山、水、林、田、路综合治理，在时间、空间和功能上要多层次综合利用，进行集种、养、加工、休闲、观光等为一体的综合开发。对符合当地实际与生态环境、且投入产出比高的项目优先开发。

（4）规模经营、高效建设原则

新开发的项目要适度规模经营，提高机械化作业水平，以实现庄园经济的规模效益；坚持工程措施、生物措施和科技措施配套落实，高起点、高标准、高质量、高效益建设。

（5）以工补农、协调发展原则

调整经济产业结构，引导矿产企业更新投资理念，转变投资方向，鼓励发展以生态庄园经济模式为主的生态补偿型产业，实现企业的多元化发展，促进县域经济协调发展。

**2. 生态庄园经济的管理措施**

要加大开发资源的整合力度，实现庄园规模开发。一是鼓励以农民专业合作社或股份制形式开发生态庄园。实行土地承包权与使用权分离，具有土地承包经营权的农民自愿把土地使用权折股，加入或组成新的合作经济组织。二是在不改变土地承包权和使用权的基础上，庄园经济开发者可引导农民依据当地优势，统一规划，连片开发，联合兴办产业基地，实现调整结构，实现生态经济的规模化发展。

（1）完善配套制度，促进生态庄园经济规范发展

①合理规范土地流转手续。

一是要严格按照《中华人民共和国农村土地承包法》，采取转包、出租、互换、转让等形式流转耕地，做到主体、程序、形式合法。

二是在流转过程中，要坚持平等、协商、自愿、有偿的原则，召开村民大会或村民代表大会决定。

三是流转行为要规范，合同要合法有效。要使用全县统一的规范合同格式文本，细化各项权利义务。应遵循市场经济原则，合理确定流转价格和付款方式，既保护土地承包户的合法权益，也要给庄园开发者相对宽松的开发空间和较大的利润空间。

四是要把土地承包经营权与土地使用权相分离，强化土地使用权的财产地位，在庄园内推行、发放《土地使用产权证》，以此向金融部门申请抵押贷款，

有效解决生态庄园开发中融资难问题。

②顺势推进集体林权制度改革。

对已开发实施的生态庄园开发要依法予以维护,尽快完善相关手续,做好庄园内的林地使用权和林木所有权确权工作,颁发林权证。集体林权改革要召开村民会议、村民代表大会或"两议会",采取均山或均股、均利的形式将林地和林木收益权落实到本集体经济组织内部成员。同时采取公开协商、折权入股、招标拍卖等形式,将林地使用权和林木所有权落实到庄园开发者进行生态庄园经济开发。对历史上已经取得的自留山、小流域治理权、"四荒"承包经营权的造林大户,要尊重历史,鼓励引导其向生态庄园经济转型。

③妥善处理利用宅基地。

生态庄园涉及旧宅基地开发利用的,要严格执行"一户一宅"的法律规定,对享受国家移民补助的搬迁户分别情况,限期拆除,地上房产由生态庄园开发者按评估价值予以补偿。对未享受国家移民搬迁补助的旧宅基地闲置户,生态庄园开发者要与其充分协商一致,按房产评估价值补偿到位后协议拆除。对坍塌两年以上已失去使用价值的旧宅或老宅,在所有权人主动放弃或协商一致、适当补偿的基础上由村集体报乡镇和县国土部门,收回集体土地使用证。闲置宅基地所有权归集体所有,宅基地利用经村集体经济组织同意,可以采取转让、出租、入股、联营等形式流转进行生态庄园经济开发。

④加强庄园监督监管。

一是要健全机制,严格程序。农经部门应搞好流转合同的指导和仲裁工作,及时做好登记、审查、把关、备案、档案管理和信息发布工作。对于已经签订合同和办理土地流转手续的庄园,要重新审查,及时纠正合同中存在的问题,消除可能引发纠纷的隐患。庄园开发者要按照真实、合法的原则,正确运用法律手段对合同进行公证。依法取得庄园开发权限的庄园开发者要统筹规划、限期开发,规定年限内未进行全面开发的,对尚未开发部分无偿收回。

二是要创新机制,规范行为。要将现代企业管理制度引入庄园管理,在产权制度、经营战略、组织结构、分配制度、内部管理、运行机制等方面积极寻求创新。对于在生态庄园经济开发过程中有违反国家法律、法规规定的生产、经营性行为,违反国家产业政策规定的生产、经营项目,掠夺式开采等严重破坏生态环境的行为,放弃治理、导致水土流失恶化等行为的,县人民政府可限制其开发。

实行规范化管理,最大限度提高庄园的综合经济效益,使生态庄园经济纳入法制、健康发展的轨道。

（2）科学规划，促进生态庄园经济健康发展

生态庄园经济在发展理念上具有规模化、集约化、产业化特点，在建设内容上集种养加等综合要素，在经营管理上需要科技含量，在产业谋划上要进行统筹规划、合理布局。各乡镇、业务部门和对口帮扶单位或企业要坚持从实际出发，积极帮助庄园理顺思路、科学规划、强化基础、选用良种、培育品牌、开拓市场，多元发展、做大做强，促进庄园经济走全面、协调、可持续发展的道路。

按规划设计，按设计施工。各项目建设单位要以项目发展规划为主要依据，编制项目区内的施工设计（实施方案）。报县人民政府及有关行业主管部门审核后，方可进行施工，实施过程中要按照施工设计将计划任务具体落实到地块。在经营管理上，要将科学的管理手段和先进技术引入生产中，提升生态庄园经济的整体效益。

（3）加强服务体系建设，促进生态庄园经济科学发展

积极整合涉农技术力量，强化服务体系建设，打破传统技术部门各自为战的格局，组建专门队伍，以庄园经济开发为核心集结技术人才，积极推广高新技术的应用。农业、林业、畜牧等部门要深入开展"送科技进庄园"活动，组织庄园主赴先进地区参观学习，努力提高庄园开发者的科技素质，培养和造就高素质的庄园管理队伍。庄园内也要通过示范培训培养一批为己所有、为己所用的适用农业科技人才，培养一批掌握现代实用技术、了解社会信息的新型庄园农民。同时提高庄园产品的产量和质量，增加庄园产品的科技含量和附加值，以科技进步带动庄园的效益提升，并带动在相关产业链上作业农民的就业和增收。

总之，要树立新的现代林业、现代农业观念。生态庄园经济的出现是创新的产物，它的发展壮大需要引导、推动和创新。模式要拓展，积极探索生态庄园经济开发的新模式，引导普通群众以专业合作社的模式开发生态庄园经济，鼓励农民以土地入股等方式参与开发；内涵要升华，依靠科学技术，发展观光农业、乡村休闲游、植物科普园、中药材标本园等附加产业，形成专业化和多业并举相结合的产业结构；层次要提升，引进先进技术和优良品种，提升竞争力，强化科学管理，实现综合效益最大化。

### （六）科学规划，继续加大晋北风沙区治理力度

（1）扩大治理范围，尽快将 4 县划入治理区

山西晋北风沙区涉及 20 个县（区），目前国家列入京津风沙源治理区的只有天镇、阳高等 13 个县（区），不包括灵丘县、广灵县、右玉县和平鲁区。从晋北风沙区治理的实践来看，将上述 4 县列入国家风沙源治理工程十分必要，详见图 5—1。

这是因为：①位于现工程区东侧的灵丘县、广灵县距京津地区相对较近，周边县均为工程县，二县成为治理工程的盲区，风沙危害、水土流失影响到首都的生态安全；②位于现工程区西侧的右玉县、平鲁区地处毛乌素沙地东部边缘地带，沙化现象十分严重，是山西阻沙东进的第一道防线。③按照国家批准的沙化土地规划，山西雁门关以北广大地区

图5-1　山西省京津风沙源治理工程图

均属于风沙区，上述 4 县也在其中，4 县沙化土地面积 60.93 万 hm²，占其国土总面积的 74%，其中特别严重的沙化耕地就有 12.67 万 hm²。④近年来国家平均每年给山西下达治理任务 14 万 hm² 以上，每县要承担 1 万～1.33 万 hm² 的治理任务。"十一五"期间，国家在风沙源治理工程上的投入力度还会加大，而现有各工程县随着工程的推进，造林立地条件越来越差，宜林地越来越少，要继续完成 10 万 hm² 以上的任务，难度确实很大。

由此可以得出，灵丘县、广灵县、右玉县和平鲁区 4 个重点风沙县未列入国家风沙源治理区，造成了山西风沙区治理体系极不完整，在很大程度上影响到京津风沙源治理工程的建设成效。为使投资科学化，形成区域性防沙治沙体系，有效地保障京津地区的生态安全，应尽快将上述 4 县划入国家京津风沙源治理区。

（2）加快舍饲养殖建设，实行封山禁牧

晋北风沙区是典型的农牧交错地带，13县（区）的农村人口 249 万，人均耕地 0.28hm²，人均大小牲畜 1.1 头（只）。当地群众的经营活动和经济来源主要是农业和牧业。因禁牧后群众的生活和增收问题未得到有效解决，国家安排的棚圈建设和饲料机械远不能满足需要，禁牧和舍饲圈养只在工程核心区内实施，周边几十万只散养羊对工程区内新造林和灌草植被形成围攻之势，牲畜毁林事件时有发生，给巩固和管护治理成果带来极大难度。目前周边省份已相继发布了封山禁牧令，甚至还出现了外地羊到山西放养的现象，保证封山禁牧措施顺利实施

迫在眉睫。因此，国家应加大舍饲圈养在该地区的投资力度，使 70％以上的牛羊得到舍饲圈养，为封山禁牧扫除障碍。

（3）坚持科学发展观，增加补植补种专项经费

晋北地区生态脆弱，"十年九旱"。现工程区中年均降水量在 400mm 以下的达 7 个县（区），是山西自然条件最恶劣的地区之一，加之风大沙多，植物蒸腾作用和土壤蒸发量大，造林成活率一次达到国家标准难度极大，补植补种成了当地林业建设中必须完成的工序。随着工程的推进，宜林地块日益减少，而庞大的新造林地则亟须补植补种，巩固治理成果。坚持科学发展观，尊重"相持阶段"的客观规律，国家应将补植补种作为专项经费列入工程投资概算，造林后第二年、第三年分别按 900 元/hm²、450 元/hm²安排投资为宜。

（4）乔灌混交，建设林网化防沙治沙体系

晋北地区工程区内平原、盆地达 54.87 万 hm²，已建成有效农田林网的不足60％，且现有林带中，缺树断带现象还较为普遍。农田林网建设在整个风沙源治理工程中，因投资所占比重较小，未得到足够重视，与防护林网对平川地区防风固沙，保障农业生产所起的重要作用极不相称。

因此要以道路、河流、水渠为骨架，建设林网化的防沙治沙体系。栽植新疆杨、旱柳、樟子松等生长快、抗性强的乔木和柠条、沙柳、沙棘等灌木。主林带宽 20m，由 6 行乔木构成，以林带的 25 倍平均成龄林高为最大防护距离；副林带宽 14m，由 4 行乔木构成，带距一般 400～800m。乔木树种株行距按 2m×3m "品"字形配置，乔灌结合，形成复层高密度防风林带，建设"林围田"、"林围村"的防护格局，加快建成林网化防沙固沙体系。

（5）加快后续产业发展，带动农村经济发展

在京津风沙源治理工程区发展后续产业，具有明显的生物资源优势、人力资源优势和区位比较优势。实践表明，在工程区的农村，特别是广大山区，经济和社会可持续发展的潜力和希望所在就是发展后续产业。

以京津风沙源治理工程区的河北省平泉县为例，工程实施前该县年林业总产值不足 6000 万元，工程实施后 6 年，该县的林业总产值已突破 1.15 亿元，农民人均纯收入的 65％直接或间接来自林果产业。项目工程区内柠条灌木林地、紫花苜蓿等牧草面积分别达到 22 万 hm²和 11 万 hm²，为新型能源、建材、高效饲料加工企业以及奶牛饲养业提供了充足的生物原料资源。

因此，在山西项目区内要紧密结合当地实际，分类指导，制定工程后续产业发展规划，活化政策与机制，为后续产业发展创造良好的外部条件。运用市场机

制，鼓励非公有制经济组织投入后续产业。把扶持龙头企业作为推进后续产业发展的切入点，以龙头企业带动农民脱贫致富。搞好技术与信息服务，充分发挥中介组织的作用。优选一批辐射广、效益高的项目，率先取得突破。

山西京津风沙源治理工程运行7年来，所取得的"三大效益"是巨大的。但是，随着工程向纵深推进，已由建设初期的单纯治理阶段发展到治理与管护并重，管护任务更重的阶段，森林防火、病虫害防治和林牧矛盾、林木权属等深层次的问题日益突出，需要我们紧紧围绕生态脆弱地区保护和恢复林草植被的总体目标，在工程建设中把生态建设与发展经济有机地、最大化地结合起来，不断探索新途径、新办法，尽快妥善解决治理工程中出现的新问题。

**（七）制度创新，增加造林绿化的资金投入**

（1）加大财政支持力度

造林绿化经费要纳入各地财政年度预算。各地财政对林业投入的增长幅度应高于财政经常性收入的增长幅度。加大财政转移支付力度，逐步扩大生态转移支付的规模和范围，积极引导县级人民政府加大造林绿化资金投入。从煤炭可持续发展基金中安排一定的资金用于造林绿化。市、县财政的城市建设维护费要保证一定比例用于城市绿化。按照分级负责的原则，国有林区、林场的道路、供水、供电、通信、卫生院建设、棚户区改造等基础设施建设要纳入同级相关行业的发展规划。

（2）建立完善森林生态效益补偿制度

按照《中共山西省委 山西省人民政府关于加快林业发展的意见》（晋发［2005］9号）要求，加快建立市、县森林生态效益补偿制度，并按照财政收入的增长，逐步提高各级森林生态效益补偿标准。

（3）广泛吸纳社会资金

煤炭企业要从每吨煤10元的生态环境恢复治理保证金中，拿出20％～30％重点用于本企业矿区造林绿化。其他资源型企业、造成环境污染的企业，都要从经营利润中划出一定比例用于造林绿化。鼓励民营企业、外资企业、社会团体投资造林绿化。大力发展碳汇林业。广泛开展全民义务植树活动，无故不履行义务植树任务的18岁以上公民和没有完成义务植树任务的单位，必须按规定缴纳一定数额的绿化费。

（4）鼓励金融机构信贷支持

金融机构要开发适合林业特点的信贷产品，加大林业信贷投放，大力发展对林业的小额贷款。创新林业信贷担保方式，建立林权抵押贷款制度。加快建立政策性森林保险制度，开展森林资源财产保险业务，提高林业从业人员和农户抵御自然灾害的能力。

## 二、技术性分析及对策

### （一）大力发展饲用型灌木林，破解林牧矛盾难题

山西生态脆弱区的广大丘陵山区是山西传统上畜牧业的主要场地。2006 年以来，山西省人民政府在各地有计划地颁布实施了封山禁牧令，许多原来的牧草地，因草地退化被用来造林或封山育林。但不少地方因圈养设施不落实，牧草饲料严重不足等问题，造成林牧矛盾问题相当突出，或引起百姓生活水平下降。其实广大丘陵山区绝大多数都可以大规模地发展饲用型灌木，使生态与经济较好地协调发展。

传统上，畜牧饲料一直以农作物秸秆、牧草与粮食为主，饲用灌木利用率很低。而饲用灌木除在种植 3 年后可直接被牲畜食用外，约有 45% 的枝叶还可通过青贮、晒制、叶蛋白提取等加工方式变成优良饲料。

山西省委、省政府在"十一五"时期为了加快推进山西生态脆弱区，特别是雁门关生态畜牧经济区建设工作，确立了"一区四圈"，即 1 个生态畜牧经济区，4 个畜牧产业经济圈。在这一总体规划下，发展饲用型灌木有了广阔天地，生物饲料林的营建可以充分与畜牧产业相结合，建议在该地区大力种植发展柠条、胡枝子、紫穗槐、沙打旺、四翅滨藜、华北驼绒藜、丽豆等抗性强、品质优的饲用型灌木树种。建议在以下几方面做好工作，促使林牧业协调发展：

（1）强化对饲用灌木资源的保护利用

该地区现有约 8.98 万 hm² 饲用灌木资源，但由于缺乏保护，许多地区饲用灌木资源浪费严重。要明确灌木林保护的法律依据，加强宣传和引导，调动农民依法保护饲用灌木的自觉性，对灌木资源有计划地合理开发利用。

（2）强化优良饲用灌木区划种植

目前灌木生长与更新主要是天然的自繁自长，缺乏优质灌木种植规划和引种、乡土驯化的生产体系。为了提高饲用灌木的比例，可根据各地气候条件的多样性，在工程建设中，示范推广、规划种植优良饲用灌木品种。

（3）强化灌木饲料加工

鼓励和吸引有实力的经济实体，以公司加农户等方式，建立灌木饲料加工龙头企业，以市场带动地区饲用灌木和生态经济产业快速发展。

（4）强化优良饲用灌木品种选育

利用无性系选育、杂交育种、转基因等技术，加强自主选育优良饲用灌木品种的科研工作。

### （二）分类经营，实现森林经营的可持续

**1. 按照森林分类经营划分**

根据森林分类经营的原则，我国将森林分为公益林和商品林两大类。

（1）生态公益林

公益林以保护和改善人类生存环境、保持生态平衡、保护生物多样性等生态需求为主体功能，具体分生态性公益林和社会性公益林两种类型。

生态性公益林以满足自然生态需求为主体功能，包括自然保护区林、种质资源林、水土保持林、水源涵养林、防风固沙林、农田林网、生物防火带等9个亚类。

社会性公益林以满足人类社会生态需求为主体功能，包括科学实验林、文化林、游憩林、景观林、环境保护林、国防林等6个亚类。

（2）商品林

商品林以提供林产品、获得经济产出为主体功能，主要是提供进入市场流通的经济产品，具体可分为木制产品和非木制产品2个种类8个亚类。

目前在山西生态脆弱区内现有森林中，林业发展的主导思想已实现了以木材生产为主向以生态建设为主的转变，生态性公益林与商品林面积之比约为9：1。但是，保护生态与公益林的高比重并不能直接划等号，在世界上林业发达的国家，森林的多种功能得以较充分的发挥，同时生态环境也保护得很好。笔者认为，在因地制宜、科学营林、可持续经营的大前提下，森林及其附属品完全可以得以合理利用，各地根据实际，生态性公益林与商品林面积之比可以调整为8：2或7：3。

**2. 按照森林类别与林种划分**

在保护与科学管理的基础上，明确森林可持续经营的技术要点，根据森林类别和主要林种区分状况，采取相应的技术措施。

（1）水源涵养林

按地域需要在主要河流上游、水库河源周围及河岸两侧进行区划。对已成林的地段，通过抚育促使森林树种多样化，形成多层次的异龄林；禁止砍伐生长正常的乔灌木树种，禁止开荒、挖土、采矿、放牧；对病腐木、枯老木进行择伐，对过密的中幼林适当进行间伐，自然更新为主或人工促进自然更新，尽量保持林木的稳定性。对新规划的造林地，要提倡应用乡土树种，幼林期要进行适当的抚

育，促进林木尽快郁闭，健康成长。

（2）水土保持林

重点在黄河流域等水土流失严重区域进行区划，以小流域为单元治理。造林设计要提倡多树种、多层次、异龄林、乔灌草结合，进行适当的抚育和必要的病虫害防治工作。

（3）自然保护区林

按照地域对已划定的国家级和省级自然保护区进行区划。利用 GPS 定位和航测遥感手段界定保护区的地段特征，并按功能区的主体目标要求，采取封闭式管理，在核心区禁止一切影响林木生长的人为活动。一般不进行人工造林，通过封育促进天然更新。

（4）用材林、经济林

根据产品、树种等特点，选择渐伐或皆伐。在抚育和管理上，要实行丰产栽培系列技术和林地肥力恢复技术，同时也要兼顾其森林生态效益。

要遵遁自然规律，在"近自然林业"理论指导下进行恢复与重建，仿照天然林发生和发展规律培育和经营人工林，使人工林具有天然林的特点，形成树种多样、年龄层次复杂、相对稳定的林分群落，更好地发挥森林以生态效益为主的多重效益。

**（三）科学认识混交林，加快混交林建设**

混交林是指由两种以上不同生物学特性的树种生长在同一林地上而形成的结构较紧密的林分。混交类型即造林时确定的树种组合，可分为主要树种与主要树种混交型、阴阳性树种混交型、乔灌木混交型和主要树种、伴生树种、灌木混交型等。常用混交方法有带状混交、块状混交、行间混交、株间混交等。

混交林在各树种之间存在着相对的双方面或单方面的有利和有害；存在着机械关系、生物关系、生物物理关系和生物化学关系。营造得好的混交林与纯林相比，具有促进林分的生物多样化和植物群落的稳定性，提高土地的利用率，有利于营养空间的利用，改善立地条件，增加林产品的数量和质量，增强抵御自然灾害能力，增强防护效能和经济效益等特点。

**1. 混交林的效益**

混交林的效益是比较明显的。我国通过对辽西地区油松、刺槐 20 年生带状混交林的观察，得出混交林中油松树高、胸径分别比油松纯林提高 14.9%、22.9%；混交林对水分的截留量和截留率分别较纯林提高 8.66% 和 8.69%；混交林枯落物质量、半分解量及饱和持水量分别是纯林的 2.5 倍、3.6 倍和 4.2 倍。

研究表明：23a 生小叶杨、沙棘行间混交林的树冠承雨量是同一杨树纯林的 2.2～5.5倍。黑龙江省 12a 生的樟子松×落叶松×胡枝子混交林与20a 生落叶松纯林、6a 生灌木柳纯林枯落物持水率相比较，混交林是落叶松纯林的 141.98％，是灌木柳纯林的 123.45％。

混交林特别是针阔乔灌混交林，改良土壤物理性质的作用比纯林大得多。

混交林与纯林相比：土壤容重减少、土壤空隙度增大、土壤蓄水量增大。其原因是混交林改善林地土壤水热条件的作用比纯林大，混交林的枯落物多于纯林，并含有各种有机物质，阔叶林的枯落物可以中和针叶林枯落物中的酸性物质，因此，混交林改良土壤物理性状的作用要好于纯林。

乔灌混交林保持水土的效益好于纯林。19a 生杨树×沙棘混交林下的活动风沙土、固定沙淤土平均厚度分别较同龄纯林提高 33.9％和 89.31％；同时也发现随着混交林林龄的增大，河滩地风沙土的淤积厚度也随之加深。同时混交林中沙棘的水平根系随着土壤垂直剖面的不断上升而逐步抬高，表明沙棘根的萌生蔓延速度快，进而证明了杨、沙混交林既能有效地拦蓄沙土，又能固定沙土，保持水土的能力突出。混交林保持水土效益好于纯林的原因，主要是林冠截持降雨、林冠和枯落物防止溅蚀、保蓄水份、枯落物改良土壤理化性状、林木根系和枝叶多、改善林地生态环境的效益好于纯林的缘故。

混交林还具有提高林分湿度、阻隔昆虫卵和幼虫生存的作用，进而可以避免灾情暴发，减轻受害程度。实地调查表明，混交林对松毛虫的抗性明显优于油松纯林，虫口密度、有虫株率比纯林分别下降84％和50％，这从另一方面验证了营建混交林的科学性、合理性和紧迫性。

**2. 混交林发展中应重视的问题**

目前，山西生态脆弱区乔木林中人工混交林仅占乔木林总量的不足 20％，对混交林的研究肤浅而不系统的。由于缺乏混交林与纯林的对比研究；缺少小气候因子和林分水文效应的测定；缺少土壤理化性质的测定；缺乏林分生态效益和经济效益的分析；缺少林分稳定性的研究，所以混交林研究只能提供一些混交模式和树种搭配，难以说明混交林的作用机理，给生产推广带来一定难度，因此在混交林发展中应重视以下问题：

（1）确立混交林的研究机制

混交林的研究首先要注重机制问题。山西生态脆弱区地理条件的多样性决定了树种的多样性，也使混交林树种的多种搭配成为可能，应尽快提出混交林营造的科学依据和技术规范。在研究机制上有两种组织形式可供选择：

①在生态区划的基础上，以国营林场为主，确定主栽树种和混交树种，制定一定生态区域内的混交林营造方案。

②以国家大型林业工程为依托，在现有工程的基础上建立混交林示范点，并提出各个工程的混交林营造施工方案。

（2）明确混交林的研究方向

确定以下内容作为混交林的研究重点：

①注重引入经济树种，增加经济动力，发挥经济效益。如研究立体栽植、套种模式和综合效益等。

②分地域和立地类型，研究科学高效的混交林模式，并进行生态效益、经济效益计算。

③在林业区划规划中，如何发挥混交林的作用。

④混交林在森林防火、防治病虫害、水源涵养、水土保持等方面的作用。

（3）混交林营造要走立法的道路

混交林是林业建设中具有方向性的生产项目，营造混交林是实现生物多样性、维护生态平衡的有效措施，因此应将混交林营造作为该地区生态林业建设的主体工程，加以高度重视。在加强科学研究的同时，应尽快立法以保证混交林建设的数量和质量。在实际中大多数作业设计都以纯林为主，这些规定、设计在一定程度上抑制或影响了混交林的发展。如果今后的混交林营造中仍然仅仅停留在一般的号召和倡导上，便不会引起各级领导和林业生产部门的高度重视，混交林建设将很难有大的起色。为扭转这种被动局面，要以立法的手段作为保障，在造林工程技术规程中明确混交林的数量和标准，切实推进混交林建设快速发展。

**（四）协调发展，积极推进林业生态工程后续产业**

山西生态脆弱区现有退耕还林地 63.98 万 $hm^2$，退耕还林后续产业的培育与发展，不仅直接关系到退耕还林工程建设成果的巩固和广大退耕农户的增收，而且关系到地方优势产业的培育和发展，对于推动区域社会经济的可持续发展具有极为重要的现实意义。在保护好现有生态建设成果的基础上，立足于巩固退耕还林成果和稳定增加广大退耕农户收入和确保粮食生产安全的前提下，依托各地的自然优势和经济优势，充分运用国家现有的退耕还林政策，调整农村产业结构，开发林下资源，促进后续产业的形成，加快龙头企业的发展，推动山西生态脆弱区生态、经济和社会的协调发展。

（1）发展干鲜果经济林

区域内晋西黄土丘陵沟壑区、昕水河流域丘陵区气候资源优越，立地类型多样，小气候比较多，具有发展干鲜果经济林的优越条件和历史经验。因此，根据不同自然、社会经济条件，采用不同的退耕还林种植模式、配置模式，不仅可以保证生态主导目标的实现，还将有力地促进生态经济产业的发展。适地适树，大力发展干鲜果经济林，通过集约化经营，提高经济林的产量和效益，使之尽快成为山区产业优势。

（2）培植生态畜牧产业

土层较厚的黄土丘陵区，采用经济林＋草为主的经济林草间作模式、生态树种＋草为主的生态林草间作模式；土地贫瘠、土层较薄的坡耕地，采用灌木＋草为主的生态林草间作模式；沟壑、洪积扇区退耕地，采用生态树种＋草为主的生态林草间作模式。立体种植，大幅增加饲草资源，为形成生态畜牧产业奠定基础。

（3）培植中药材产业

区域内恒山、管涔、关帝土石山区非常适宜各类中草药生长。根据不同的自然条件，因地制宜地实行经济树种与中药材间作模式、生态树种与中药材间作模式。在增加林木植被的同时，扩大中药材种植面积，推动中药材产业的发展。

（4）培植速生丰产林、能源林产业

该地区河流发源地和河谷地带有相当一部分坡耕地和沙化耕地。这类耕地实施退耕还林，采用乔灌混交速生丰产林模式，实行速生树种（如速生杨、速生柳等）与灌木树种（如紫穗槐、柠条、杞柳等）混交。在黄土丘陵区可大力发展以文冠果为主的能源林，不仅能保持水土，还可以产出能源原料，实现生态林与商品林的协调发展。

**（五）推进工程监理制，是林业工程建设的必然要求**

传统林业管理模式已经远不能适应现代林业工程发展的需要，落后的管理模式必须改革。目前国家在林业工程管理中积极推进、引入工程监理管理模式，改单一事后把关为全过程、全方位监督管理，真正实现对林业工程投资、质量、进度三大目标的控制，是林业工程建设发展的必然趋势。山西北部13县的京津风沙源治理工程实行社会化生态监理8年来，工程管理正沿着正规化的轨道运行，监理制既明显提高了工程的整体质量，也更新了业主的工程管理观念。

**1. 林业工程监理的特征**

林业的特殊性决定了林业及生态建设工程与一般建设工程（工业、民用、建筑业）之间存在很大差异，我们不能完全套用一般工程的监理模式，必须根据自身行业特点制定监理模式。林业工程（主要指营造林工程）与一般建设工程的不同点可归纳为：

（1）受益人不同

林业及生态工程建设项目的受益人包含非常广，生活在项目地区的居民，甚至项目以外地区的人民都能因此受益；而一般工程的最大的受益人通常只是业主。

（2）投资渠道不同

一般工程项目都是由项目法人自筹资金搞建设，即使是一些国家扶持的项目，国投资本也是要收回的；而林业工程主要由国家无偿拨款建设，国家花钱买生态，建设单位无还款压力，项目建设成效很难与建设单位的利益挂钩，因此加强对林业工程的监理，搞好项目建设的进度、质量、投资控制更为重要，这是国家确保资金有效投入的重要控制手段。

（3）建设对象不同

林业工程是一个培育再生资源的生物工程，建设对象是具有生命力的"林木"，而一般建设工程的建设对象是无生命的，因此绝不能把林业工程视为一般工程简单对待。

（4）作业面积大

通常林业单项工程以县为单位，其施工作业面积在万亩以上，且往往比较分散，交通不便。因此林业工程监理投入的监理人员较多，其他费用支出（如交通费、外业补助费）要大得多。

（5）单位投入差异很大

通常一般工程项目的投入以平方米为基本单位，每平方米投入至少几百元；而林业工程投入以亩为基本单位，每亩投入 100～500 元不等。一些高投入的林业工程，如城镇绿化、高速公路通道绿化每亩最高投入也仅两、三千元。

（6）施工队伍的差异

一般工程项目的施工队伍专业配套、制度完善、管理规范；而林业工程的施工者往往是当地村民或无专业资质的施工群体，如果管理工作跟不上，质量难以保证。

（7）建设单位与施工单位划分不清

就林业工程而言，通常建设单位是林业主管部门，而施工单位也是林业部门。因建设和施工两单位同为一家，监管如同虚设，可能会产生虚报造林完成面积，瞒报造林质量问题和事故的现象。

（8）施工期的差异

一般工程的施工期很长，一年可达 9 个月以上，冬季无法施工时可以停工，明年再接着施工；而林业工程正好相反，造林季节一般仅有 4 个月左右。大面积的施工，必须集中在短期完成，否则成活率没有保证，因此前期的准备工作非常重要。例如：一般工程材料不合格时，总监理工程师可签发暂停令，让施工单位更换材料，经监理工程师验收合格后，总监再签发复工令；而林业工程中如果苗木质量达不到要求，总监如签发暂停令，重新采购更换合格苗，造林季节可能因此耽误。如允许不合格苗木使用，质量则达不到标准，成活率无保证。因此林业工程监理特别强调事前控制。

（9）工程竣工验收和缺陷保修期的差异

一般工程在施工结束后达到合同要求，则可通过竣工验收，移交工程。在缺陷保修期间，只要不是承包单位施工质量问题，施工单位不予以修理；而林业工程的验收，按国家规定春季造林须在秋季进行成活率验收，秋季造林要在第二年进行成活率验收，造林第三年还要进行保存率验收，只有在保存率达到国家标准，此工程才算真正通过竣工验收。俗话说"三分造，七分管"，由于影响成活率和保存率的因素较多，因此在缺陷保修期内，工程管护的工作量很大，如需要补植（播）、幼抚和浇水灌溉等，一道工序没有做好便可能前功尽弃。可见林业工程的缺陷保修期监理极为重要。

**2. 山西生态脆弱区推行林业监理对策**

山西生态脆弱区国家和省级林业生态建设工程规模大，但单位投入却相对较低，在林业工程控制管理方面，林业监理作用重大。

（1）提高领导对工程监理的认识

林业工程监理虽是林业管理体制改革的一项重大举措，但目前仍普遍对其认识不足。一部分人认为本单位和本系统自己也能做的事，何必要花冤枉钱来聘用监理；还有的人认为监理的任务就是组织和管理施工，监理人员就是建设单位（也是施工单位）聘来的技术人员。实际上，监理单位是指具有法人资格、取得监理资质证书，具有社会化、专业化特点的专门从事工程监理和其他技术服务的组织。它的性质是独立性、公正性、科学性，遵循的准则为"守法、诚信、公正、科学"。监理单位以"公正的第三方"的身份开展工程建设监理活动，它与业主是委托与被委托的合同关系，不是上下级关系，既要承担法律责任，也要承担经济责任。监理单位与建设单位、施工单位都是平行的主体，其职责是代表建设单位对施工单位的不当建设行为（违反法规行为、违反合同的行为）实施监控；采用科学的管理手段和方法，对工程建设的投资、质量、进度三大目标实施控制，保证工程建设按工程计划正常开展；对工程质量承担监理责任，但不是施工质量的承保人。

让各级林业主管领导真正了解监理特征和工作性质，提高对开展监理工作必要性和重要性的认识，争取更多的支持，是改革当前落后的管理模式，推行林业建设工程监理成败的关键。

（2）全面推行"四制"，为实行监理制创造良好的外部环境

严格执行建设程序是结合中国国情推行林业建设工程监理制的具体体现。在"四制"中，项目法人制是实行建设工程监理的必要条件，监理制是实行项目法人制的基本保障，而合同制是其中的核心和关键。合同管理制的实施对林业建设工程监理开展合同管理工作提供了法律上的支持，监理的权利和义务在合同中有明确约定。国家《建设工程监理规范》中规定，实施建设工程监理前，监理单位必须与建设单位签订书面建设工程委托监理合同，合同中应包括监理单位对建设工程质量、造价、进度进行全面控制和管理的条款。

在林业工程推行"四制"中，首先要落实项目法人制，即项目法人负责对项目的策划、资金筹措、建设实施、生产经营、债务偿还等实行全过程负责的制度。只有当项目法人对工程高度负责了，监理才会有市场的需要。项目法人制、合同制、招投标制的落实，将为监理制的实施创造良好的外部环境。

（3）处理好监督检查与监理的关系

通常监督检查是指各级林业主管部门对本行政区域内的造林质量及造林面积进行的监督、检查，属于强制性的政府行为。政府监督往往是事后且是阶段性的监督，发现问题也只能是事后追究，事后追究不能避免损失；而监理工作最重要的一点就是事前、事中就得到预防与控制。此外，省级复查和国家核查均是采用抽样检查，有些县级自查因技术力量不足等原因，也采用抽样检查，检查结果对工程总体的代表性较差，这正是林业工程监理存在的必要性。

监理单位根据监理委托合同，向施工现场派驻项目监理机构，监理机构全过程、全方位的监理活动包括对整个项目的目标规划、动态控制、组织协调、合同管理、信息管理等一系列技术服务工作。在山西省京津风沙源治理工程施工中，监理人员通过对各工序的巡视检查或旁站，可及时发现建设中存在的各种质量和进度问题，如进度滞后、造林成活率低、密度达不到设计要求、造林地块变动、苗木质量不合格等，并及时指令施工单位进行返工改正，从而使工程施工质量和进度得到有效控制。同时监理通过拒付不合格工程款，有效地保证了建设资金的运行安全。建设单位可以通过监理机构的监理月报、季报、年报或重大事项报告

等动态地了解建设进度、质量和资金使用，掌握工程的实际运行情况。政府质量检查是宏观的监督，而监理的监督是微观的，工程实行监理后，政府对林业工程建设的监督检查职能依然存在，只是在各地上报工程面积等数据准确度提高后，现场监督检查的工作量可大大减少。

（4）理顺监理资质管理体制

当前国家由建设行政管理部门归口管理监理企业资质，但林业部门应该具有申请林业工程监理资质企业（包括增项）的初审权。建设主管部门在审批有关林业工程监理的资质时，应尊重林业部门的意见，严把监理企业的准入关，决不能花钱请外行或没有实力的监理企业来监管林业建设项目。

（5）加强监理队伍的建设

国家林业局多次强调重点林业工程必须实行监理，虽然当前有些关系仍没理顺，有些措施正在研究制定中，但推行林业工程监理，规范林业工程监理是必然的趋势。2004年5月，国家劳动和社会保障部颁发了《营造林监理员职业资格标准》，今后凡从事林业工程监理人员，须取得由国家林业局和国家劳动和社会保障部共同颁发的《营造林监理员职业资格证书》，做到持证上岗。这对防止外行管理林业，确保林业工程建设质量有着积极的意义。因此应抓紧培训林业行业的监理人员，加强监理队伍的建设。

（6）落实监理经费

林业工程投资不足，在工程监理费用上表现得更为突出。多数林业工程项目批复文件在提到监理费时，都要求在地方配套资金中安排。因林业生态工程往往在偏远地区，当地每年都要靠中央、省给予财政补贴，无力搞配套，所以配套资金搞监理实际上就是一句空话。可见监理费用应该从项目审批时就列入计划，在国家投资中安排更为现实。2%左右的监理费用与庞大的工程直接费用相比是微不足道的，而工程监理所发挥的作用则是巨大的，仅提高造林保存率一项的经济费用应该是监理费用的10倍左右。因此真正落实监理经费是开展林业工程监理的基础。

**（六）建立评估制度，促进森林资源资产合理流转**

森林资源资产评估是根据特定的目的、遵循社会客观经济规律和公允的原则，按照国家法定的标准和程序，运用科学可行的方法，对具有资产属性的森林资源实体以及预期收益进行的评定估算。它是评估者根据被评估森林资源资产的实际情况、所掌握的市场动态资料以及对现在和未来进行多因素分析的基础上，对森林资源资产所具有的市场价值进行评定估算。

**1. 森林资源资产评估客体的界定**

根据资产的内涵，对森林资源资产评估客体的界定或确认应把握以下要点：

（1）现实性。即要评估的森林资源资产是现实的，在评估前业已存在的。有些虽然以前存在过，但在评估时已经消失，如林地资产改变用途，就不能作为森林资源资产的评估客体。

（2）控制性。作为评估客体的森林资源资产必须为某产权主体所直接控制，而享有支配、使用和收益的权利。不能为特定经济主体控制的森林资源，如森林中的野生动植物资源、微生物资源及森林生态资源由于在目前属公益性资源，因而不能作为评估客体，对其价格或价值的计算只能属于评价的范畴。但随着森林资源资产化管理的深入，某些现阶段不能作为评估客体的资源也会转化成为评估客体。另外，产权不清的森林资源资产也不能作为评估客体。

（3）有效性。凡资产必须有效用，即在价值形成过程，可以构成或带来经济收益。有些被特定主体控制的经济资源，由于技术经济条件的限制，现阶段不能给特定主体带来预期收益，也不能作为评估客体，如森林资源的生物多样性资源就不具备有效性。

（4）合法性。即特定主体对森林资源资产的控制必须是合法的，有合法的产权证明，受法律的保护，才能作为评估客体。

以上四个方面是有机联系在一起的，只有同时具备这四项条件的森林资源，才能真正确认为森林资源资产，成为资产评估的客体。

**2. 森林资源资产评估的原则**

（1）基本原则：森林资源资产评估必须遵循公平性原则、科学性原则、客观性原则、独立性原则、可行性原则等资产评估基本原则。

（2）操作性原则：森林资源资产评估要遵循产权利益主体变动原则、资产持续经营原则、替代性原则和公开市场原则等操作性原则。

（3）遵循产权利益主体变动原则：以被评估森林资源资产的产权利益主体变动为前提或假设前提，确定被评估资产基准日时点上的现行公允价值。产权得益主体变动包括利益主体的全部改变和部分改变及假设改变。

（4）持续经营原则：评估时需根据被评估森林资源资产按目前的林业用途、规模继续使用或有所改变的基础上继续使用，相应确定评估方法、参数和依据。

（5）替代性原则：评估作价时，如果同一森林资源资产或同种森林资源资产在评估基准日可能实现的或实际存在的价格或价格标准有多种，则应选用最低的一种。

（6）公开市场原则（公允市价原则）：森林资源资产评估选取的作价依据和评估结论，都可在公开市场存在或成立，其交易条件公开并且不具有排他性。

### 3. 森林资源资产评估的特点

森林资源资产是一种特殊的资产，从评估的角度考查，森林资源资产评估主要具有以下特点：

（1）林地资产和林木资产的不可分割性

林地资产和林木资产构成了森林资源资产的实物主体，其他森林资源资产则是由其派生出来的。而林地和林木具有不可分割性，林地的价值必须通过林木的价值测算来体现。

（2）森林资源资产的可再生性

森林资源资产具有可再生性，如果经营科学，可实现持续经营和永续利用。在评估时应考虑：①未来经营期的长短，包括产权变动对经营期的限制，都应特别说明，并选用不同的评估模型。②对单块森林评估一般以一个经营周期（轮伐期）为单位测算；对能够达到永续经营的一个林业企业，可以年为单位通过年收益对该企业森林资源资产进行整体评估。③评估时应综合平衡森林资源培育、利用和保护的关系，考虑再生产的投入，即森林更新、培育、保护费用的负担。

（3）森林经营长周期性

森林的经营周期少则数年，多则数十年、上百年。长周期对评估方面影响表现为：①在供求关系对价格的影响方面表现为供给弹性小，且效应滞后。当培育成本与市场需求价格出现背离时，市场需求价格会在短期内起主导作用。评估时应更多地考虑现行市场价格的因素。②在对未来投入产出数值的预测上，由于对远期的投入和产出的价格资料难以准确预测，一般情况下以现时的投入产出价格乘以预期的投入产出数量作为对未来投入产出的预测值。③由于选择现时的投入产出价格资料，对未来投入产出的预测不含物价变动的因素，因此在利率确定时，应从一般利率中剔除通货膨胀的因素，即通常情况下利率选择应以经济利率加风险报酬率为原则来确定。④在对森林资产主要经营目标进行评估时，要充分考虑其多功能经营目标并存的潜能。

（4）森林资源资产的复杂性

森林资源地域性差别大，评估时除考虑森林的价值外，还要考虑森林级差地租，即不同地域和森林地位级、地利级。如气候条件、土地肥沃程度、是否适地适树、交通条件等。尤其是交通条件，无论对用材林、经济林，还是对景观资产价格，都具有较大的影响。森林资源物种多样，且既有实物资产，又有无形资产，构成十分复杂。森林资源资产实物量大，资产清查非常困难。鉴于此，评估时一般利用森林调查资料和资源档案，采用核查的方法来确认资产数量。对较复杂的森林资源资产评估时要通过较多的相关因素或系数进行调整，不同于一般的资产评估程序。

**4. 森林资源资产评估的基本方法**

森林资源资产与其他资产一样，评估的基本方法包括收益现值法、重置成本法、现行市价法。但由于森林资源资产的特殊性以及影响森林资源资产价值因素的复杂性，在方法的具体应用上要比其他资产复杂得多。

（1）收益现值法

收益现值法是指通过评估森林资源资产未来预期收益并折算成现值，借以确定被评估的森林资源资产价值的一种资产评估方法。运用收益现值法对森林资源资产评估时，以森林资源资产可连续获利为基础。如果没有预期收益或预期收益很少而且不稳定，则不能采用收益现值法。收益现值法的应用，实际是对被评估森林资源资产未来预期收益进行折现或本金化的过程。一般又包括资产未来收益有限、资产未来收益无限的情况，资产未来收益无限中又包括未来收益年金化和未来收益不等额的情形，对于不同的情况，要采取相应的具体方法。

（2）重置成本法

重置成本法也称成本法，是指在森林资源资产评估时按被评估资产的现时重置成本扣减其各项损耗价值确定被评估森林资源资产价值的方法。按在现行市场条件下重新营造与被评估森林资源资产相类似的资产所需的成本费用。

（3）现行市价法

现行市价法也称市场法、市场价格比较法。是指通过比较被评估森林资源资产与最近售出类似资产的异同，并通过林分质量、物价系数对类似森林资源资产价格进行调整，从而确定被评估森林资源资产价格的评估方法。应用现行市价法进行森林资源资产评估，需要有一个充分发育的活跃的森林资源资产市场。市场经济条件下，市场交易越频繁，与被评估森林资源资产相类似资产的价格越容易获得。

**5. 森林资源资产评估程序**

按《森林资源资产评估技术规范（试行）规定》，国有森林资源资产评估的法定程序由评估立项、评估委托、资产核查、资料搜集、评定估算、提交评估报告书、验证确认、建立项目档案8个阶段组成。

（1）评估立项

森林资源资产评估立项的申报是指依法需要进行森林资源资产评估的单位，

向林业行政主管部门和国有资产管理部门提出森林资源资产评估申请书，经审核，做出是否进行评估的决定，通知申报单位是否准予立项的过程。

（2）评估委托

森林资源资产评估单位接到立项通知后，可自选委托具有承担森林资源资产评估资格的资产评估机构对立项通知书规定范围内的森林资源资产进行评估。资产评估机构接受委托后，应与委托方签订《森林资源资产评估协议书》。森林资源资产占有单位在评估委托时，还要同时提交有效的森林资源资产清单以及其他有关材料。

（3）资产核查

资产核查是指按森林资源资产评估的范围对待评估的森林资源资产的实物量、林分质量、立地条件和地利等级等情况进行实地核对和调查，并做出核查报告的全过程。森林资源资产核查一般由委托单位提供森林资源资产清单，资产评估机构对委托单位提交的森林资源资产清单上所列资产的权属、数量和质量进行核对和必需的调查。

（4）资料搜集

在进行森林资源资产评定估算前，森林资源资产评估机构必须搜集掌握当地有关的林业生产技术经济指标、成本核算资料、有关产品价格和税费、林业生产投资收益率、林分生长过程表、生长模型以及各种测树经营数表等资料。

（5）评定估算

评定估算是指森林资源资产评估人员根据评估的特定目的和掌握的有关资料、选择适当的标准，依据法定的森林资源资产评估方法，对委托评估的森林资源资产价格进行具体的评定和估算，并在评估工作结束后向委托评估的单位提出森林资源资产评估报告书的过程。这是资产评估工作最关键的阶段，在具体工作中往往按制订评估工作方案、实际评定估算二个步骤进行。

（6）提交评估报告书

森林资源资产评估报告书是对森林资源资产的实际价格提出的公正性文件，评估机构和评估工作人员要对所提出的评估报告承担法律责任。森林资源资产评估报告书由具备资格并直接从事该项资产评估工作的评估人员签字，评估机构负责人认真审核后签名并加盖公章方可生效。

（7）验证确认

森林资源资产评估验证确认是指资产评估行政主管部门或授权的林业行政主管部门接到有关单位森林资源资产评估确认报告后，对森林资源资产评估进行合规性审核，并向有关单位下达确认通知书的过程。

（8）建立项目档案

评估工作结束后，评估机构应及时将有关文件及资料分类汇总，登记造册，建立项目档案。按国家有关规定和评估机构档案管理制度进行管理。

随着我国集体林权制度改革的深入，林权流转、林权变更、林权抵押贷款等已日渐常态化，按照国家有关规定，国有、集体的商品林资源的转让必须进行资产评估，因此森林资源资产评估是林地、林木合理流转的基础性工作，建立森林资源资产评估制度，是推进山西生态脆弱地区集体林权制度改革的重要保障措施。

### （七）借鉴世行生态项目管理模式，加强监测体系建设

在山西省生态脆弱地区，林业生态工程监测体系建设还十分滞后，在一些地区仍是空白。随着国家在林业工程监测体系建设方面的重视和推进，加强这方面的建设将势在必行。依据《全国林业信息化纲要》的要求，采用"3S"技术及设置样地等方法，规划建设完善的工程监测体系，工程监测体系主要包括工程营造林管理系统、工程效益综合评价系统、森林资源监管系统。

其实，在该地区约有半数县参与过各期世行林业生态项目的建设，已具有一定的工程监测经验，因此借鉴世行生态项目的管理模式，加强监测体系建设，将是直接而又有效的途径之一。

**1. 监测目的**

项目监测与评价是林业生态建设工程执行的一个重要环节，具有十分重要的意义。通过年度检查验收和竣工验收，实现对项目实施进度、质量的监控，并对项目的实施成效做出最终的结论评价，向社会系统地展示项目建设成效。同时，通过项目监测与评价，对项目实施的经验和教训进行总结，为今后更好地开展大型林业工程项目的管理提供借鉴。

**2. 监测内容与指标**

项目监测主要包括两方面的内容，一是项目实施与管理监测，二是项目成效监测。

（1）实施与管理监测：包括项目实施进度监测、项目实施质量监测、项目财务管理监测等。

①新造林

进度指标：新造林面积、项目参与农户或其他实体；

质量指标：I级苗使用率、造林成活率、造林保存率（成林率）、环保措施达

标率；

财务指标：完成投资额；

②组织机构支持

进度指标：接受培训推广的人数、新增林权证颁证的森林面积、建立森林经营方案示范林的面积、物资设备采购金额等；

财务指标：完成投资额；

（2）项目成效监测：工程建设的效益分为生态效益、社会效益和经济效益等3类，包括13个指标类别。

表5-2 效益评价指标体系

| 效益分类 | 指标类别 | 指标 |
|---|---|---|
| 1. 生态效益 | 1.1 生物多样性保护 | 物种多样性 |
| | | 珍稀濒危物种数比例 |
| | | 森林生态系统多样性 |
| | 1.2 涵养水源 | 调节水量 |
| | | 净化水质 |
| | 1.3 保育土壤 | 固土 |
| | | 保肥 |
| | 1.4 固碳释氧 | 植被固碳 |
| | | 土壤固碳 |
| | | 释氧 |
| | 1.5 净化大气环境 | 提供负离子量 |
| | | 吸收污染物 |
| | | 滞尘 |
| | 1.6 改善和调节气候 | 灾害性天气减少率 |
| | | 改善气候所增加的农牧业产量 |
| 2. 社会效益 | 2.1 创造就业机会 | 增加就业人数 |
| | 2.2 生态文化 | 森林游憩 |
| | | 科普教育 |
| | 2.3 林业科技进步 | 林业科技贡献率 |
| 3. 经济效益 | 3.1 林地 | 林地 |
| | 3.2 林木 | 活立木 |
| | 3.3 非木材林产品 | 非木材林产品 |

①生态效益

生物多样性保护：用物种多样性、珍稀濒危物种数比例和森林生态系统多样性3个指标来计量。

涵养水源：公益林对降水的截留、吸收和贮存，将地表水转为地表径流或地下水的作用，主要表现为调节水量和净化水质。

保育土壤：选用固土和保肥2个指标来反映保育土壤功能。

固碳释氧：采用固碳和制氧2个指标来计算公益林的固碳释氧功能和价值。

净化大气环境：采用负离子提供量、污染物吸收量和滞尘等3个指标来表述生态公益林净化大气环境的功能。

改善和调节小气候：采用灾害性天气减少率（％）和改善气候所增加的农牧业产量2个指标来评价生态公益林改善和调节小气候的功能和价值。

②社会效益

创造就业机会：采用因生态公益林建设增加的就业人数来表述。

生态文化：采用森林游憩和科普教育2个指标来评价。

林业科技进步：因生态公益林建设而促进的林业科技进步是公益林社会效益重要的组成部分，用林业科技贡献率来表达林业科技进步。

③经济效益

生态公益林的经济效益价值主要包括林地价值、林木价值和非木材林产品价值。

非木材林产品是指来自公益林中的木材产品以外的所有林产品，主要包括干鲜野果、油料、饮料、调料、森林食品、工业原料、药材、花卉、林产化学产品等。

**3. 监测机构与方法**

（1）项目实施与管理监测

项目县林业局每年以小班为单位，组织人员对该区域内项目进展、质量和财务管理进行全面检查，形成项目进展报告。省级、国家林业部门进行核查。

（2）项目实施效果监测

①项目生态效益监测，以水土流失监测为例：

监测点设置：选择项目建设主要造林模型，在有代表性的立地类型上设立固定监测点，以开展环境因子的定位监测工作，具体监测点设在水土流失严重或较严重的地区。

监测方法：土壤侵蚀和地表径流监测：在每个水土流失观测点上，选择坡面平整、立地条件具有代表性的地段，建立3个径流小区（径流场）。其中2个径流小区建在项目林地上，作为重复对照小区；1个径流小区建在非项目林地上。每个径流小区的结构按统一标准设计和建造，包括边界墙、集水槽、引水槽、接流池以及在径流小区上缘外修建的排水沟和在径流小区两侧设置的保护带。观测内容为降雨量、降雨历时、降雨强度；地表径流量；土壤流失量。项目建设期的第一、三、五年，项目运营期每次在降雨后进行。

由省级林业科研部门和监测点所在县林业局完成，并建立监测数据库，提交年度监测分析报告。

②项目社会效益监测

监测方法：以项目县为单位，对抽样的项目乡、村进行项目实体及增收和就业影响的监测。采用随机和典型抽样相结合的方法，抽取社会影响监测的项目参与人。采用入户访问与问卷调查相结合的方式，就有关社会影响监测指标对项目参与人进行调查。项目建设期第三、五年进行开展调查，具体时间为每年的最后一个季度。

由省级林业科研部门和监测点所在县林业局完成，对入户访问调查结果或问卷调查结果进行统计、分析，建立监测数据库，提交监测年度分析报告。

**（八）以3S技术为核心，提升森林资源管理科技水平**

进入21世纪，在林业规划设计和资源监测中，以3S技术为核心内容的高新技术研究、应用，为传统的林业调查设计工作注入了新的活力，极大地节省了人力物力，同时也对整个林业经营管理产生了巨大影响。

**1. 林业3S技术发展动态及应用特点**

3S技术是以遥感（Remote Sensing，简称RS）、地理信息系统（Geographic Information System，简称GIS）、全球定位系统（Global Positioning System，简称GPS）为基础，将RS、GIS、GPS三种独立技术领域中的有关部分与其他高科技领域（网络技术、通讯技术等）有机构成一个整体而形成的一项新的综合技术。它集信息获取、信息处理、信息应用于一体，突出表现在信息获取与信息处理的高速、实时与信息应用的高精度、可量化方面。三者的结合和集成已成为空间信息系统的发展方向，也是空间科学发展的必然趋势。

简而言之，在3S系统中，GIS相当于中枢神经，RS相当于传感器，GPS相当于定位器。三者的共同作用将使地球能实时感受到自身的变化，使其在林业、环保等众多资源环境和区域管理中发挥巨大作用。

（1）林业3S技术发展动态

传统的林业调查规划，主要工作程序为调查队员驱车、步行到实地，利用地形图实地调绘、勘察，然后内业量算面积、数字统计，进而绘制成果图，编写报告等。表现为费时费力，出错率高，工作效率低等特点。而现代林业要求对森林资源进行大规模以及全覆盖地实时或近期监测，进行资源数据库动态管理，显然传统的林业调查规划方式已不能适应这一时代要求，在此背景下林业 3S 技术应运而生。利用 3S 技术对林业的持续发展进行决策和规划，是全球林业界探讨的重要课题，也正是这一点推动着林业 3S 技术的广泛应用和迅速发展。

林业上应用 RS 技术最早、最广泛的是森林资源调查工作。国际上，20 世纪 20 年代便开始使用航空目视调查，70 年代初林业航空摄影比例尺向超小和特大两极分化，提高了工作效益，与此同时，陆地卫星影像在林业中开始应用，并在一定程度上替代了高空摄影。80 年代卫星不断提高空间分辨率，图像处理逐步完善，伴随而来的是地理信息、森林资源和遥感图像数据库的建立。

我国 GIS 的起步期是 20 世纪 70 年代初，开始进行计算机遥感图像处理和解译技术，开展了航空遥感试验。经过 20 多年的发展提高，90 年代后，国家测绘局在全国范围内建立数字化测绘产业，遥感应用从典型试验逐步走向全方位的应用。当前，我国林业 GIS 技术正按照引进、试验和开发的总方针快速发展。中国林科院在"三北"防护林遥感调查中曾应用 GIS 进行遥感图像分析，并建立了工程数据库。国家林业局调查规划院建立了国家森林资源清查数据库，为全国森林资源管理提供了信息基础。还有一批县（市）建立了自己的林业地理信息系统，广泛应用于森林资源档案管理、造林规划设计、营林作业设计、病虫害预测预报和防治等方面。

相对而言，由于技术专利等原因，GPS 技术的应用要晚许多。GPS 技术是美国军事应用的产物，1995 年正式投入使用，直到 2000 年美国政府允许在全世界自由使用 GPS，从而使这一技术的应用得以迅猛发展，林业调查设计中使用其定位、导航功能几乎是与世界同步。

在国内 3S 技术研发和应用的大环境下，山西省林业规划设计和资源监测工作也在不断探寻和积极引入 3S 技术。从 20 世纪 70 年代、80 年代航空遥感技术的使用，到今天 3S 技术的集成运用，无不折射出山西林勘人对高新技术的追求，同时以 3S 技术为代表的先进科技的巨大作用，也得到较为充分的反映。

（2）3S 技术在林业调查规划、资源监测中应用的特点

①林业 GIS 的特点

由于森林及宜林荒山在资源空间分布上的分散性、辽阔性，在时间分布上的

动态性和生长经营的长期性，林业 GIS 需要与遥感、统计抽样等技术相互结合，有机集成。森林既是自然资源又是生态资源，其功能具有双重性，林业 GIS 涉及土地、生物、生态环境和社会多方面的相关数据。林业 GIS 具有数据的多样性和信息的时效性。森林固有的动态性、自身的再生性和不利环境给森林带来的脆弱性，决定了林业 GIS 的时效性。特别是森林火灾需要提供瞬间信息，为防灾抗灾提供决策。同时森林生长的长期性以及生态环境的可逆转性，又决定了林业 GIS 需要提供对森林资源、自然环境进行长期监测和管理的作用，以利于森林资源的可持续发展。

②林业 RS 的特点

林业 RS 的特点是由林业工作本身的特点所决定的。而遥感技术的特点又使之突出地应用在林业资源、森林环境的调查及其管理上。

在不同高度平台上使用传感器收集地物波谱信息，再将这些信息传输到地面并加以处理，从而达到对地物（如有林地、宜林荒山）的识别与监测的全过程，称为遥感技术。林业 RS 的主要特点：

——视域大：一张陆地卫星图像，其覆盖面积可达 3 万 km² 以上，相当于 20 个中等县的国土面积。而且可提供立体观察，图像清晰逼真，信息丰富。

——获取信息速度快、周期短：由于卫星绕地球运转，能及时获取所经地区的各种自然现象的最新资料，更新原有资料，并对照新旧资料的变化进行动态监测。通过分析不同时间成像资料，对比研究地面资源现状或动态变化，可及时地为防灾、防治预报提供科学的依据。森林资源的再生性和周期性，决定了遥感技术必须提供连续的信息，实现动态遥感。

——获取信息不受条件限制：林业 RS 使获取许多陆地难以人工调查、勘测的地域信息成为可能，得到许多宝贵的信息。

——获取信息的手段多，信息量大：根据工作任务的不同，遥感技术可选用不同波段的遥感仪器来获取信息。微波波段还可全天候地工作。抽样技术的建立和进展，要求林业 RS 具有不同高度的遥感平台，以获取多层次的遥感资料，配合多阶抽样技术，提高资源调查的速度和精度。林业 RS 强调定量分析，以适应林业规划设计和资源监测。林业 RS 应具有各种类型的传感器和不同胶片，接受和记录各种属性的地物（如交通用地、采伐迹地、沙荒地等），为规划设计，林业工程建设提供依据。

③林业 GPS 的特点

——森林资源调查野外样地定位：携带 GPS 接收机可随时进行样地（点）

的准确定位观测，获取样点可靠的地理坐标数据，并在地形图上定位。同时在森林资源连续清查中，可准确地寻找到固定样地，省去了引线等传统调查的工序。

——利用 GPS 定位，辅助调绘林业工程的位置和面积。

——航空护林防火、飞播、飞防：可全天候进行安全导航飞行，精确标定现场经纬度，计算面积。

——森林旅游：作为森林旅游的"眼睛"，需要实时实地在便携机上准确和形象地反映其定位信息，生成 GPS 旅游航迹图，使游客随时了解自己所处的地理位置，调整和选择前进路线。

**2. 山西林业应用 3S 技术所取得的成果**

20 世纪 80 年代以后，山西林业调查中使用 RS 技术，结合地面抽样调查技术，进行航空图像解译判读，红外彩色片的应用促进了林业判读技术的发展。1987 年，由山西省林业勘测设计院主持的《抽样调查法和航空地形图在森林调查与土地利用现状调查中的推广应用》成果，获山西省科技进步二等奖。但由于当时计算机技术整体还较滞后，在林业调查中还仅仅是遥感技术的应用。

"十一五"以来，随着 3S 技术在我国的兴起和计算机网络技术的日趋成熟，3S 技术在山西省林业调查规划、资源监测中发挥了越来越大的作用，使林业调查规划、资源监测从人工调查时代逐步走进了人机对话时代。如在全省"数字生态"的调查规划中，3S 技术的准确性、实时性、高效性等得到了明显体现。

3S 技术的全面应用，加快了山西省森林资源监测体系的建立，可更为科学、有效地为林业生态建设提供动态的决策依据。

（1）山西省森林资源规划设计调查

开展森林资源规划设计调查是建设数字林业的重要组成部分，是以满足编制林业区划、规划或国营林场经营方案，总体设计需要而进行的森林资源调查，其成果是建立或修订森林资源档案，制定采伐限额，进行林业工程规划设计和林业发展规划、实行森林分类经营、分类管理和森林生态效益补偿和森林资源管理，指导林业基层单位科学经营森林和有效恢复植被的重要依据。

山西省因调查经费等原因，全省性森林资源规划设计调查已有十多年没有开展。由于没有全省统一的森林资源数据，林业发展规划很难做到科学、客观。同时传统的人工野外调查，除费时费力外，其结果已无法适应当今现代林业经营管理的需要。3S 技术在林业规划设计中的应用，给全省森林资源二类调查注入了新的内涵，带来生产方式和调查手段的革命。在政府财力有限的情况下，使这项全省全覆盖式的大型林业工作成为可能。

技术要点：

在计算机中使用卫星遥感图像进行人工目视解译和计算机辅助分析，辅以利用 GPS 抽样调查方法进行。

①统一使用当今国际先进的法国 SPOT5（分辨率 2.5m）、SPOT4（分辨率 10m）遥感数据，其图像可辨能力优于以前使用的 TM 图像。

②遥感图像处理：使用 ERDAS、Jeoimage 软件经过对原数据进行图像融合与镶嵌、正射几何精校正、图像增强处理、地理信息叠加和图像识别与分类，使处理后的遥感图像清楚，纹理清晰，层次丰富，易读，可判读性好，几何校正后符合精度要求，地形、地物、境界及公里网套合良好。

③建立判读标志：以卫星遥感景幅的物候期为单位，每景选择 3～5 条线路实地勘察。建立目视判读与实地的相关关系，建立遥感影像图的判读样片。解译标志经实地鉴定后才能使用。

④判读：使用 ArcGIS（Arcinfo、Arccatalog、Arctoolbox）根据建立的判读标志，综合运用其他各种信息影像特征，通过计算机在卫星图像上进行判读，填写小班属性因子。

⑤判读复核与实地验证。

⑥数据统计与专业出图：全部地类分 12 个大类，38 个小类统计。通过 Arc-GIS，直接利用调查单位所在地的国土规划部门测绘的基础地理信息数据绘制基本图底图。以林场（乡、村）为单位用基本图为底图绘制林相图。以省、县（局）为单位利用计算机绘制森林分布图，还可根据生产需要根据基础地理信息数据和区划内容制作各种林业专业用图。

应用效果：

这是山西林业首次利用 3S 技术对全省全覆盖式地进行规划设计调查，查清了全省森林资源的种类、数量、质量，客观地反映了自然、经济条件，并进行综合评价，提出了森林资源的经营利用和保护意见，提交全面、准确的调查成果。为森林分类经营和林业工程规划实施，提供了科学、翔实的数据。同时为全省数字生态乃至数字山西的建设打下了坚实的基础。

（2）第三次山西省荒漠化、沙化土地监测

采用 3S 技术与地面调查相结合的监测体系，每五年以县为单位向国家提供监测结果。

涉及 6 市（地）37 个县（市、区）。沙化土地监测涉及 3 市（地）18 个县（市、区），这一地区为山西生态脆弱区，也是全国京津风沙源工程的所在地。

技术要点：

应用经过几何精校正和增强处理后的卫星遥感数据，在建立解译标志的基础上，利用计算机 ArcGIS 软件分别按沙化和荒漠化类型目视解译划分小班并对调查因子进行初步解译，然后到现地核实图班界线和调查、核实各项调查因子，通过 GIS 获取沙化、荒漠化土地和其他土地类型的面积、分布及其他方面的信息。

①将地形图上各级行政界线和气候类型界线及主要道路、河流、湖泊、乡以上城镇与居民点输入计算机，作为与遥感数据叠加进行人机交互解译的基础地理信息。选择空间分辨率小于 30 米、最接近调查年度的多光谱遥感数据作为监测的信息源。

②建立解译标志库：建立不同地区、不同时相遥感影像的解译标志库。即建立土地类型与遥感影像特征的对应关系，如不同土地类型在影像上的色调、纹理、形状、分布等。

③目视解译划分图班：用基础地理信息与遥感数据配准，根据解译标志，室内人机交互目视解译，按图班划分条件划分图班。

④现地核实：输出带图班界线的遥感影像，叠加上行政界线、公里网格、图廓线等基础地理信息，并进行数字放大处理。现地利用 GPS 和地形图等，对遥感影像上的图班界线进行核实。根据核实结果，进行人机交互目视修正，同时输入属性数据，形成 E00 或 coverage 格式的矢量图形数据类型。

⑤成果输出：在所形成的图班矢量图形数据基础上，用 GIS 求算图班面积。分乡、县、省统计各类型沙化土地面积，与前期数据对照，得到动态变化数据。在基础地理信息和图班图形数据的基础上用 GIS 软件编制沙化和荒漠化土地分布图。

应用效果：

此次监测工作，在应用 3S 技术的深度和广度上都高于以往，科技含量明显增强，使 3S 技术在林业监测中的应用迈上一个新台阶。

此外，2002 年山西省四旁树调查中，首次将群团抽样方法和 GPS 技术相结合，调查样点 5.6 万个。工作中共动用 GPS 便携机百余台，GPS 优秀的定位和导航功能得到最大的体现，从而保证了调查精度。

2005 年，全省森林资源规划设计调查后，在林业调查设计、林地征占、护林防火中，应用 3S 技术已较为普遍，特别是 GPS 的使用在全省基层林业部门更为常见。

### 3. 林业 3S 技术的应用前景

随着计算机和网络技术的不断发展，采用 3S 技术进行全新概念的数据采集和数据更新，已不难实现。从 RS 技术中获取多时相的遥感信息，由 GPS 定位和导航，利用 GIS 进行数据综合分析处理，提供动态的林业信息和丰富的图文数表，最终提出决策实施方案。可以说，在技术上是跨时段的，将逐步替代传统的调查、规划、监测和管理手段，使林业行业由单一粗放的经营管理模式迈上动态化、科学化、现代化的经营管理模式。

山西的生态脆弱区面临着以生态为主的林业建设，结合 3S 技术的林业应用发展现状，应做好以下几方面工作：

①建立现代化的资源综合监测体系。

利用 3S 技术建立动态的资源监测体系，不仅监测森林资源的数量，还要监测生态环境信息的动态变化，逐步形成以森林灾害监测、野生动物资源监测、土地沙化监测等为基础的综合监测体系。在森林资源保护方面，建立林火卫星遥感监测、森林火灾现场影像传输、海事卫星应急通讯等系统。

②拓宽 3S 技术应用的范围。

3S 技术的应用研究范围将被拓宽。如应用于宜林地的退耕还林遥感监测、城乡生态环境遥感监测、城市绿化遥感调查（采用高分辨率卫星数据）等。同时，利用网络技术逐步建立数据中心、技术服务中心等，通过网络，定时向社会提供所需的资源信息，实现资源信息共享。

③逐步实现预测和决策的科学化。

在建立网络系统，实现资源共享的基础上，将 3S 技术进一步集成和融合，并引入林业专家决策系统，进行林业专题模型以及预测模型的开发研究，逐步实现预测和决策的科学化，为政府决策部门提供决策依据。

④加强数字信息技术的应用，提高森林资源管理水平。

一是在办公环境方面，建设了不同规模的林业计算机网络，构建了一个畅通的网络平台，推进办公自动化；

二是在信息共享方面，各级建设林业互联网站，构建开放的信息平台，实现快捷的信息发布、网上服务，提高工作效率；

三是在工程项目管理方面，开发工程项目信息管理系统、工程效益监测体系，实现林业工程项目信息化管理，使信息技术贯穿于立项、实施、监督、检查验收和成效监测的全过程。

# 第六章 分区林业建设现状分析及建设规划

根据山西生态脆弱区林业发展区划和林业生态建设总体布局，分别对大同盆地防风固沙、环境保护重点治理区（简称大同盆地生态脆弱区）；晋西北丘陵水土保持、防风固沙综合治理区（简称晋西北丘陵生态脆弱区）；桑干河防风固沙、水土保持综合治理区（简称桑干河生态脆弱区）；恒山土石山水源涵养、风景林区（简称恒山土石山生态脆弱区）；管涔土石山水源涵养、自然保护林区（简称管涔土石山生态脆弱区）；晋西黄土丘陵沟壑水土保持、经济林区（简称晋西黄土丘陵沟壑生态脆弱区）；关帝土石山水源涵养、用材林区（简称关帝土石山生态脆弱区）和昕水河丘陵水土保持、经济林区（简称昕水河丘陵生态脆弱区）8个分区进行林业建设现状分析及规划论述。

## 第一节 大同盆地防风固沙、环境保护重点治理区林业生态建设

### 一、立地条件特征

大同盆地防风固沙、环境保护重点治理区位于山西生态脆弱区的北端，属于山西省北部的大同市，其北部与内蒙古自治区相邻，国土面积 68.73 万 hm²，占山西生态脆弱区总面积的 9.95%。地理坐标介于东经 112°51′～114°31′、北纬 39°42′～40°44′之间。区域范围包括大同市的天镇县、阳高县、新荣区、南郊区、大同城区、大同矿区、大同县，计 7 个县（区），详见图 6-1。

在全国林业发展区划中，该区属于蒙宁青森林草原治理区（一级区）的锡林郭勒高原防护林区（二级区）。

该区地貌总体格局：山区、丘陵、平川比例为3：3：4。海河水系的桑干河、南洋河流经该区，

图6-1 大同盆地生态脆弱区在山西省的位置示意图

荒漠化、沙化土地面积较大，自然条件恶劣。森林资源不足，森林现实生产力级数低，处于国家京津风沙源治理区范围内，生态区位重要。

### （一）湿地

该区湿地总面积9033hm²，占土地总面积的1.31%，河流湿地主要以桑干河和南洋河支流为主，详见表6-1。

表6-1　大同盆地生态脆弱区湿地类型面积按保护等级统计表　单位：hm²

| 保护类型 级别 | 湿地类型 | | | | |
|---|---|---|---|---|---|
| | 小计 | 河流湿地 | 湖泊湿地 | 沼泽湿地 | 人工湿地 |
| 省级 | 9033 | 5249 | | 1900 | 1884 |

该区湿地全部为省级湿地，其中河流湿地占湿地总面积的58.11%，沼泽湿地占湿地总面积的21.03%，人工湿地占湿地总面积的20.86%。该区湿地保护对首都水资源安全十分重要。

### （二）沙化、荒漠化

2006年该区沙化土地面积14.61万hm²，占土地总面积的21.26%；荒漠化土地面积49.14万hm²，占土地总面积的71.49%。详见表6-2、表6-3。

表6-2　大同盆地生态脆弱区沙化土地面积统计表　单位：hm²

| 沙化程度 分县 | 合计 | 非沙化土地 | 沙　化　土　地 | | | | |
|---|---|---|---|---|---|---|---|
| | | | 小计 | 轻度 | 中度 | 重度 | 极重度 |
| 合计 | 687322 | 541184 | 146138 | 109631 | 4461 | 32046 | |
| 天镇县 | 163079 | 144205 | 18874 | 10771 | 3407 | 4696 | |
| 阳高县 | 168150 | 136714 | 31436 | 21016 | 565 | 9855 | |
| 新荣区 | 101529 | 61524 | 34040 | 27984 | 112 | 5944 | |
| 南郊区 | 96274 | 71826 | 24448 | 12898 | | 11550 | |
| 大同城区 | 4048 | | | | | | |
| 大同矿区 | 5978 | | | | | | |
| 大同县 | 147918 | 110297 | 37340 | 36964 | 376 | | |

在该区沙化土地中，轻度沙化占沙化土地面积的75.02%，中度沙化占沙化土地面积的3.05%，重度沙化占沙化土地面积的21.93%。

表6-3　大同盆地生态脆弱区荒漠化土地面积统计表　单位：hm²

| 荒漠化程度 分县 | 合计 | 非荒漠化土地 | 荒　漠　化　土　地 | | | | |
|---|---|---|---|---|---|---|---|
| | | | 小计 | 轻度 | 中度 | 重度 | 极重度 |
| 合计 | 687322 | 195969 | 491353 | 356474 | 118089 | 16790 | |
| 天镇县 | 163079 | 8423 | 154656 | 130837 | 23804 | 15 | |
| 阳高县 | 168150 | 44267 | 123883 | 86037 | 36962 | 883 | |
| 新荣区 | 101529 | 47927 | 53603 | 24144 | 25771 | 3688 | |
| 南郊区 | 96275 | 38847 | 57428 | 26011 | 19213 | 12204 | |
| 大同城区 | 4048 | 3787 | 260 | 103 | 157 | | |
| 大同矿区 | 5978 | | | | | | |
| 大同县 | 147918 | 46395 | 101523 | 89341 | 12182 | | |

在该区荒漠化土地中，轻度荒漠化占荒漠化土地面积的72.55%，中度荒漠

化占荒漠化土地面积的 24.03%，重度荒漠化占荒漠化土地面积的 3.42%。

沙化、荒漠化土地生态治理已初见成效。

## 二、林业资源和非木材资源

### （一）区域林业重点工程

到 2006 年底，该区国家级造林工程完成 26.59 万 hm²，省级造林重点工程完成 4.07 万 hm²，利用外资林业工程累计完成 0.26 万 hm²。区域内国家、省级等部分林业重点工程完成情况，详见表 6-4。

表 6-4　大同盆地生态脆弱区林业重点工程表

| 合计 | 国家林业重点工程 | | | | | | | 省级林业重点工程 | | | | | | | 外资项目 |
| | 小计 | 天保 | 退耕还林 | 京津风沙源 | 三北防护林 | 速丰产林 | 自然保护区建设 | 小计 | 通道（高速、国省道） | 沿线荒山造林 | 村镇绿化 | 矿区绿化 | 环城绿化 | 其他 | |
| 万 hm² | 万 hm² | 万 hm² | 万 hm² | 万 hm² | 万 hm² | 万 hm² | 万 hm² | 万 hm² | km | 万 hm² | 个 | 个 | 万 hm² | 万 hm² | 万 hm² |
| 30.92 | 26.59 | | 1.22 | 12.67 | 12.68 | 0.02 | | 4.07 | 849.0 | 0.03 | 145 | 65 | 0.02 | 4.02 | 0.26 |

国家级造林工程是地区林业生态建设的主体。

### （二）林业资源

2006 年，该区林地面积 31.59 万 hm²，其中防护林面积 6.52 万 hm²，占林地面积的 20.54%；用材林面积 0.14 万 hm²，占林地面积的 0.44%；经济林面积 0.73 万 hm²，占林地面积的 2.30%。活立木蓄积 145.00 万 m³，详见表 6-5。

表 6-5　大同盆地生态脆弱区林业资源表

单位：hm²、m³、%

| 类　别 | 林地面积 | 活立木蓄积 | 林种面积、蓄积 | | | | | 宜林地 | 其他林地 | 森林覆盖率 |
| | | | 防护林 | 用材林 | 经济林 | 特用林 | 薪炭林 | | | |
| 面积 | 315907 | | 65175 | 1400 | 7302 | 31 | | 69837 | 172162 | 13.58 |
| 蓄积 | | 1449957 | 1159765 | 50300 | | 107 | | | 239785 | |

该区林种以防风固沙、水土保持、环境保护林为主，非木材资源中的柠条资源在当地生态经济中发挥着重要作用，以柠条为主的木本饲料较好地缓解了林牧矛盾。

该区生态公益林面积 30.72 万 hm²，占全区总面积的 44.69%，占林地面积的 97.23%，其中：国家公益林面积 4.37 万 hm²，占生态公益林的 14.23%；地方重点公益林面积 26.35 万 hm²，占生态公益林的 85.77%。

该区森林覆盖率 13.58%，低于山西生态脆弱区平均森林覆盖率约 4 个百分点。

宜林地 6.98 万 hm²，占林地面积的 21.99%，多数交通不便，立地条件差。

### （三）非木材资源

受气候寒冷等因素的影响，该区非木材林业资源较少，主要种类有京杏、苹果、梨、葡萄、山杏、盆花等，2006 年非木材林业产值为 1.57 亿元。

## 三、野生动植物资源、自然保护区、森林公园

（1）野生动植物资源：国家Ⅰ级重点保护珍稀动物有黑鹳，国家Ⅱ级重点保护动物 3 种；暂无国家珍稀保护植物。

（2）自然保护区：桑干河省级自然保护区、六棱山省级自然保护区总面积 4.00 万 hm²，占该区总面积的 5.82%。

（3）森林公园：云冈国家森林公园、桦林背省级森林公园总面积 2.60 万 hm²，占该区总面积的 3.78%。其中云冈国家森林公园，由于其核心世界文化遗产的对外影响广泛，发展潜力很大。

## 四、生态区位、生产力级数和木材供给能力潜力分析

### （一）生态区位

该区为大同市市政府所在地，影响区域的主要生态因子有沙化、荒漠化、河流、水土流失、自然保护区等，经生态区位重要性指标综合评判，该区生态区位综合评价为"重要"，生态敏感性处于"亚脆弱"，详见表 6—6。

表 6—6  大同盆地生态脆弱区生态区位等级划分表

| 分县 | 主要河流 | | 自然保护区 | | 水土流失区 | | 荒漠化区 | | 沙化区 | | 综合生态区位等级 |
|---|---|---|---|---|---|---|---|---|---|---|---|
| | 名称 | 生态区位等级 | 名称与级别 | 生态区位等级 | 土壤侵蚀模数 (t/km²·a) | 生态区位等级 | 面积占（%） | 生态区位等级 | 面积占（%） | 生态区位等级 | |
| 天镇县 | 桑干河 | 重要 | 桑干河 省级 | 较重要 | 500～5000 | 较重要 | 94.84 | 重要 | 11.57 | 一般 | 重要 |
| 阳高县 | 桑干河 | 重要 | 桑干河，省级 六棱山 省级 | 较重要 | 500～5000 | 较重要 | 73.67 | 重要 | 18.7 | 一般 | 重要 |
| 新荣区 | 桑干河 | 重要 | 桑干河 省级 | 较重要 | 500～5000 | 较重要 | 52.8 | 重要 | 33.53 | 重要 | 重要 |
| 南郊区 | 桑干河 | 重要 | | | 500～5000 | 较重要 | | | | | 重要 |
| 大同城区 | 桑干河 | 重要 | | | 500～5000 | 较重要 | | | | | 重要 |
| 大同矿区 | 桑干河 | 重要 | | | 500～5000 | 较重要 | | | | | 重要 |
| 大同县 | 桑干河 | 重要 | 桑干河 省级 | 较重要 | 500～5000 | 较重要 | 68.64 | 重要 | 25.24 | 较重要 | 重要 |

### （二）生产力级数

（1）现实森林生产力级数：除阳高县、大同县的生产力级数为 5 外，其余 5 个县——天镇县、新荣县、大同南郊区、大同城区、大同矿区的生产力级数均为 4，各县（区）生产力级数低且接近。

（2）期望森林生产力级数：大同南郊区、大同县的期望生产力级数为 13，大同城区、大同矿区的生产力级数为 5，其余 3 个县——天镇县、阳高县、新荣县的期望生产力级数相差较大。该地区各县（区）的期望森林生产力级数离差较大，森林生产力总体发展潜力较大，详见表 6—7。

表 6—7　大同盆地生态脆弱区现实、期望生产力级数表

| 生产力级数　　　分县 | 天镇县 | 阳高县 | 新荣区 | 南郊区 | 大同城区 | 大同矿区 | 大同县 |
|---|---|---|---|---|---|---|---|
| 现实生产力级数 | 4 | 5 | 4 | 4 | 4 | 4 | 5 |
| 期望生产力级数 | 15 | 22 | 9 | 13 | 5 | 5 | 13 |

### （三）木材供需分析

按照木材采伐量小于林木生长量的总原则，对用材林、四旁树和部分防护林进行合理抚育采伐。该区现有用材林蓄积量 5.03 万 $m^3$，四旁树蓄积量 9.48 万 $m^3$。按年平均林木生长率 6.5%，综合木材出材率 50.7% 计算，则该区年可生产商品材 0.48 万 $m^3$、非商品材 0.62 万 $m^3$，再加上防护林抚育间伐 1.97 万 $m^3$，2006 年可供木材为 3.07 万 $m^3$。而该区总人口为 211.3 万人，按年人均需要木材 0.2 $m^3$ 测算，该区年预计需木材 42.26 万 $m^3$，因此木材需求缺口很大。

该区属大同盆地，平川区比重较大，重工业发达，人口稠密，生态环境压力较大，应以环境保护为主。可适度调整林种比例，积极发展四旁树，同时对防护林进行科学合理的抚育间伐。到 2015 年可供木材达到 8.14 万 $m^3$，到 2020 年可供木材达到 9.73 万 $m^3$（详见表 6—8），但远不能满足该区经济社会发展的需求。

## 五、林业产业

2006 年该区林业产业总产值达 2.72 亿元，其中第一产业 2.10 亿元，占总产值的 77.21%；第二产业 0.46 亿元，占总产值的 16.91%；第三产业 0.16 亿元，占总产值的 5.88%，林业产业产值在山西生态脆弱区靠后。区内无大型林业企业，在中小型林业企业中，有第一产业企业 35 家，第二产业企业 12 家，第三产业企业 7 家。林业产业中第二、三产业发展滞后，主要林业产业是林木的培育和种植、经济林产品的种植与采集。

## 六、发展目标及建设布局

### (一) 发展目标

以生态建设为主，发挥和提升林业的多重功能，不断满足社会对林业的多样化需求。由于自然条件恶劣，森林覆盖率低等原因，该区以防风固沙、环境保护、矿区植被恢复、水土保持、封山育林为建设重点，实施好京津风沙源治理和首都水资源等工程，努力改善人居环境，详见表6-8。

表6-8 大同盆地生态脆弱区林业主要发展目标指标表

| 年 度 | 有林地 | 灌木林 | 特灌林 | 森林覆盖率 | 林木绿化率 | 活立木蓄积 | 向社会提供木材 | 林业产值 |
| --- | --- | --- | --- | --- | --- | --- | --- | --- |
| | hm² | hm² | hm² | % | % | 万m³ | 万m³ | 亿元 |
| 2015年 | 108388 | 31588 | 27900 | 19.83 | 21.43 | 168.14 | 8.14 | 8.43 |
| 2020年 | 130120 | 35528 | 29995 | 23.30 | 25.31 | 179.70 | 9.73 | 14.13 |

到2015年，区域森林覆盖率达到19.83%；到2020年，区域森林覆盖率达到23.30%。

到2015年，区域林业产业总产值达到8.43亿元；到2020年，区域林业产业总产值达到14.13亿元。

### (二) 建设布局

#### 1. 生态建设布局

该区以生态建设为主，同时兼顾社会对林业的多种需求。从民居环境入手，更好地适应新形势发展，最大限度地满足人民群众对改善生态环境的迫切要求，使林业生态建设成效尽早造福于人民。略微向下调整地方生态公益林的比重，到2020年将生态公益林面积调整为25.03万hm²左右，生态公益林与商品林比例为8:2。新增建设为：

(1) 新造林7.17万hm²，其中人工造林4.49万hm²、封山育林2.68万hm²；使林地利用率达到41.18%；

(2) 通道绿化2547km；

(3) 退化林分修复5.59万hm²，其中老残林带更新3.44万hm²、低效林改造2.15万hm²；

(4) 中幼林抚育4.30万hm²，其中中龄林抚育1.03万hm²、幼龄林抚育3.27万hm²；

(5) 现有林管护5.74万hm²，其中集中管护4.02万hm²、承包管护1.72万hm²；

(6) 新农村绿化768个，其中生态防护型237个、生态经济型370个、生态景观型 161 个；

（7）自然保护区（包括湿地）6 个，其中省级 4 个、市县级 2 个。

**2. 工业原料、生物质能源林布局**

落实国家产业政策，积极发展生物质能源林，到 2020 年新发展 2.80 万 hm² 抗性强、生长好的工业原料林和生物质能源林。

**3. 特色经济林布局**

把特色经济林的经济效益与生态效益紧密结合起来，调动群众经营特色经济林的积极性，使农民从经济林中得到实际利益。正确引导，科学规划，到 2020 年新增经济林 2.77 万 hm²，其中果树林 2.52 万 hm²、药材林 0.15 万 hm²、油料林 0.10 万 hm²。

**4. 林业产业基地、花卉苗木及种苗基地建设布局**

到 2020 年，该区共建设林业产业基地 52 个，花卉苗木基地 24 个，林木种苗基地 17 个，计面积 5000hm²，充分发挥产业基地的科技示范和带动作用。

**5. 用材林建设布局**

到 2020 年，新发展或改造防风固沙用材林 0.20 万 hm²。

**6. 生态旅游建设布局**

面向城镇居民，加快身边增绿步伐，利用和改善生态环境，广泛宣传环境友好型旅游理念，倡导资源节约型旅游经营方式，满足不断升级的旅游消费新风尚，以城镇森林公园建设为重点，把生态旅游建设成为可持续发展的绿色产业。

到 2020 年，新建城镇森林公园（包括湿地）14 个，其中生态休闲型 7 个、生态观光型 7 个。

## 七、治理技术思路

### （一）经营措施

（1）通过封山育林、低产低效林改造，在人工"小老树"杨树林下，更新樟子松、油松和柠条等。对平川残次林带进行改造更新。对现有未成林进行补植、补种，加强管护抚育，尽量形成乔灌、针阔天然混交林分。

（2）生态优先，对生态公益林实行重点管护，加强中幼林抚育，提高林分质量和生长量。建立符合实际、可持续发展的经营模式，提高经营管理水平。

（3）将城郊环境保护林和矿区植被恢复作为林业生态建设的重点之一。

### （二）科技需求

（1）杨树伐桩更新、风沙区抗逆树种繁育及造林技术；

（2）林木病虫害、鼠害、兔害防治技术；

（3）平原林业高效经营和农田林网营造技术；

（4）沙棘、柠条等灌木的经济利用加工技术，饲料林培育与加工技术；

（5）低质低效人工林改造技术；

（6）盐碱地综合治理技术。

### （三）政策建议

（1）工程造林与群众造林相结合。工程造林要按工程的合理造价给予投资，实行规划、实施、检查一条龙管理；群众造林可按照以下步骤进行：申请造林地点、主管部门批准、设计部门搞设计、造林、造林者申报、主管部门核实、给予造林补助、发放林权证，林权由造林者和原地权所有者各占一半。

（2）继续加大京津风沙源工程的治理力度，充分利用封山育林手段恢复植被，做好禁牧和生态移民工作。对新造的未成林地补植、补种，加强抚育，将新造林的补植补种费用纳入投资体系，确保造林任务的完成和生态效果；生物措施与机械工程相结合，人工治理与自然恢复相结合，生态效益与经济效益相结合，培育发展沙产业，取得沙化治理的多重效益。

（3）身边增绿，重视平川地区农田林网、环城林带建设和村庄绿化，绿化与美化相结合，改善人居环境。

（4）对于商品林和四旁树，建立科学合理的采伐、更新机制，做到越采越多，越采越好，将造林、采伐、更新驶入良性轨道。

（5）鼓励企业开发利用柠条资源，生产纤维板、饲料等，变资源优势为经济优势，促进区域经济发展。加快森林及林产品认证步伐，扶持一批林业龙头企业，强化林产品标准化建设和市场监管。

## 八、主要绿化治理模式

### （一）杜松＋沙棘混交防风固沙模式（模式1）

**1. 适宜条件**

杜松、沙棘适于风沙区，年均气温 6～7℃，无霜期 120d，阳坡，坡度＜35°，年均降水量 400mm 以上的地区营造，其垂直分布在海拔 1000～2000m。主要土壤为沙化土、栗钙土，土层厚度＞35cm。

**2. 主要技术措施**

（1）树种选择：杜松苗龄：2a 生苗，苗高：30～40cm；沙棘苗龄：2a 生苗。

（2）整地：一般采用鱼鳞坑整地或穴状整地，品字形排列。穴状整地规格：

杜松为 60cm×60cm×40cm，沙棘为 40cm×40cm×30cm。在造林前一年雨季之前进行整地效果最佳。

（3）造林方式：植苗造林，春、秋季栽植为宜。杜松、沙棘造林株行距为 2.0m×2.0m，密度为 2500 株/hm²。

混交方式以带状、行间混交为宜，混交面积比例按 1∶1 配置。

（4）抚育管理：造林后 3 年内，进行中耕除草、整穴等工作。第三年后每年秋季收获沙棘果。

**3. 模式评价与推广**

杜松与沙棘混交林适宜在风沙较大，土壤瘠薄的北部地区栽植，杜松深根性、主侧根发达，幼龄期生长较快，喜光、耐干旱、抗寒冷，适应多种气候条件。选择耐旱、耐寒、耐瘠薄、经济价值较高的沙棘与之混交搭配是一种科学经营模式。

该模式适宜在沙区、黄土丘陵，年均温度 6℃以上，年均降水量 400mm 以上区域推广。

**（二）樟子松＋柠条混交防风固沙模式**（模式 2）

**1. 适宜条件**

樟子松、柠条适于年均气温 7～10℃，阳坡、半阳坡，坡度<35°，年均降水量 350～600mm 的地区营造，其垂直分布在海拔 700～1400m。主要土壤为栗钙土、沙化土，土层厚度>35cm。

**2. 主要技术措施**

（1）树种选择：樟子松苗龄：3a 生苗，苗高：25～35cm；柠条苗为 1a 生苗。

（2）整地：一般采用穴状整地，陡坡采用鱼鳞坑整地。穴状整地规格：60cm×60cm×40cm，品字形排列，前一年雨季或秋季整地效果最佳。

（3）造林方式：春、秋季栽植。樟子松与柠条混交的造林株行距为 2.0m×2.0m，密度 2500 株/hm²。

混交方式以带状混交为宜，混交面积比例按 1∶1 配置。

（4）抚育管理：造林后 3 年内，进行中耕除草、整穴、病虫害防治等工作。柠条在每年 5 月中旬与 7、8 月中旬割取嫩枝、嫩叶做饲料。

**3. 模式评价与推广**

适宜在晋西北水资源贫乏、冬春干旱持续时间长、造林难度大的地区栽植。柠条的枝叶是优良饲料，对牧业发展具有积极作用。

该模式适宜在风沙区、土石山、缓坡丘陵区，年平均温度7℃以上，年均降水量350mm以上区域推广。

### （三）樟子松＋新疆杨混交农田防护模式（模式3）

**1. 适宜条件**

樟子松、新疆杨适于在风沙区，年均气温6～7℃，无霜期120d左右，阳坡、半阳坡，坡度＜15°，年均降水量400mm以上地区营造，其垂直分布在海拔700～1200m。土壤主要为沙化土、栗钙土，土层厚度＞60cm。

**2. 主要技术措施**

（1）树种选择：樟子松苗龄：5a生苗，苗高H＞120cm；新疆杨苗D＞3cm。

（2）整地：整地方法随地形而异，平缓坡地一般采用穴状整地。整地规格：种植坑为80cm×80cm×60cm，品字形排列，前一年雨季或秋季整地效果最佳。

（3）造林方式：春、秋季栽植，樟子松与新疆杨造林株行距为2.0m×4.0m，密度1250株/hm²。

混交方式以行间、株间混交为宜，混交面积比例按1∶1配置。

（4）抚育管理：造林后3年内，进行灌溉、中耕除草、病虫害防治等工作。

**3. 模式评价与推广**

适宜在风沙区的平缓地带栽植，樟子松、新疆杨具有耐瘠薄、抗风沙的特性，生态效益显著。

该模式适宜在平川、盆地、缓坡丘陵等风沙区，年平均温度6℃以上，年均降水量400mm左右区域推广。

### （四）新疆杨＋紫花苜蓿林草复合模式（模式4）

**1. 适宜条件**

新疆杨与紫花苜蓿适宜在平缓地区，年均气温8～10℃，无霜期140～170d，坡度＜15°，年均降水量450mm以上的地区营造，其垂直分布在海拔700～1000m。土壤主要为栗钙土、风沙土，土层厚度＞60cm。

**2. 主要技术措施**

（1）树种选择：新疆杨苗高H：300cm，胸径D＞3cm；紫花苜蓿为种子。

（2）整地：一般采用穴状整地，品字形排列。新疆杨整地规格：80cm×80cm×70cm；紫花苜蓿全面整地，前一年雨季或秋季整地效果最佳。

（3）造林方式：春季栽植为宜。新疆杨株行距为2.0m×3.0m，密度833株/hm²；紫花苜蓿播种30kg/hm²。

混交方式以带状混交为宜，混交面积比例按1∶1配置。

（4）抚育管理：造林后 3 年内，进行灌溉、中耕除草、追肥、病虫害防治等工作。紫花苜蓿在每年 5 月中旬与 7、8 月中旬割取嫩枝、嫩叶做饲料。

### 3. 模式评价与推广

新疆杨具有耐瘠薄、盐碱，抗风沙的特性，生态适应性广，是山西主要造林树种之一；紫花苜蓿牛羊食口性好，生物量大，是优良的牧草。在北部风沙区以及河流的滩涂地带均可采用该模式。

该模式适宜在平川、缓坡丘陵区，年平均温度 8℃以上，年均降水量 450mm 以上区域推广。

### （五）柽柳＋紫穗槐混交抗盐碱模式（模式 5）

### 1. 适宜条件

柽柳与紫穗槐的混交林适宜在河滩地、盐碱地、沙化土地，年均气温 7～10℃，坡度＜15°，年均降水量 350～600mm 的地区发展，是一种很好的生态灌木林混交模式。其垂直分布在海拔 700～1300m。土壤主要为沙土、淤土、黏土、盐碱土，土层厚度＞35cm。

### 2. 主要技术措施

（1）树种选择：柽柳苗龄：2a 生苗，苗高 H＞40cm；紫穗槐 1a 生苗。

（2）整地：一般采用穴状整地。整地规格：50cm×50cm×40cm，品字形排列，前一年雨季或秋季整地效果最佳。

（3）造林方式：春季栽植。柽柳造林株行距为 2.0m×2.0m，密度 1667 株/hm²；紫穗槐为 1.0m×2.0m，密度 1667 株/hm²。

混交方式以带状、块状混交为宜，混交面积比例按 2∶1 配置。

（4）抚育管理：造林后 3 年内，进行中耕除草等工作。每年枝条收割两次，夏季沤绿肥，秋季搞编织。

### 3. 模式评价与推广

柽柳与紫穗槐均有较强的适应性，柽柳耐旱，耐水湿、盐碱，根系发达，具深根性，萌蘖力强，枝条可编制筐篮，枝叶还可供药用。紫穗槐的生态习性与柽柳相似，二者混交是一种较理想的生态经济林营造模式。

该模式适宜在河滩地、盐碱地、沙化土地，年平均温度 7℃以上，年均降水量 350mm 以上区域推广。

### （六）杏＋紫花苜蓿林草混交模式（模式 6）

### 1. 适宜条件

杏与紫花苜蓿林草混交适宜在平川、丘陵，年均气温 8～12℃，无霜期 140～

160d，阳坡、半阳坡，坡度＜25°，年均降水量 450mm 以上的地区发展，其垂直分布在海拔 700～1100m。土壤主要为沙壤土、栗钙土，土层厚度＞80cm。

**2. 主要技术措施**

（1）树种选择：杏苗龄：2a 生良种嫁接苗；紫花苜蓿为种子。

（2）整地：平缓坡地，一般采用水平阶、穴状整地。整地规格：杏为 70cm×70cm×70cm，紫花苜蓿为全面整地，前一年雨季或秋季整地效果最佳。

（3）造林方式：春季栽植为宜。杏造林株行距为 3.0m×4.0m，密度为 417 株/hm²。紫花苜蓿需种量为 30kg/hm²。

混交方式为杏树两行一带，带间套种紫花苜蓿，混交面积比例按 1∶1 配置。

（4）抚育管理：造林后进行中耕除草、追肥、修剪、病虫害防治等工作。紫花苜蓿在每年 5 月中旬与 7、8 月中旬割取嫩枝、嫩叶做饲料。

**3. 模式评价与推广**

杏耐旱、耐瘠薄，适应范围广，是重要的小果类果树，市场前景看好，可提高林地经济效益，增加农民收入；紫花苜蓿牛羊食口性好，生物量大，是优良牧草。该模式可以调整产业结构，综合效益显著。

该模式适宜在梯田、沟川地、垣地，年平均温度 8℃以上，年均降水量 450mm 以上区域推广。

**（七）新疆杨＋油松道路绿化模式**（模式 7）

**1. 适宜条件**

新疆杨与油松适宜在道路两侧，年均气温 6～10℃，年均降水量 350～550mm 的地区发展，垂直分布在海拔 700～1300m。土壤主要为栗褐土、栗钙土，土层厚度＞60cm。

**2. 主要技术措施**

（1）树种选择：新疆杨苗高 H＞300cm，胸径 D＞5cm；油松苗高 H：150～200cm。

（2）整地：采用穴状整地，整地规格：80cm×80cm×80cm，品字形排列。

（3）造林方式：春季栽植。新疆杨造林株行距为 2.5m×5.0m，每行密度为 200 株/km；油松为 2.5m×5.0m，每行密度为 200 株/km。

混交方式为行间混交为宜，道路两侧各 3～6 行，从路面开始，依次为油松 1～2行，新疆杨 2～4 行。混交比例按行数 2∶1 配置。

（4）抚育管理：造林后 3 年内，进行灌溉、中耕除草、病虫害防治等工作。

**3. 模式评价与推广**

通道绿化是公路环境建设的主要内容，可与农田林网、荒山绿化相结合，形成防护林体系。

该模式适宜在寒冷地区乡村公路两侧进行推广。

**（八）樟子松＋沙棘混交防风固沙模式**（参见模式 10）

**（九）新疆杨滩涂地片林建设模式**（参见模式 16）

**（十）漳河柳河流护岸林建设模式**（参见模式 17）

# 第二节　晋西北丘陵水土保持、防风固沙综合治理区<br>林业生态建设

## 一、立地条件特征

晋西北丘陵水土保持、防风固沙综合治理区位于山西省的西北部，其西北与内蒙古自治区相邻，国土面积 89.24 万 hm²，占山西生态脆弱区总面积的 12.92％。地理坐标介于东经 111°20′～112°57′、北纬 39°1′～40°18′之间。区域范围包括大同市的左云县；朔州市的右玉县、平鲁区、山阴县（马营乡、玉井镇、吴马营乡）；忻州市的偏关县、神池县（烈堡乡、长畛乡、八角镇、大严备乡、东湖乡、贺职乡、龙泉镇、义井镇），计 6 个县（区），详见图 6－2。

在全国林业发展区划中，属于华北暖温带落叶阔叶林保护发展区（一级区）的燕山长城沿线防护林区（二级区）。

该区地貌以丘陵山地为主，自然条件差，森林资源缺乏，森林现实生产力级数低，荒漠化、沙化土地面积比重大，生态区位重要。

图 6－2　晋西北丘陵生态脆弱区在<br>山西省的位置示意图

### （一）湿地

2006 年该区湿地面积 7713hm²，占该区国土面积的 0.86％。以河流湿地为主，包括苍头河、桑干河流域等，详见表 6－9。

表6-9　晋西北丘陵生态脆弱区湿地类型面积按保护等级统计表　　单位：hm²

| 保护类型 | 湿地类型 | | | | |
|---|---|---|---|---|---|
| 级别 | 小计 | 河流湿地 | 湖泊湿地 | 沼泽湿地 | 人工湿地 |
| 省级 | 7713 | 7602 | 15 | 12 | 84 |

该区湿地全部为省级湿地，其中河流湿地占湿地总面积的98.56%，湖泊湿地占湿地总面积的0.19%，沼泽湿地占湿地总面积的0.16%，人工湿地占湿地总面积的1.09%。

## （二）沙化、荒漠化

2006年该区沙化土地面积29.40万hm²，占国土面积的32.94%，其中轻度沙化占沙化土地面积的90.54%，中度沙化占沙化土地面积的7.96%，重度沙化占沙化土地面积的1.50%，详见表6-10。

表6-10　晋西北丘陵生态脆弱区沙化土地面积统计表　　单位：hm²

| 沙化程度 分县 | 合计 | 非沙化土地 | 沙 化 土 地 | | | | |
|---|---|---|---|---|---|---|---|
| | | | 小计 | 轻度 | 中度 | 重度 | 极重度 |
| 合计 | 892399 | 598417 | 293982 | 266186 | 23395 | 4401 | |
| 左云县 | 129380 | 80532 | 37161 | 32915 | | 4246 | |
| 平鲁区 | 238102 | 135049 | 96753 | 94468 | 2285 | | |
| *山阴县 | 39403 | 39403 | | | | | |
| 右玉县 | 198978 | 128079 | 70899 | 70553 | 191 | 155 | |
| 偏关县 | 167606 | 127798 | 39808 | 37995 | 1813 | | |
| *神池县 | 125230 | 75870 | 49360 | 30254 | 19106 | | |

注：*表示为该县部分乡镇在此分区内。

2006年该区荒漠化土地面积9.35万hm²，占国土面积的10.48%，其中轻度荒漠化占荒漠化土地面积的38.99%，中度荒漠化占荒漠化土地面积的57.21%，重度荒漠化占荒漠化土地面积的3.80%，详见表6-11。

表6-11　晋西北丘陵生态脆弱区荒漠化土地面积统计表　　单位：hm²

| 荒漠化程度 分县 | 合计 | 非荒漠化土地 | 荒 漠 化 土 地 | | | | |
|---|---|---|---|---|---|---|---|
| | | | 小计 | 轻度 | 中度 | 重度 | 极重度 |
| 合计 | 892399 | 798885 | 93514 | 36461 | 53495 | 3558 | |
| 左云县 | 129380 | 121640 | 7740 | 5562 | 1657 | 521 | |
| 平鲁区 | 231802 | 222593 | 9209 | 7014 | 2195 | | |
| *山阴县 | 39403 | 25347 | 14056 | 1941 | 11220 | 895 | |
| 右玉县 | 198978 | 198978 | | | | | |
| 偏关县 | 167606 | 105095 | 62511 | 21946 | 38423 | 2142 | |
| *神池县 | 125230 | 125230 | | | | | |

注：*表示为该县部分乡镇在此分区内。

目前沙化、荒漠化土地生态治理已初见成效。

## 二、林业资源和非木材资源

### （一）区域林业重点工程

到 2006 年底，该区国家级造林工程完成 45.90 万 hm²，省级造林重点工程完成 0.12 万 hm²，利用外资林业工程累计完成 0.50 万 hm²。区域内国家、省级等林业重点工程完成情况，详见表 6-12。

表 6-12　晋西北丘陵生态脆弱区林业重点工程表

| 合计 | 国家林业重点工程 | | | | | | | 省级林业重点工程 | | | | | | | 外资项目 |
| | 小计 | 天保 | 退耕还林 | 京津风沙源 | 三北防护林 | 速丰产林 | 自然保护区建设 | 小计 | 通道（高速、国省道） | 沿线荒山造林 | 村镇绿化 | 矿区绿化 | 环城绿化 | 其他 | |
| 万 hm² | 万 hm² | 万 hm² | 万 hm² | 万 hm² | 万 hm² | 万 hm² | 万 hm² | 万 hm² | km | 万 hm² | 个 | 个 | 万 hm² | 万 hm² | 万 hm² |
| 46.53 | 45.91 | 5.92 | 7.07 | 4.42 | 22.58 | 0.01 | | 0.12 | 3061.4 | 0.06 | 205 | 75 | 0.06 | | 0.50 |

国家级造林工程是地区林业生态建设的主体。

### （二）林业资源

到 2006 年，该区林地面积 41.11 万 hm²，其中防护林面积 10.47 万 hm²，占林地面积的 25.48%；用材林面积 0.03 万 hm²，占林地面积的 0.07%；经济林面积 0.04 万 hm²，占林地面积的 0.09%；特用林面积 0.05 万 hm²，占林地面积的 0.12%。活立木蓄积 317.95 万 m³，详见表 6-13。

该区公益林 41.01 万 hm²，占林地面积 99.76%，其中国家公益林面积 17.37 万 hm²，占公益林面积 42.34%；地方公益林面积 23.64hm²，占公益林面积 57.66%。未成林造林地的管护和补造任务繁重。

该区森林覆盖率 12.60%，低于山西生态脆弱区平均森林覆盖率约 5 个百分点。

表 6-13　晋西北丘陵生态脆弱区林业资源表　　单位：hm²、m³、%

| 类别 | 林地面积 | 活立木蓄积 | 林种面积、蓄积 | | | | | 宜林地 | 其他林地 | 森林覆盖率 |
| | | | 防护林 | 用材林 | 经济林 | 特用林 | 薪炭林 | | | |
| 面积 | 411055 | | 104742 | 300 | 359 | 489 | | 110727 | 194438 | 12.60 |
| 蓄积 | | 3179515 | 2848604 | 5925 | | | | | 324986 | |

宜林地 11.07 万 hm²，占林地面积的 26.94%，多数交通不便，立地条件差。

### （三）非木材资源

受气候条件差等因子的影响，该区非木材林业资源种类较单一，主要有苹果、海红果、木本饲料等，2006 年非木材林业产值为 0.66 亿元。建设以沙棘为主的生态经济林、以柠条为主的木本饲料林基地，发展食用菌、山野菜等，鼓励当地企业、林业大户开发利用林木资源，健全和延长产业链，培植龙头企业带动地方非木材林业资源向特色化、深加工发展。

### 三、野生动植物资源、自然保护区、森林公园

该区只有一般野生动植物分布，暂无国家和省级自然保护区、森林公园。可利用现有的森林或苗圃，在城镇周边建立城郊森林公园。

### 四、生态区位、生产力级数和木材供给能力潜力分析

#### （一）生态区位

影响该区的主要生态因子有水土流失、荒漠化和沙化、河流、水库等，经综合分析各项生态重要性指标，区域生态区位综合评价为"重要"，生态敏感性处于"亚脆弱"。详见表 6-14。

表 6-14　晋西北丘陵生态脆弱区生态区位等级划分表

| 分区 | 主要河流 | | 自然保护区 | | 水土流失区 | | 荒漠化区 | | 沙化区 | | 综合生态区位等级 |
|---|---|---|---|---|---|---|---|---|---|---|---|
| | 名称 | 生态区位等级 | 名称与级别 | 生态区位等级 | 土壤侵蚀模数（t/km²·a） | 生态区位等级 | 面积占(%) | 生态区位等级 | 面积占(%) | 生态区位等级 | |
| 左云县 | 桑干河 | 重要 | | | 500～5000 | 较重要 | 5.98 | 一般 | 28.72 | 较重要 | 重要 |
| 右玉县 | 苍头河 | 重要 | | | 500～5000 | 较重要 | | | 35.63 | 重要 | 重要 |
| *山阴县 | 桑干河 | 重要 | | | 500～5000 | 较重要 | 35.67 | 重要 | | | 重要 |
| 平鲁区 | 桑干河 | 重要 | | | 500～5000 | 较重要 | 3.97 | 一般 | 41.74 | 重要 | 重要 |
| 偏关县 | 黄河、偏关河 | 重要 | | | ＞5000 | 重要 | 37.30 | 重要 | 23.75 | 较重要 | 重要 |
| *神池县 | 朱家川河 | 一般 | | | ＞5000 | 重要 | | | 39.42 | 重要 | 重要 |

注：＊表示该县部分乡镇在此分区内。

#### （二）生产力级数

（1）现实森林生产力级数：从现实森林生产力级数来看，除右玉县的生产力级数为 8 外，其余 4 个县：左云县、平鲁区、偏关县、神池县的生产力级数为 4～7，现实生产力级数普遍较低。

（2）期望森林生产力级数：从期望森林生产力级数来看，除偏关县的生产力

级数为 13 外，其余 4 个县：右玉县、左云县、平鲁县、神池县的生产力级数为 15～24，该区森林生产力发展潜力较大，详见表 6-15。

表 6-15　晋西北丘陵生态脆弱区现实、期望生产力级数表

| 分县<br>生产力级数 | 左云县 | 右玉县 | 平鲁区 | 偏关县 | 神池县 | 山阴县 |
|---|---|---|---|---|---|---|
| 现实生产力级数 | 4 | 8 | 7 | 4 | 7 | 6 |
| 期望生产力级数 | 17 | 24 | 15 | 13 | 19 | 13 |

### （三）木材供需分析

按照木材采伐量小于林木生长量的总原则，对用材林、四旁树和部分防护林进行合理采伐、抚育。该区现有用材林蓄积量 0.59 万 $m^3$，四旁树蓄积量 6.06 万 $m^3$。按年均生长率 6.5%，综合木材出材率 50.7% 计算，则年用材林、四旁树可供商品材 0.22 万 $m^3$、非商品材 0.99 万 $m^3$。再加上防护林抚育间伐 3.17 万 $m^3$，2006 年可供木材为 4.38 万 $m^3$。该区总人口为 72.20 万人，按年人均需 0.2$m^3$木材测算，该区年预计需木材 14.44 万 $m^3$，则木材缺口很大。

该区地处黄土高原边缘，水土流失严重，以生态治理为主，有林地绝大多数为生态公益林，因用材林比重很小，导致木材供应不足。根据期望森林生产力测算，该区应尽量提高木材的供应量，并对防护林进行科学合理抚育间伐。到 2015 年可向社会提供木材 17.34 万 $m^3$，到 2020 年可向社会提供木材 19.96 万 $m^3$，可逐步满足经济社会对木材的需求。

## 五、林业产业

2006 年，该区林业产业总产值为 2.00 亿元，其中第一产业 1.64 亿元，占总产值的 82.00%；第二产业 0.23 亿元，占总产值的 11.50%；第三产业 0.13 亿元，占总产值的 6.50%。该区林业产业发展相对滞后，无大型林业企业，在中、小型林业企业中，第一产业企业 33 家，第二产业企业 19 家，第三产业企业 8 家。主要林业产业类型为林木培育和种植、经济林产品种植与采集。

## 六、发展目标及建设布局

### （一）发展目标

坚持以水土保持、防风固沙、矿区植被恢复等生态建设为重点，在局部条件适宜地区发展特色经济林。在黄河流域丘陵水土流失严重区，建设水土保持林；

在植被条件良好、野生动物活动频繁的区域内建设地方自然保护区，详见表6-16。

表6-16　晋西北丘陵生态脆弱区林业主要发展目标指标表

| 年度 | 有林地 | 灌木林 | 特灌林 | 森林覆盖率 | 林木绿化率 | 活立木蓄积 | 向社会提供木材 | 林业产值 |
|---|---|---|---|---|---|---|---|---|
| | hm² | hm² | hm² | % | % | 万 m³ | 万 m³ | 亿元 |
| 2015 年 | 155061 | 115738 | 16675 | 19.24 | 30.66 | 368.69 | 17.34 | 6.18 |
| 2020 年 | 178665 | 154082 | 39997 | 24.50 | 37.61 | 394.06 | 19.96 | 10.37 |

到 2015 年，区域森林覆盖率达到 19.24%；到 2020 年，区域森林覆盖率达到 24.50%。

到 2015 年，区域林业产业总产值达到 6.18 亿元；到 2020 年，区域林业产业总产值达到 10.37 亿元。

### （二）建设布局

#### 1. 生态建设布局

该区以建设水土保持林和防风固沙林为主，同时要不断满足社会对林业的多种需要，略微向下调整地方生态公益林的比重。到 2020 年将生态公益林面积调整为 33.91 万 hm² 左右，生态公益林与商品林比例为 8:2。新增建设为：

（1）新造林 11.20 万 hm²，其中人工造林 7.12 万 hm²、封山育林 4.08 万 hm²；使林地利用率达到 43.46%；

（2）通道绿化 9184km；

（3）退化林分修复 3.84 万 hm²，其中老残林带更新 0.67 万 hm²、低效林改造 3.17 万 hm²；

（4）中幼林抚育 6.34 万 hm²，其中中龄林抚育 1.52 万 hm²、幼龄林抚育 4.82 万 hm²；

（5）现有林管护 8.46 万 hm²，其中集中管护 5.92 万 hm²、承包管护 2.54 万 hm²；

（6）新农村绿化 1085 个，其中生态防护型 335 个、生态经济型 522 个、生态景观型 228 个；

（7）自然保护区（包括湿地）5 个，其中省级 3 个、市县级 2 个。

#### 2. 工业原料、生物质能源林布局

落实国家产业政策，重点发展以柠条等为主的生物质能源林，到 2020 年新发展 2.40 万 hm² 工业原料林和生物质能源林。

### 3. 特色经济林布局

该区的特色经济林主要是果树林，发展苹果、沙棘等特色果品经济林和柠条等木本饲料林，积极引导，合理规划，到 2020 年新增经济林 0.83 万 hm²，其中果树林 0.66 万 hm²、药材林 0.11 万 hm²、油料林 0.06 万 hm²。

### 4. 林业产业基地、花卉苗木及种苗基地建设布局

到 2020 年，该区共建设林业产业基地 46 个，花卉苗木基地 22 个，林木种苗基地 16 个，计面积 4300hm²，充分发挥产业基地的科技示范和带动作用。

### 5. 用材林建设布局

到 2020 年，新发展或改造水土保持用材林 2.15 万 hm²。

### 6. 生态旅游建设布局

保护现有的森林资源，大量营造生态风景林，提高自然景观等级，在县城、重点乡镇周边建设城镇森林公园，发展生态旅游。

到 2020 年，新建城镇森林公园（包括湿地）10 个，其中生态休闲型 5 个、生态观光型 5 个。

## 七、治理技术思路

### （一）经营措施

（1）新造林郁闭后及时进行抚育，促使其早成林，形成乔灌、针阔天然混交林分，提高生态功能和防护效益。

（2）在人工"小老树"杨树林下，更新樟子松、油松、沙棘、柠条等，形成复层混交林。

（3）高度重视森林防火工作，加强森林病虫害防治。对新造林地、未成林造林地进行长期管护。

（4）人工造林与封山育林并重。对已封育成功的成林地，逐步实行轮牧制，以缓解林牧矛盾，保障贫困地区农民收入。

### （二）科技需求

（1）抗旱造林集成技术；

（2）林木病虫害、鼠害、兔害防治技术；

（3）植物生长调节剂、保水剂应用推广技术；

（4）主要乡土树种选种、育种、栽培技术；

（5）盐碱地和干石山区造林、矿区灾害立地植被恢复技术；

（6）风沙区抗逆树种繁育及造林技术；

（7）科技支撑、标准化示范和科技示范园区展示基地和林农培训现场。

### （三）政策建议

（1）落实好封山禁牧政策，增加饲舍建设投资，做好禁牧和生态移民工作，缓解林牧矛盾，更好地巩固生态建设成果。

（2）深化集体林权制度改革，调动社会造林积极性，实行多元化造林。

（3）将新造林补植、补种费用纳入投资体系，确保造林任务完成和治理成效。

（4）充分利用煤炭育林基金，统筹使用、突出重点，搞好矿区植被恢复工程和区域生态建设。

（5）实施好以水土保持林、防风固沙林为主的国家生态治理工程，实施黄土丘陵区沟、坡、梁、峁小流域综合治理。

（6）加大水土保持执法力度，制止各种破坏水土资源、地貌和植被的行为，保护生态环境。

（7）尽快成立山西省苍头河湿地自然保护区，保护好湿地生态系统。

（8）保护和扩大中国沙棘群落。

## 八、主要绿化治理模式

### （一）土石山区封山育林模式（模式8）

#### 1. 适宜条件

封山育林地适宜在疏林地、有散生木的宜林地、草灌植物生长的地块进行。通过封山，利用林草本身的自然繁殖能力，借助原生植物的天然下种、萌发，或通过人为手段，逐步培育和恢复森林植被。

#### 2. 主要技术措施

（1）全封：在封育初期（5～10年）禁止砍柴、割草、放牧、开荒种地等一切人为活动，完全依靠植物天然更新能力恢复植被和森林。

这种封山方式适用于裸岩在30％以上的山地，坡度35°以上的陡坡，土层厚度30cm以下的瘠薄山地以及水土流失严重、植被稀少的阳坡等。

（2）轮封：将封禁的山地有计划地分成几个轮封区，幼林形成后开禁，轮封间隔期3～5年。在开禁初期，要控制砍柴、割灌、放牧的强度，以不影响森林植物的恢复和生长为前提。

（3）封山后的育林技术：封禁后，为了尽快取得封山育林效果，要采取局部人工整地，为天然下种的种子发芽生根创造条件；同时在母树下种达不到的地方进行补植。

（4）封山育林地段的管护：封禁区的管护是封山育林成败的关键，必须建立健全护林组织，订立护林公约，树立标牌，开设防火线，设立护林点等。

**3. 模式评价与推广**

封山育林适宜在乔灌草稀疏分布的地区进行，采取封育措施可有效促进乔灌草自然繁衍，增加植被盖度，同时又可以克服纯林群落生态稳定性差、病虫害多的弊病。

**（二）油松＋天然灌木混交水土保持模式**（模式9）

**1. 适宜条件**

油松适宜在土石山区，年均气温 6～10℃，阴坡、半阴坡，坡度＜35°，年均降水量 350～550mm 的地区营造，其垂直分布在海拔 1000～1500m。土壤主要为棕壤、栗褐土，土层厚度＞35cm。

**2. 主要技术措施**

（1）树种选择：油松苗龄：2a 生容器苗，苗木 H：30～35cm，天然灌木盖度在 50％以上。

（2）整地：一般采用鱼鳞坑整地。整地规格：80cm×60cm×40cm，品字形排列，前一年雨季或秋季整地效果最佳。

（3）造林方式：春、秋季栽植。油松造林株行距为 2.0m×4.0m，密度为 1250 株/hm²。

混交方式为间隔 3 米的坡面内保留天然灌木植被，形成油松与天然灌木的混交林。

（4）抚育管理：造林后 2 年内，进行中耕除草、定株培育等工作。濒危植物和具有开发价值的优良灌木树种应重点保护、培育。

**3. 模式评价与推广**

天然灌木植被，其本身水源涵养、水土保持功效就很显著，再加上油松成林后的生态防护功能，使林分最终形成稳定、高效的人工—天然混交林。还可以间伐或择伐，利用油松木材，开发经济型灌木等。

该模式适宜在土石山区，天然灌木盖度在 50％以上，且生长状况良好，年均温度 6℃以上，年均降水量 350mm 以上区域推广。

## （三）樟子松＋沙棘混交防风固沙模式（模式10）

### 1. 适宜条件

樟子松与沙棘适宜在平川、缓坡丘陵，年均气温6～10℃，阴坡、阳坡，坡度＜35°，年均降水量350～500mm的地区营造，其垂直分布在海拔1000～1600m。土壤主要为沙化土、栗钙土，土层厚度＞35cm。

### 2. 主要技术措施

（1）树种选择：樟子松苗龄：2a生容器苗，苗高H：25～30cm；沙棘苗龄：2a生容器苗。

（2）整地：一般采用穴状整地。整地规格：樟子松为60cm×60cm×40cm，沙棘为40cm×40cm×30cm，品字形排列，前一年雨季或秋季整地效果最佳。

（3）造林方式：春、秋季栽植。樟子松、沙棘混交造林株行距为2.0m×2.0m，密度为2500株/hm²。

混交方式以带状混交为宜，混交面积比例按1∶1配置。

（4）抚育管理：造林后3年内，进行中耕除草、整穴等工作。秋季采收沙棘果。

### 3. 模式评价与推广

在立地条件差、土壤瘠薄、冻害严重的高寒地带，造林树种单一、经济效益低的北部地区栽植。沙棘耐旱、耐寒、耐瘠薄、经济价值较高。

该模式适宜在晋北风沙区、低山丘陵区，年平均温度6℃以上，年均降水量350mm以上区域推广。

## （四）新疆杨＋沙棘混交防风固沙模式（模式11）

### 1. 适宜条件

新疆杨与沙棘适宜在河漫滩、荒漠区、低山沟谷、低山丘陵区，年均气温7～10℃，无霜期130～150d，阳坡、半阳坡，坡度＜15°，年均降水量400mm以上的地区发展，垂直分布在海拔700～1200m。土壤主要为风沙土、栗钙土，土层厚度＞60cm。

### 2. 主要技术措施

（1）树种选择：新疆杨苗高H：300cm，胸径D＞3cm；沙棘苗龄：2a生容器苗，苗高H：30～40cm。

（2）整地：一般采用穴状整地。整地规格：新疆杨为80cm×80cm×60cm；沙棘为40cm×40cm×30cm，前一年雨季或秋季整地效果最佳。

（3）造林方式：春季栽植为宜。新疆杨造林株行距为 2.0m×3.0m，密度为 833 株/hm²；沙棘为 2.0m×2.0m，密度为 1250 株/hm²。

混交方式以带状混交为宜，混交面积比例按 1：1 配置。

（4）抚育管理：造林后 3 年内，进行中耕除草、整穴、病虫害防治等工作。每年秋季采收沙棘果。

### 3. 模式评价与推广

新疆杨与沙棘具有耐瘠薄、盐碱，抗风沙，适应性广等特性，新疆杨是山西主要造林树种之一，沙棘果具有很高的经济价值，新疆杨与沙棘混交，既可以增加生态效益，还可增加收入，提高农民造林积极性。

该模式适宜在黄土二级阶地、平缓地带，年平均温度 7℃以上，年均降水量 400mm 以上区域推广。

### （五）柠条＋山杏灌木饲料林建设模式（模式 12）

### 1. 适宜条件

柠条与山杏适宜在土石山区、黄土丘陵，年均气温 7～10℃，无霜期 110～130d，阳坡、半阳坡，坡度＜35°，年均降水量 350～500mm 的地区栽植，其垂直分布在海拔 700～1200m。土壤主要为沙化土、栗钙土，土层厚度＞35cm。

### 2. 主要技术措施

（1）树种选择：柠条苗龄：1a 生苗，苗高 H：30～40cm；山杏 2a 生苗，苗木地径 d＞1cm。

（2）整地：一般采用鱼鳞坑整地。整地规格：70cm×50cm×40cm，品字形排列，前一年雨季或秋季整地效果最佳。

（3）造林方式：春、秋季栽植。柠条、山杏混交的造林株行距为 2.0m×2.0m，密度为 2500 株/hm²。

混交方式以块状混交为宜，立地条件较好处种山杏。混交面积比例按 1：1 配置。

（4）抚育管理：造林后 3 年内，进行中耕除草、整穴等工作。

### 3. 模式评价与推广

柠条与山杏具有耐旱、耐寒、抗高温，造林易成活，兼有饲料型、经济型的优势，营造柠条与山杏混交林，不但可有效地改变恶劣的自然环境，减少水土流失，增强防风固沙的能力，而且还可以缓解农牧矛盾，增加农民收入，实现生态与经济双赢。

该模式适宜在中低山区，年均温度 7℃以上，年均降水量 350mm 以上区域推广。

### （六）白榆＋沙棘混交防风固沙模式（模式 13）

**1. 适宜条件**

白榆与沙棘适宜在河漫滩、荒漠区、低山沟谷、低山丘陵，年均气温 7～10℃，坡向不限，坡度＜35°，年均降水量 400mm 以上的地区营造，其垂直分布在海拔 700～1000m。土壤主要为风沙土、栗钙土，土层厚度＞60cm。

**2. 主要技术措施**

（1）树种选择：白榆苗龄：2a 生苗，苗木高 H＞40cm；沙棘苗龄：2a 生容器苗，苗高 H：30～40cm。

（2）整地：一般采用穴状整地。整地规格：白榆为 60cm×60cm×50cm，沙棘为 40cm×40cm×30cm，品字形排列，前一年雨季或秋季整地效果最佳。

（3）造林方式：春季栽植为宜。白榆、沙棘混交造林的株行距为 2.0m×2.0m，密度为 2500 株/hm²。

混交方式以带状混交为宜，混交面积比例按 1∶1 配置。

（4）抚育管理：造林后 3 年内，进行中耕除草、整穴、病虫害防治等工作。

**3. 模式评价与推广**

白榆、沙棘具有耐瘠薄、盐碱，抗风沙的特性，沙棘果具有很高的经济价值。二者混交，既可以增加生态效益，还可以增加农民收入，生态、经济效益良好。

该模式适宜在晋北平缓地带，年平均温度 7℃以上，年均降水量 400mm 以上区域推广。

### （七）杜松＋沙棘混交防风固沙模式（参见模式 1）

### （八）小叶杨＋樟子松混交防风固沙模式（参见模式 15）

### （九）柳树＋紫花苜蓿林草建设模式（参见模式 18）

### （十）新疆杨＋油松道路绿化模式（参见模式 7）

# 第三节　桑干河防风固沙、水土保持综合治理区
## 林业生态建设

## 一、立地条件特征

桑干河防风固沙、水土保持综合治理区位于山西省北部，国土面积 59.49 万 hm²，占山西生态脆弱区总面积的 8.61%。地理坐标介于东经 112°00′～113°46′、北纬 39°5′～39°57′之间。区域范围包括大同市的浑源县（驼峰乡、西坊城镇、西留乡、裴村乡、下韩乡、东坊城乡、永安镇、大磁窑镇）；朔州市的怀仁县、朔城区、山阴县（北周庄镇、下喇叭乡、合盛堡乡、岱岳乡、古城镇、安荣乡、薛库仑乡、马营庄乡、后所乡）、应县（藏寨乡、义井乡、大临河乡、金城镇、镇子梁乡、大黄巍乡、下社镇、南河种镇、杏寨乡），计 5 个县（区），详见图 6－3。

在全国林业发展区划中，属于华北暖温带落叶阔叶林保护发展区（一级区）的燕山长城沿线防护林区（二级区）。

图 6－3　桑干河生态脆弱区在
山西省的位置示意图

该区地貌以平川、丘陵山地为主，桑干河流经该区，自然条件恶劣，森林资源较少，森林生产力级数低，荒漠化面积、沙化面积比重大，生态区位重要。

### （一）湿地

该区湿地面积 5695hm²，占全区国土面积的 0.96%，主要以桑干河及其支流的河流湿地为主，详见表 6－17。

表 6－17　桑干河生态脆弱区湿地类型面积按保护等级统计表　　单位：hm²

| 保护类型 级别 | 湿地类型 | | | | |
|---|---|---|---|---|---|
| | 小计 | 河流湿地 | 湖泊湿地 | 沼泽湿地 | 人工湿地 |
| 省级 | 5695 | 4920 | 114 | 248 | 413 |

该区湿地全部为省级湿地，其中河流湿地占湿地总面积的 86.39%，湖泊湿地占湿地总面积的 2.01%，沼泽湿地占湿地总面积的 4.35%，人工湿地占湿

总面积的 7.25%。该区湿地保护对首都水资源安全十分重要。

### (二) 沙化、荒漠化

该区是山西省沙化、荒漠化的集中分布区域，处于国家京津风沙源治理工程范围。

该区沙化土地面积 16.09 万 hm²，占全区土地总面积的 27.05%，其中轻度沙化占沙化土地面积的 78.93%，中度沙化占沙化土地面积的 18.42%，重度沙化占沙化土地面积的 2.65%，详见表 6—18。

表 6—18　桑干河生态脆弱区沙化土地面积统计表　　单位：hm²

| 沙化程度 分区 | 合计 | 非沙化土地 | 沙 化 土 地 | | | | |
|---|---|---|---|---|---|---|---|
| | | | 小计 | 轻度 | 中度 | 重度 | 极重度 |
| 合计 | 594864 | 434009 | 160855 | 126967 | 29626 | 4262 | |
| 怀仁县 | 125434 | 103885 | 20248 | 20248 | | | |
| *山阴县 | 29383 | | 29383 | 21523 | 7474 | 386 | |
| 朔城区 | 176786 | 131228 | 45558 | 45558 | | | |
| *浑源县 | 58624 | 34639 | 23985 | 7739 | 12370 | 3876 | |
| *应县 | 109149 | 67468 | 41681 | 31899 | 9782 | | |

注：*表示该县部分乡镇在此分区内。

该区荒漠化土地面积 43.47 万 hm²，占全区土地总面积的 73.07%，其中轻度荒漠化占荒漠化土地面积的 90.30%，中度荒漠化占荒漠化土地面积的 9.53%，重度荒漠化占荒漠化土地面积的 0.18%，详见表 6—19。

表 6—19　桑干河生态脆弱区荒漠化土地面积统计表　　单位：hm²

| 荒漠化程度 分县 | 合计 | 非荒漠化土地 | 荒 漠 化 土 地 | | | | |
|---|---|---|---|---|---|---|---|
| | | | 小计 | 轻度 | 中度 | 重度 | 极重度 |
| 合计 | 594864 | 160189 | 434675 | 392492 | 41409 | 774 | |
| 怀仁县 | 124674 | 10282 | 114393 | 110156 | 4236 | | |
| *山阴县 | 101173 | 9175 | 91998 | 74422 | 16860 | 716 | |
| 朔城区 | 116434 | 14038 | 102396 | 85290 | 17106 | | |
| *浑源县 | 58624 | 17934 | 40690 | 40135 | 555 | | |
| *应县 | 109149 | 23951 | 8518 | 82488 | 2652 | 58 | |

注：*表示该县部分乡镇在此分区内。

国家实施"三北"防护林体系建设工程、京津风沙源治理工程以来，区域沙化、荒漠化程度呈明显下降趋势。

## 二、林业资源和非木材资源

### (一) 区域林业重点工程

到 2006 年底，该区国家级造林工程完成 11.00 万 hm²，省级造林重点工程完成 0.17 万 hm²，利用外资林业工程累计完成 0.29 万 hm²。区域内国家、省级等林业重点工程完成情况，详见表 6-20。

表 6-20　桑干河生态脆弱区林业重点工程表

| 合计 | 国家林业重点工程 | | | | | | | 省级林业重点工程 | | | | | | | 外资项目 |
|---|---|---|---|---|---|---|---|---|---|---|---|---|---|---|---|
| | 小计 | 天保 | 退耕还林 | 京津风沙源 | 三北防护林 | 速丰产林 | 自然保护区建设 | 小计 | 通道（高速、国省道） | 沿线荒山造林 | 村镇绿化 | 矿区绿化 | 环城绿化 | 其他 | |
| 万 hm² | 万 hm² | 万 hm² | 万 hm² | 万 hm² | 万 hm² | 万 hm² | 万 hm² | 万 hm² | km | 万 hm² | 个 | 个 | 万 hm² | 万 hm² | 万 hm² |
| 11.46 | 11.00 | | 1.83 | 8.04 | 0.57 | 0.56 | | 0.17 | 3394.9 | 0.09 | 183 | 113 | 0.08 | | 0.29 |

## （二）林业资源

到 2006 年底，该区林地面积 17.86 万 hm²，占国土面积的 30.02%，其中防护林面积 3.79 万 hm²，占林地面积的 21.22%；用材林面积 0.31 万 hm²，占林地面积的 1.74%；经济林面积 0.22 万 hm²，占林地面积的 1.23%；特用林面积 0.01 万 hm²，占林地面积的 0.05%。活立木蓄积 149.94 万 m³，详见表 6-21。

表 6-21　桑干河生态脆弱区林业资源表

单位：hm²、m³、%

| 类　别 | 林地面积 | 活立木蓄积 | 林种面积、蓄积 | | | | | 宜林地 | 其他林地 | 森林覆盖率 |
|---|---|---|---|---|---|---|---|---|---|---|
| | | | 防护林 | 用材林 | 经济林 | 特用林 | 薪炭林 | | | |
| 面积 | 178622 | | 37906 | 3100 | 2201 | 81 | | 35078 | 100256 | 10.81 |
| 蓄积 | | 1499399 | 1213082 | 131000 | | 469 | | | 154848 | |

该区共有生态公益林 17.33 万 hm²，占全区总面积 29.13%，占林地面积 97.00%，其中国家公益林面积 1.68 万 hm²，占全区公益林面积 9.71%；地方公益林面积 15.65hm²，占全区公益林面积 90.29%。

该区森林覆盖率 10.81%，低于山西生态脆弱区平均森林覆盖率约 7 个百分点。

宜林地 3.51 万 hm²，占林地面积的 19.64%，多数交通不便，立地条件差。

## （三）非木材资源

该区非木材林业资源种类单一，主要有苹果、杏、观赏苗木、木本饲料、陆生野生动物繁育利用等，2006 年非木材林业总产值为 0.45 亿元。

# 三、野生动植物资源、自然保护区、森林公园

该区无国家级保护野生植物；国家 I 级重点保护珍稀野生动物有黑鹳、金雕、金钱豹等，国家 II 级重点保护野生动物有鸳鸯等。

桑干河省级自然保护区、紫金山省级自然保护区总面积 4.18 万 hm²，占全区总面积的 7.03%。

暂无省级以上森林公园。

## 四、生态区位、生产力级数和木材供给能力潜力分析

### （一）生态区位

该区位于桑干河流域上中游，为朔州市市政府所在地，各县（区）全部为荒漠化、沙化县，分布有两个省级自然保护区，区域生态区位综合评价为"重要"，生态敏感性处于"亚稳定"，详见表 6—22。

表 6—22　桑干河生态脆弱区生态区位等级划分表

| 分县 | 主要河流 | | 自然保护区 | | 水土流失区 | | 荒漠化区 | | 沙化区 | | 综合生态区位等级 |
| | 名称 | 生态区位等级 | 名称与级别 | 生态区位等级 | 土壤侵蚀模数（t/km²·a） | 生态区位等级 | 面积占（%） | 生态区位等级 | 面积占（%） | 生态区位等级 | |
| --- | --- | --- | --- | --- | --- | --- | --- | --- | --- | --- | --- |
| 怀仁县 | 桑干河 | 重要 | 桑干河 省级 | 一般 | 500～5000 | 较重要 | 92.62 | 重要 | 16.39 | 一般 | 重要 |
| *山阴县 | 桑干河 | 重要 | 桑干河 省级 紫金山 省级 自然保护区 | 一般 | 500～5000 | 较重要 | 73.47 | 重要 | 23.47 | 较重要 | 重要 |
| 朔城区 | 桑干河 | 重要 | | | 500～5000 | 较重要 | 57.41 | 重要 | 25.54 | 较重要 | 重要 |
| *浑源县 | 浑河 | 一般 | | | 500～5000 | 较重要 | 69.41 | 重要 | 40.91 | 重要 | 重要 |
| *应县 | 桑干河 | 重要 | | | 500～5000 | 较重要 | 78.06 | 重要 | 38.19 | 重要 | 重要 |

注：＊表示该县部分乡镇在此分区内。

### （二）生产力级数

（1）现实森林生产力级数：从现实森林生产力级数看，该区的怀仁县、山阴县、朔城区、浑源县、应县的生产力级数为 5～7，现实生产力级数较低。

（2）期望森林生产力级数：从期望森林生产力级数看，除浑源县的期望生产力级数为 34 外，其余怀仁县、山阴县、朔城区、应县的生产力级数为 11～14，期望生产力级数接近，该区的森林生产力发展潜力较大，详见表 6—23。

表 6—23　桑干河生态脆弱区现实、期望生产力级数表

| 生产力级数＼分县 | 怀仁县 | 山阴县 | 朔城区 | 应县 | 浑源县 |
| --- | --- | --- | --- | --- | --- |
| 现实生产力级数 | 6 | 6 | 5 | 5 | 7 |
| 期望生产力级数 | 11 | 13 | 14 | 12 | 34 |

### （三）木材供需分析

按照木材采伐量小于林木生长量的总原则，对用材林、四旁树和部分防护林进行合理采伐、抚育。该区现有用材林蓄积量 13.10 万 m³，四旁树蓄积量 6.16

万 $m^3$。按年均生长率 6.5%，综合木材出材率 50.7% 计算，则用材林、四旁树年可供商品材 0.63 万 $m^3$、非商品材 0.36 万 $m^3$。再加上防护林抚育间伐 1.15 万 $m^3$，2006 年可供木材为 2.14 万 $m^3$。该区总人口为 111.7 万人，按年人均需要木材 0.2$m^3$ 测算，该区年预计需木材 22.34 万 $m^3$，木材缺口很大。

该区现木材供应能力严重不足，根据期望森林生产力测算，通过提高木材的供应量，积极发展四旁植树，同时对防护林进行科学合理抚育间伐。到 2010 年可向社会提供木材 5.16 万 $m^3$，到 2020 年可向社会提供木材 6.19 万 $m^3$，但仍远不能满足区域对木材的需求。

## 五、林业产业

2006 年该区林业产业总产值为 2.14 亿元。其中第一产业 1.80 亿元，占总产值的 84.11%；第二产业 0.21 亿元，占总产值的 9.81%；第三产业 0.13 亿元，占总产值的 6.08%。该区只有中、小型林业企业，其中第一产业企业 35 家，第二产业企业 9 家，第三产业企业 6 家。主要林业产业类型是林木的培育和种植、经济林产品的种植与采集。

## 六、发展目标及建设布局

### (一) 发展目标

针对风沙和水土流失危害等，对生态环境进行综合治理。在平川区及浅山丘陵区大力营造防风固沙林，形成以林带为主，结合片林和四旁树的防风固沙林体系；在桑干河支流的各流域建设水土保持林；山区封山育林和人工造林相结合，提高植被覆盖。在主风口设置林带，结合片林和四旁树，形成完整的防风固沙体系。可采用苗圃、环城、环镇、环村林带，沿河沿路林带和片林等形式，营造森林环境，建设以朔城区为核心的森林城市群，详见表 6—24。

表 6—24 桑干河生态脆弱区林业主要发展目标指标表

| 年 度 | 有林地 | 灌木林 | 特灌林 | 森林覆盖率 | 林木绿化率 | 活立木蓄积 | 向社会提供木材 | 林业产值 |
| | $hm^2$ | $hm^2$ | $hm^2$ | % | % | 万 $m^3$ | 万 $m^3$ | 亿元 |
| 2015 年 | 73632 | 34239 | 26701 | 16.87 | 19.30 | 173.87 | 5.16 | 6.62 |
| 2020 年 | 89525 | 37879 | 29754 | 20.05 | 22.77 | 185.83 | 6.19 | 11.11 |

到 2015 年，区域森林覆盖率达到 16.87%；到 2020 年，区域森林覆盖率达到 20.05%。

到 2015 年，区域林业产业总产值达到 6.62 亿元；到 2020 年，区域林业产业总产值达到 11.11 亿元。

161

### （二）建设布局

**1. 生态建设布局**

该区以生态建设为主，同时兼顾社会对林业的多种需求，略微向下调整地方生态公益林的比重，到 2020 年将生态公益林面积调整为 13.93 万 $hm^2$ 左右，生态公益林与商品林比例为 8∶2。新增建设为：

（1）新造林 3.65 万 $hm^2$，其中人工造林 2.25 万 $hm^2$、封山育林 1.40 万 $hm^2$；使林地利用率达到 50.11％。

（2）通道绿化 10185km；

（3）退化林分修复 3.36 万 $hm^2$，其中老残林带更新 2.08 万 $hm^2$、低效林改造 1.28 万 $hm^2$；

（4）中幼林抚育 2.57 万 $hm^2$，其中中龄林抚育 0.62 万 $hm^2$、幼龄林抚育 1.95 万 $hm^2$；

（5）现有林管护 3.42 万 $hm^2$，其中集中管护 2.39 万 $hm^2$、承包管护 1.03 万 $hm^2$；

（6）新农村绿化 969 个，其中生态防护型 299 个、生态经济型 467 个、生态景观型 203 个；

（7）自然保护区（包括湿地）5 个，其中省级 3 个、市县级 2 个。

**2. 工业原料、生物质能源林布局**

将林业生物质能源建设列为该区林产工业发展新的经济增长点，重点发展以柠条等为主的生物质能源林。到 2020 年新发展 2.00 万 $hm^2$ 工业原料林和生物质能源林。

**3. 特色经济林布局**

该区特色经济林建设主要以果树林和药材林为主，正确引导，合理规划，到 2020 年新增经济林 1.63 万 $hm^2$，其中果树林 1.31 万 $hm^2$、药材林 0.23 万 $hm^2$、油料林 0.09 万 $hm^2$。扶持建设果品加工企业，提高林副产品的附加值，扩大社会就业，增加农民收入，促进当地经济发展。

**4. 林业产业基地、花卉苗木及种苗基地建设布局**

到 2020 年，该区共建设林业产业基地 40 个，花卉苗木基地 20 个，林木种苗基地 15 个，总计面积 3500$hm^2$，充分发挥产业基地的科技示范和带动作用。

**5. 用材林建设布局**

到 2020 年，新发展或改造水土保持用材林 0.20 万 $hm^2$。

**6. 生态旅游建设布局**

利用城郊现有森林或苗圃，建立面向城镇居民的森林公园；以人文景点为核心，加大周边林业生态的建设力度，满足不断升级的旅游消费新风尚，把生态旅游业建设成为可持续发展的绿色产业。

到 2020 年，新建城镇森林公园（包括湿地）12 个，其中生态休闲型 6 个、生态观光型 6 个。

## 七、治理技术思路

### （一）经营措施

（1）加强对退化林分的修复，对低效林和残破林带进行改造更新。在人工"小老树"杨树林下，更新樟子松、油松和柠条等，形成混交林。

（2）发挥灌木和草地的生态作用，可林草结合，既创造生态效益，又能为当地农民提供牧草，解决封山禁牧后的牧草来源，促进生态畜牧经济区建设。

（3）加强对干旱、雪压等自然灾害的灾后治理以及对兔、鼠、虫害的防治工作。

（4）选育抗性植物，生物措施与工程措施相结合，对桑干河两岸的盐碱地进行综合整治。

### （二）科技需求

（1）植物生长调节剂、保水剂、植物蒸腾抑制剂的应用推广技术及抗旱造林集成技术；

（2）主要乡土树种选种、育种、栽培技术；

（3）饲料林培育与加工，林牧兼用灌木品种的培育和利用技术；

（4）有害生物防控、林木病虫害、鼠害、兔害防治技术；

（5）杨树伐桩更新、风沙区抗逆树种繁育及造林技术；

（6）低质低效人工林改造技术。

### （三）政策建议

（1）实现依法治林，深化集体林权制度改革，调动各种积极因素，实行多元化造林。四旁树和农田林网要积极落实林权、树权到户到人，列支专项管护费用；建立健全林带、林网更新采伐制度，调动农民植树、爱树的积极性。对农田林网采取统一规划，分户实施，树随地走。建网费用财政支付，每年按保存株数支付树木管护费，并逐年按比例增加，鼓励建设和保护农田防护林网。

通道绿化可参照农田防护林网管护办法执行。

（2）实施好以防风固沙林、水土保持林为主的国家生态治理工程，特别是京津风沙源工程和黄土丘陵区小流域治理工程。加强平川地区农田林网、环城林带建设和村庄绿化。乔、灌、草相结合，提高林木覆盖率。

（3）充分利用封山育林手段恢复植被，做好禁牧和生态移民工作。对未成林地补植、补种，加强抚育。

（4）湿地保护、恢复并举，现有生态环境较好的湿地要加强保护；对生态环境恶化和生态功能退化的湿地，要针对性地采取治理、恢复和修复措施，逐步恢复湿地的原有结构和功能。

（5）建立山西省东榆林水鸟自然保护站（山阴县）；对应县镇子梁水库湿地进行保护。加强对野生动植物资源和栖息地环境的保护。

（6）制定优惠措施，引进国内外优质、速生和抗性强的优良树种和品种，积极开展抗逆（抗盐碱、抗旱、抗病虫）植物材料的选择利用，加速盐碱荒滩地的治理和改造。

（7）生态效益与经济效益相结合，培育发展沙产业，取得沙化治理的多重效益。

## 八、主要绿化治理模式

### （一）樟子松沙地造林模式（模式 14）

**1. 适宜条件**

樟子松适宜在低山丘陵、风沙区，年均气温 6～10℃，阴坡、阳坡，坡度＜35°，年均降水量 350～500mm 的地区，其垂直分布在海拔 700～1300m。土壤主要为沙化土、栗钙土，土层厚度＞30cm。

**2. 主要技术措施**

（1）树种选择：樟子松苗龄：3a 生容器苗，苗高 H：30～35cm。

（2）整地：一般采用穴状整地。整地规格：60cm×60cm×40cm。品字形排列，前一年雨季或秋季整地效果最佳。

（3）造林方式：春、秋季栽植。樟子松造林株行距为 2.0m×2.0m，密度为 2500 株/hm²。

（4）抚育管理：造林后 3 年内，进行中耕除草、整穴等工作。

**3. 模式评价与推广**

樟子松具有耐干旱、耐瘠薄，抗风沙、根系发达的特性，生态效益良好。

该模式适宜在晋北沙化区，年平均温度 6℃以上，年均降水量 400mm 左右区域推广。

### （二）小叶杨＋樟子松混交防风固沙模式（模式 15）

**1. 适宜条件**

小叶杨与樟子松适宜在低山沟谷、风沙区、丘陵区，年均气温 6～10℃，无霜期 130～140d, 阴坡、阳坡, 坡度<25°, 年均降水量 400mm 左右的地区营造, 其垂直分布在海拔 700～1000m。土壤主要为沙化土、栗钙土, 土层厚度 >60cm。

**2. 主要技术措施**

(1) 树种选择: 小叶杨苗龄: 2a 生苗, 苗木规格为 D>2cm; 樟子松苗龄: 3a 生容器苗, 苗高 H: 30～35cm。

(2) 整地: 一般采用穴状整地, 品字形排列。整地规格: 小叶杨为 60cm× 60cm×50cm, 樟子松为 50cm×50cm×40cm, 前一年雨季或秋季整地效果最佳。

(3) 造林方式: 春、秋季栽植。小叶杨造林株行距为 2.0m×3.0m, 密度为 833 株/hm²; 樟子松为 2.0m×2.0m, 密度为 1250 株/hm²。

混交方式以带状混交为宜, 混交面积比例按 1:1 配置。

(4) 抚育管理: 造林后 3 年内, 进行中耕除草、整穴、病虫害防治等工作。

**3. 模式评价与推广**

樟子松在晋北地区引种成功已有几十年历史, 小叶杨、樟子松都具有耐旱、耐瘠薄、抗风沙的特性, 造林易成活, 是晋北风沙区防风固沙与水土保持理想的造林模式, 生态效益显著。

该模式适宜在低海拔丘陵区, 年均温度 6℃以上, 年均降水量 400mm 左右区域推广。

**(三) 新疆杨滩涂地片林建设模式** (模式 16)

**1. 适宜条件**

新疆杨适宜在河漫滩、低山沟谷, 年均气温 7～10℃, 无霜期 130～140d, 坡度<10°, 年均降水量 450mm 以上的地区营造, 其垂直分布在海拔 700～1000m。土壤主要为沙壤、中性或微碱性土, 土层厚度>60cm。

**2. 主要技术措施**

(1) 树种选择: 新疆杨苗龄: 2a 生苗, 苗木 D>3cm。

(2) 整地: 采用穴状整地, 整地规格: 80cm×80cm×60cm, 品字形排列, 前一年雨季或秋季整地效果最佳。

(3) 造林方式: 春季栽植为宜。新疆杨造林株行距为 3.0m×4.0m, 密度为 833 株/hm²。

(4) 抚育管理: 造林后 3 年内, 进行灌溉、整穴、病虫害防治等工作。

**3. 模式评价与推广**

新疆杨具有耐瘠薄、盐碱, 抗风沙、生态适应性广的特性, 又是很好的纸浆材，且农田防护效益较高，在水肥条件好的平川地区应用。该模式造林易成活，见效快，生态、经济效益良好。

该模式适宜在河流沿岸、滩涂地，年均温度 7℃ 以上，年均降水量 450mm 以上区域推广。

### （四）漳河柳河流护岸林建设模式（模式 17）

**1. 适宜条件**

漳河柳适宜在河漫滩、河岸、干渠、水库边，年均气温 8～10℃，坡度＜15°，年均降水量 450mm 以上的地区营造，其垂直分布在海拔 700～1000m。土壤主要为沙土、淤土、黏土、盐碱土，土层厚度＞60cm。

**2. 主要技术措施**

（1）树种选择：漳河柳苗龄：2a 生苗，苗木规格为 D＞2cm。

（2）整地：一般采用穴状整地。整地规格：70cm×70cm×60cm，品字形排列，前一年雨季或秋季整地效果最佳。

（3）造林方式：春季栽植为宜。漳河柳造林株行距为 3.0m×4.0m，密度为 833 株/hm²。

（4）抚育管理：造林后 3 年内，进行灌溉、修枝、病虫害防治等工作。

**3. 模式评价与推广**

漳河柳喜水湿、喜光、速生、耐寒，适应性强。造林易成活，见效快，还有改良土壤的作用。

该模式适宜在河岸、干渠、水库等地，年均温度 8℃ 以上，年均降水量 450mm 以上区域推广。

### （五）柳树＋紫花苜蓿林草建设模式（模式 18）

**1. 适宜条件**

柳树与紫花苜蓿适宜在河岸、干渠、水库、平川区，年均气温 7～9℃，坡度＜15°，年均降水量 450mm 以上的地区营造，其垂直分布在海拔 700～1200m。土壤主要为沙壤土、黏壤土、淤土，土层厚度＞60cm。

**2. 主要技术措施**

（1）树种选择：柳树苗龄：2a 生苗，苗木规格为 D＞2cm；紫花苜蓿为种子。

（2）整地：采用穴状整地，品字形排列。整地规格：柳树为 70cm×70cm×60cm，紫花苜蓿为全面整地，前一年雨季或秋季整地效果最佳。

（3）造林方式：春季栽植为宜。柳树造林株行距为 3.0m×4.0m，密度为

417株/hm²。带间套种紫花苜蓿，紫花苜蓿需种量为30kg/hm²。

混交方式以带状混交为宜，混交面积比例按1∶1配置。

（4）抚育管理：造林后3年内，进行灌溉、中耕除草、病虫害防治等工作。紫花苜蓿在每年5月中旬与7、8月中旬割取嫩枝、嫩叶做饲料。

**3. 模式评价与推广**

柳树具有喜光、速生、耐寒、适应性强、抗风沙的特性，生态适应性广；紫花苜蓿牛羊食口性好，生物量大，是优良的牧草。

该模式适宜在河岸、干渠、水库、丘陵区低谷地带，年平均温度7℃以上，年均降水量450mm以上区域推广。

**（六）新疆杨＋樟子松道路绿化模式**（模式19）

**1. 适宜条件**

新疆杨与樟子松适宜在道路两侧，年均气温6～10℃，无霜期130～140d，坡度＜15°，年均降水量450mm以上的地区营造，其垂直分布在海拔700～1000m。土壤主要为沙化土、栗钙土，土层厚度＞60cm。

**2. 主要技术措施**

（1）树种选择：新疆杨苗高H＞300cm，胸径D＞5cm；樟子松苗高H：150～200cm。

（2）整地：采用穴状整地。整地规格：80cm×80cm×60cm，品字形排列，前一年雨季或秋季整地效果最佳。

（3）造林方式：春季栽植为宜。新疆杨造林株行距为2.5m×5.0m，每行密度为200株/km；樟子松为2.5m×5.0m，每行密度为200株/km。

混交方式以行间混交为宜，道路两侧各3～6行。从路面开始，依次为樟子松1～2行，新疆杨2～4行。混交比例按行数2∶1配置。

（4）抚育管理：造林后3年内，进行灌溉、中耕除草、病虫害防治等工作。

**3. 模式评价与推广**

通道绿化是公路环境建设的主要内容，新疆杨与樟子松具有耐瘠薄、易成活的特性，生态效益显著，适宜在道路两侧栽植，可与农田林网、荒山绿化相结合，形成防护林体系。

该模式适宜在乡村道路两侧，年平均温度6℃以上，年均降水量450mm以上区域推广。

**（七）樟子松＋新疆杨混交农田防护模式**（参见模式3）

**（八）柽柳＋紫穗槐混交抗盐碱模式**（参见模式5）

（九）新疆杨＋沙棘混交防风固沙模式（参见模式11）

（十）土石山区封山育林模式（参见模式8）

## 第四节　恒山土石山水源涵养、风景林区林业生态建设

### 一、立地条件特征

恒山土石山水源涵养、风景林区位于山西省的东北部，其东部与河北省相邻，国土面积59.04万hm²，占山西生态脆弱区总面积的8.55％。地理坐标介于东经113°03′～114°33′、北纬39°2′～39°55′之间，区域范围包括大同市的广灵县、灵丘县、浑源县（大仁庄乡、沙圪坨镇、吴城镇、榆林乡、蔡村镇、黄花滩乡、千佛岭乡、青磁窑乡、王庄堡镇、官儿乡）；朔州市的应县（白马石乡、南泉乡、下马峪乡），计4个县，详见图6－4。

在全国林业发展区划中，属于华北暖温带落叶阔叶林保护发展区（一级区）的燕山长城沿线防护林区（二级区）。

该区地貌以土石山区为主，自然条件较

恒山土石山生态脆弱区
山西生态脆弱区

图6－4　恒山土石山生态脆弱区在
山西省的位置示意图

差，唐河等海河支流发源于此地，森林资源较少，现实森林生产力级数低，荒漠化面积占区域国土面积的12.80％，生态区位较重要。

### （一）湿地

该区湿地面积0.88万hm²，占区域总面积的1.49％。湿地主要以海河支流河流湿地为主，详见表6－25。

表6－25　恒山土石山生态脆弱区湿地类型面积按保护等级统计表　单位：hm²

| 保护类型 级别 | 湿地类型 | | | | |
|---|---|---|---|---|---|
| | 小计 | 河流湿地 | 湖泊湿地 | 沼泽湿地 | 人工湿地 |
| 省级 | 8833 | 6505 | 838 | 490 | 1000 |

该区湿地全部为省级湿地,其中河流湿地占湿地总面积的 74.00%,湖泊湿地占湿地总面积的 9.00%,沼泽湿地占湿地总面积的 6.00%,人工湿地占湿地总面积的 11.00%。

### (二)沙化、荒漠化

该区荒漠化土地面积 7.56 万 hm²,占全区土地总面积的 12.80%,其中轻度荒漠化占荒漠化土地面积的 66.04%,中度荒漠化占荒漠化土地面积的 26.25%,重度荒漠化占荒漠化土地面积的 7.71%,详见表 6-26。

表 6-26 恒山土石山生态脆弱区荒漠化土地面积统计表 单位:hm²

| 荒漠化程度 / 分县 | 合计 | 非荒漠化土地 | 荒 漠 化 土 地 | | | | |
|---|---|---|---|---|---|---|---|
| | | | 小计 | 轻度 | 中度 | 重度 | 极重度 |
| 合计 | 590365 | 514789 | 75576 | 49912 | 19834 | 5830 | |
| 广灵县 | 121367 | 68077 | 53290 | 46389 | 6901 | | |
| 灵丘县 | 272170 | 272170 | | | | | |
| *浑源县 | 138508 | 125027 | 13481 | 1480 | 6460 | 5541 | |
| *应县 | 58320 | 49514 | 8806 | 2043 | 6474 | 289 | |

注:*表示该县部分乡镇在此分区内。

该区无国家规定的沙化土地。

## 二、林业资源和非木材资源

### (一)区域林业重点工程

2006 年,该区国家级造林工程完成 6.76 万 hm²,省级造林重点工程完成 2.42 万 hm²,利用外资林业工程累计完成 0.53 万 hm²。区域内国家、省级等林业重点工程完成情况,详见表 6-27。

表 6-27 恒山土石山生态脆弱区林业重点工程表

| 合计 | 国家林业重点工程 | | | | | | | 省级林业重点工程 | | | | | | | 外资项目 |
|---|---|---|---|---|---|---|---|---|---|---|---|---|---|---|---|
| | 小计 | 天保 | 退耕还林 | 京津风沙源 | 三北防护林 | 速丰产林 | 自然保护区建设 | 小计 | 通道(高速、国省道) | 沿线荒山造林 | 村镇绿化 | 矿区绿化 | 环城绿化 | 其他 | |
| 万 hm² | 万 hm² | 万 hm² | 万 hm² | 万 hm² | 万 hm² | 万 hm² | 万 hm² | 万 hm² | km | 万 hm² | 个 | 个 | 万 hm² | 万 hm² | 万 hm² |
| 9.71 | 6.76 | | 2.50 | 3.43 | | 0.83 | | 2.42 | 549.2 | 0.01 | 68 | 45 | 0.01 | 2.40 | 0.53 |

### (二)林业资源

2006 年,该区林地面积 32.14 万 hm²,占国土面积的 54.44%,其中防护林面积 6.83 万 hm²,占林地面积的 21.24%;用材林面积 1.22 万 hm²,占林地面积的 3.80%;经济林面积 0.82 万 hm²,占林地面积的 2.54%;特用林面积 2.69 万 hm²,占林地面积的 8.37%。活立木蓄积 235.91 万 m³,详见表 6-28。

表6-28　恒山土石山生态脆弱区林业资源表　　单位：hm²、m³、%

| 类别 | 林地面积 | 活立木蓄积 | 林种面积、蓄积 | | | | | 宜林地 | 其他林地 | 森林覆盖率 |
| | | | 防护林 | 用材林 | 经济林 | 特用林 | 薪炭林 | | | |
|---|---|---|---|---|---|---|---|---|---|---|
| 面积 | 321393 | | 68261 | 12200 | 8167 | 26915 | 40 | 121456 | 84354 | 14.23 |
| 蓄积 | | 2359104 | 1718302 | 373200 | | 1319 | | | 266283 | |

该区共有生态公益林30.09万hm²，占全区总面积50.98%，占林地面积93.64%，其中国家公益林面积0.25万hm²，占全区公益林面积0.83%；地方公益林面积29.84hm²，占全区公益林面积99.17%。

该区森林覆盖率14.23%，低于山西生态脆弱区平均森林覆盖率约3个百分点。

宜林地12.15万hm²，占林地面积的37.79%，多数交通不便，立地条件差。

**（三）非木材资源**

该区非木材林业资源种类较丰富，有苹果、仁用杏、核桃、林下种植、陆生野生动物饲养等，2006年非木材林业产值1.07亿元。

## 三、野生动植物资源、自然保护区、森林公园

（1）野生植物资源：国家重点保护野生植物有臭冷杉。

（2）野生动物资源：国家Ⅰ级重点保护的珍稀动物有黑鹳、金雕、金钱豹等。

（3）自然保护区：有大同六棱山、灵丘黑鹳、恒山、应县南山4个省级自然保护区，总面积16.94万hm²，占全区总面积的28.69%。

（4）森林公园：恒山国家森林公园面积2.80万hm²；南壶省级森林公园、桦林背省级森林公园面积0.65万hm²。森林公园总面积3.35万hm²，占全区总面积的5.84%。

## 四、生态区位、生产力级数和木材供给能力潜力分析

### （一）生态区位

影响该区的主要生态因子有河流、水库、自然保护区、水土流失等，经综合评判各生态重要性指标，区域生态区位综合评价为"较重要"，生态敏感性处于"亚稳定"，详见表6-29。

表6-29 恒山土石山生态脆弱区生态区位等级划分表

| 分县 | 主要河流 | | 自然保护区 | | 水土流失区 | | 荒漠化区 | | 沙化区 | | 综合生态区位等级 |
| | 名称 | 生态区位等级 | 名称与级别 | 生态区位等级 | 土壤侵蚀模数（t/km²·a） | 生态区位等级 | 面积占（%） | 生态区位等级 | 面积占（%） | 生态区位等级 | |
|---|---|---|---|---|---|---|---|---|---|---|---|
| 广灵县 | 壶流河 | 一般 | 六棱山 省级 | 较重要 | 500～5000 | 较重要 | 43.91 | 重要 | | | 重要 |
| 灵丘县 | 唐河 | 一般 | 灵丘黑鹳 省级 | 较重要 | 500～5000 | 较重要 | | | | | 较重要 |
| *浑源县 | 浑河 | 一般 | 恒山 省级 六棱山 省级 | 较重要 | 500～5000 | 较重要 | 9.73 | 一般 | | | 较重要 |
| *应县 | 桑干河 | 重要 | 南山 省级 | 较重要 | 500～5000 | 较重要 | 15.1 | 一般 | | | 重要 |

注：*表示该县部分乡镇在此分区内。

## （二）生产力级数

（1）现实森林生产力级数：从现实森林生产力级数看，各县生产力级数阈值为5～7，生产力级数较低。

（2）期望森林生产力级数：从期望森林生产力级数看，除浑源县的生产力级数为34外，其余3个县广灵县、灵丘县、应县的生产力级数为12～19，区域森林生产力发展潜力很大，详见表6-30。

表6-30 恒山土石山生态脆弱区现实、期望生产力级数表

| 分县<br>生产力级数 | 广灵县 | 灵丘县 | 浑源县 | 应县 |
|---|---|---|---|---|
| 现实生产力级数 | 5 | 7 | 7 | 5 |
| 期望生产力级数 | 15 | 19 | 34 | 12 |

## （三）木材供需分析

按照木材采伐量小于林木生长量的总原则，对用材林、四旁树和部分防护林进行合理采伐、抚育。该区现有用材林蓄积量37.32万 m³，四旁树蓄积量10.78万 m³。按年均综合生长率6.5%，综合木材出材率50.7%计算，则年用材林、四旁树可供商品材1.59万 m³、非商品材0.65万 m³，再加上防护林抚育间伐2.06万 m³，2006年可供木材可达到4.30万 m³。该区总人口为63.20万人，按年人均需要木材0.2m³测算，该区年预计需木材12.64万 m³，木材需求缺口很大。

该区以生态公益林为主，用材林比重小，木材自给不足。根据期望森林生产力测算，在提高林地生产力、加强集约经营的前提下，尽量提高木材的供应量，同时对防护林进行科学管理、抚育间伐。到2015年可供木材达到12.52万 m³，到2020年可供木材达到14.70万 m³，将逐步满足该区经济社会发展需求。

## 五、林业产业

2006年，该区林业产业总产值达2.05亿元。其中第一产业1.70亿元，占总

产值的82.93%；第二产业0.07亿元，占总产值的3.41%；第三产业0.28亿元，占总产值的13.66%。该区无大型林业企业，在中、小型的企业中，有第一产业企业32家，第二产业企业5家，第三产业企业8家。主要林业产业类型是木材培育和种植、经济林产品的种植与采集及生态旅游。

## 六、发展目标及建设布局

### （一）发展目标

在海河各支流流域内大力营造水源涵养林，围绕森林公园、自然保护区营造生态风景林，同时加强对现有森林资源的管护和经营，促进森林旅游业健康发展，详见表6—31。

表6—31　恒山土石山生态脆弱区林业主要发展目标指标表

| 年　度 | 有林地 hm² | 灌木林 hm² | 特灌林 hm² | 森林覆盖率 % | 林木绿化率 % | 活立木蓄积 万m³ | 向社会提供木材 万m³ | 林业产值 亿元 |
|---|---|---|---|---|---|---|---|---|
| 2015年 | 118282 | 126497 | 19314 | 23.31 | 42.07 | 273.56 | 12.52 | 6.36 |
| 2020年 | 138687 | 140358 | 25958 | 27.89 | 47.89 | 292.38 | 14.70 | 10.66 |

到2015年，区域森林覆盖率达到23.31%；到2020年，区域森林覆盖率达到27.89%。

到2015年，区域林业产业总产值达到6.36亿元；到2020年，区域林业产业总产值达到10.66亿元。

### （二）建设布局

#### 1. 生态建设布局

该区以生态建设为主，着力改善生态环境，突出抓好国家和省级重点林业工程，注重兼顾社会对林业的多种需求，适度向下调整地方生态公益林的比重，到2020年将生态公益林面积调整为22.94万hm²左右，生态公益林与商品林比例为7∶3。新增建设为：

（1）新造林11.81万hm²，其中人工造林7.81万hm²、封山育林4.00万hm²；使林地利用率达到43.15%；

（2）通道绿化1647km；

（3）退化林分修复3.53万hm²，其中老残林带更新1.11万hm²、低效林改造2.42万hm²；

（4）中幼林抚育4.84万hm²，其中中龄林抚育1.16万hm²、幼龄林抚育3.68万hm²；

（5）现有林管护 6.45 万 hm²，其中集中管护 4.52 万 hm²、承包管护 1.93 万 hm²；

（6）新农村绿化 360 个，其中生态防护型 111 个、生态经济型 173 个、生态景观型 76 个；

（7）自然保护区（包括湿地）3 个，其中省级 2 个、市县级 1 个。

**2. 工业原料、生物质能源林布局**

落实国家产业政策，重点发展以柠条、文冠果等为主的生物质能源林，到 2020 年新发展 1.60 万 hm² 工业原料林和生物质能源林。

**3. 特色经济林布局**

在自然条件较好的地方重点发展干果经济林，可依托森林资源发展林下药材等，灵丘南部区域海拔较低，形成一定的小气候，可以种植花椒、核桃和仁用杏等。合理规划，集约经营，到 2020 年新增经济林 3.13 万 hm²，其中果树林 2.09 万 hm²、药材林 0.85 万 hm²、油料林 0.19 万 hm²。

**4. 林业产业基地、花卉苗木及种苗基地建设布局**

到 2020 年，该区共建设林业产业基地 34 个，花卉苗木基地 18 个，林木种苗基地 14 个，计面积 2800hm²，充分发挥产业基地的科技示范和带动作用。

**5. 用材林建设布局**

到 2020 年，新发展或改造水源涵养用材林 1.09 万 hm²。

**6. 生态旅游建设布局**

该区发展森林旅游业的基础良好，可在县城、重点乡镇周边建设城镇森林公园，发展生态旅游业，使广大人民享受到生态文明的建设成果。加强现有森林公园景点建设，从旅游文化品牌上提升森林旅游的知名度和市场竞争力，把森林旅游业建设成为可持续发展的绿色产业。

到 2020 年，新建城镇森林公园（包括湿地）8 个，其中生态休闲型 4 个、生态观光型 4 个。

## 七、治理技术思路

### （一）经营措施

（1）有培育前途且郁闭度达 0.8 以上的天然次生林，应有计划安排抚育。

（2）造林时，尽量选用深根性和观赏性佳的乔、灌木品种，提高生物多样性和综合效益。

（3）高度重视森林防火、森林病虫害防治，做好森林管护及监测、预报工作。

（4）建立落叶松、油松优势林木种质资源库。

（5）加强寒温性针叶林的保护，其中臭冷杉是优势稀有树种，要通过封山育林和造林，扩大种群。

## （二）科技需求

（1）食用菌、药材等非木材森林资源种植和利用技术；

（2）有害生物防控技术；

（3）优良乡土树种选种、育种、栽培技术；

（4）干石山区造林、矿区灾害立地植被恢复技术。

## （三）政策建议

（1）鼓励民间资本开发建设生态型景区。在总体规划下，突出生态效益，允许投资者获得长期的经济效益。

（2）恢复与重建水源涵养区森林、灌丛、草地、湿地等生态系统，提高生态系统的水源涵养功能和地表径流滞蓄能力，保持区域生态系统的稳定性。

（3）提高现有风景区的建设管理水平，加强生物多样性保护，禁止对生物多样性有影响的经济开发，禁止滥捕、乱采、乱猎；严禁在风景区内进行开矿、采石、挖沙、砍伐、放牧、狩猎等破坏自然资源和自然环境的违法活动，加强自然景观和人文景观的有效保护。

（4）按照国家政策，做好地方公益林的鉴定和管护工作。

（5）与各级政府部门协调，理顺部门关系，充分发挥森林公园的职能作用，可实行股份制，明晰经营权和管理权，促进森林旅游业又好又快发展。

# 八、主要绿化治理模式

## （一）油松＋黄刺玫混交水源涵养模式（模式20）

### 1. 适宜条件

油松与黄刺玫适宜在中高土石山区，年均气温6～10℃，阳坡、半阳坡，坡度＜35°，年均降水量350～650mm的地区营造，其垂直分布在海拔900～1500m。土壤主要为褐土、粗骨土，土层厚度＞35cm。

### 2. 主要技术措施

（1）树种选择：油松苗龄：2a生容器苗，苗高H：25～30cm；黄刺玫苗龄：

2a 生苗。

（2）整地：一般采用鱼鳞坑整地。整地规格：60cm×50cm×40cm，品字形排列，前一年雨季或秋季整地效果最佳。

（3）造林方式：春、雨、秋季栽植。油松、黄刺玫混交的造林株行距为2.0m×3.0m，密度为 1666 株/hm²。

混交方式以带状、块状混交为宜，混交面积比例按 1∶1 配置。

（4）抚育管理：造林后 3 年内，进行中耕除草、定株等工作。

**3. 模式评价与推广**

油松抗寒、耐旱能力较强，黄刺玫须根发达，根萌蘖力强，根幅大，在近地表层形成稠密的根系网，固土能力强，是优良的水土保持林。营造油松与黄刺玫混交林，可有效改变恶劣的自然环境，又具有较好的景观效果。

该模式适宜在土石山区，年平均温度 6℃ 以上，年均降水量 350mm 以上区域推广。

**（二）油松＋五角枫风景林营造模式**（模式 21）

**1. 适宜条件**

油松与五角枫适宜在土石山区、丘陵，年均气温 6～10℃，阳坡、半阳坡，坡度＜35°，年均降水量 400～700mm 的地区营造，其垂直分布在海拔 700～1200m。土壤主要为褐土、栗褐土、棕壤，土层厚度＞35cm。

**2. 主要技术措施**

（1）树种选择：油松苗龄：2a 生容器苗，苗高 H：25～30cm；五角枫 2a 生苗，苗高 H：120～150cm。

（2）整地：一般采用鱼鳞坑整地。整地规格：油松为 60cm×50cm×40cm，五角枫为 70cm×60cm×50cm，品字形排列，前一年雨季或秋季整地效果最佳。

（3）造林方式：春、雨季栽植。油松与五角枫造林株行距为 2.0m×3.0m，密度为 1666 株/hm²。

混交方式以带状混交为宜，混交面积比例按 1∶1 配置。

（4）抚育管理：造林后 3 年内，进行中耕除草、定株、病虫害防治等工作。

**3. 模式评价与推广**

油松为深根性树种，落叶腐烂缓慢。五角枫稍耐阴，侧根发达，根系密集，萌蘖能力强，枯枝落叶丰富，树叶秋天变红色，适于营造山地风景林。油松与五角枫混交能够充分利用土壤养分，枯落物分解快，对改良土壤，涵养水源，增强土壤下渗能力均具有良好作用。

该模式适宜在土石低山，年平均温度6℃以上，年均降水量400mm以上区域推广。

### （三）华北落叶松＋沙棘混交水源涵养模式（模式22）

**1. 适宜条件**

华北落叶松与沙棘适宜在土石山区，年均气温6～10℃，阴坡、半阴坡，坡度<35°，年均降水量400～700mm的地区营造，其垂直分布在海拔高度1400～2200m。土壤主要为山地棕壤、淋溶褐土、栗褐土，土层厚度>35cm。

**2. 主要技术措施**

（1）树种选择：华北落叶松苗龄：2a生容器苗，苗高H：30～40cm；沙棘苗龄：2a生容器苗。

（2）整地：一般采用穴状整地。整地规格：60cm×60cm×40cm，品字形排列，前一年雨季或秋季整地效果最佳。

（3）造林方式：春、秋季栽植。华北落叶松、沙棘混交的造林株行距为2.0m×2.0m，密度为2500株/hm²。

混交方式以带状混交为宜，混交面积比例按1：1配置。

（4）抚育管理：造林后3年内，进行中耕除草、定株等工作。

**3. 模式评价与推广**

适宜在造林树种单一、经济效益低的地区栽植。沙棘耐旱、耐寒、耐瘠薄、经济价值较高，可提高造林的经济性。华北落叶松又是针叶用材树种，二者混交是一种理想的乔灌混交模式。

该模式适宜在土石中高山，年平均温度6℃以上，年均降水量400mm以上区域推广。

### （四）仁用杏林农复合经营模式（模式23）

**1. 适宜条件**

仁用杏适宜在垣、山地、河滩，年均气温8～10℃，无霜期130d以上，坡度<25°，年均降水量400mm以上的地区种植，其垂直分布在海拔800～1300m。最适生在中性或石灰性排水良好的壤土上，土层厚度>60cm。

**2. 主要技术措施**

（1）树种选择：仁用杏苗龄：2a生良种嫁接苗。

（2）整地：一般采用穴状整地。整地规格：70cm×70cm×60cm，前一年雨季或秋季整地效果最佳。

（3）造林方式：春季栽植。仁用杏造林株行距为 3.0m×4.0m，密度为 833株/hm²。

混交方式为行间间作，套种矮秆作物、豆类和薯类等。

（4）抚育管理：进行中耕除草、施肥及病虫害防治等工作。

**3. 模式评价与推广**

仁用杏是重要的干果经济树种之一，抗旱、耐旱、耐瘠薄，适应范围广。建立标准优质丰产园，有利于集约经营，提高林地经济效益，增加农民收入，调整产业结构，综合效益高。

该模式适宜在干旱、半干旱土石山和黄土丘陵区，年均温度 8℃以上，年均降水量 400mm 以上区域推广。

**（五）花椒＋紫穗槐生态经济林模式**（模式 24）

**1. 适宜条件**

花椒与紫穗槐适宜在土石山区、黄土丘陵区，年均气温 9～16℃，阳坡、半阳坡，坡度＜25°，年均降水量 500～700mm 的地区种植，其垂直分布在海拔高度 1100m 以下。土壤主要为钙质土、沙质壤土、石灰质土壤，土层厚度＞60cm。

**2. 主要技术措施**

（1）树种选择：花椒苗龄：2a 生苗；紫穗槐苗龄：1a 生苗。

（2）整地：一般采用穴状整地。整地规格：花椒为 60cm×60cm×50cm，紫穗槐为 50cm×50cm×40cm，品字形排列，前一年雨季或秋季整地效果最佳。

（3）造林方式：春季栽植。花椒造林株行距为 3.0m×5.0m，密度为 444 株/hm²；紫穗槐为 1.0m×2.0m，密度为 1667 株/hm²。

混交方式以行间混交为宜，混交面积比例按 2∶1 配置。

（4）抚育管理：进行中耕除草、整穴、施肥等工作。

**3. 模式评价与推广**

花椒耐干旱、瘠薄，不耐水湿。间作紫穗槐，一是增加地表植被，可防止水土流失；二是紫穗槐的嫩枝叶为花椒压绿肥，增加土壤肥力；三是紫穗槐的枝条可编筐，花可作蜜源。既可发挥生态功能，又可为农民增收，综合效益较高。

该模式适宜在低山向阳，年均温度 9℃以上，年均降水量 500mm 以上区域推广。

**（六）河北杨＋油松＋丁香道路绿化模式**（模式 25）

**1. 适宜条件**

河北杨、油松与丁香适宜在道路两侧，年均气温 7～10℃，无霜期 130～150d，年均降水量 450mm 以上的地区营造，其垂直分布在海拔 700～1300m。土层厚度＞60cm。

**2. 主要技术措施**

（1）树种选择：河北杨苗胸径 D＞3cm；油松苗高 H：150～200cm，丁香苗高 H：120～150cm。

（2）整地：采用穴状整地。整地规格：河北杨、油松为 80cm×80cm×60cm，丁香为 60cm×60cm×50cm，品字形排列。

（3）造林方式：春季栽植。河北杨造林株行距为 2.5m×5.0m，密度为 200 株/km；油松为 2.5m×3.0m，密度为 167 株/km；丁香为 2.5m×3.0m，密度为 167 株/km。

混交方式以行间混交为宜，道路两侧各 3～6 行，从路面开始，依次为油松与丁香株间混交 1～2 行，河北杨 2～4 行。

（4）抚育管理：造林后 3 年内，进行浇灌、整穴、中耕除草、病虫害防治等工作。

**3. 模式评价与推广**

河北杨、油松与丁香通道绿化在树种配置上体现了针阔、乔灌混交栽植，景观效果佳，适宜在道路两侧绿化，可与农田林网、荒山绿化相结合，形成绿色走廊。

该模式适宜在乡村道路两侧，年平均温度 7℃以上，年均降水量 450mm 以上区域推广。

**（七）云杉＋红瑞木风景林营造模式**（参见模式 27）

**（八）油松＋山桃（山杏）混交水源涵养模式**（参见模式 43）

**（九）油松＋豆科牧草复合经营模式**（参见模式 30）

**（十）土石山区封山育林模式**（参见模式 8）

# 第五节　管涔土石山水源涵养、自然保护林区林业生态建设

## 一、立地条件特征

管涔土石山水源涵养、自然保护林区位于山西省的西北部，国土面积 55.29

万 hm²，占山西生态脆弱区总面积的 8.01%。地理坐标介于东经 111°12′～112°37′、北纬 38°29′～39°15′之间，区域范围包括忻州市的宁武县、五寨县、苛岚县、神池县（太平庄乡、虎北乡），计 4 个县（区），详见图 6−5。

在全国林业发展区划中，属于华北暖温带落叶阔叶林保护发展区（一级区）的燕山长城沿线防护林区（二级区）。

该区地貌以土石山为主，是汾河、桑干河、朱家川河的发源地和山西省的重要国有林区，气候寒冷，自然条件一般，但森林资源丰富，现实森林生产力级数高，生态区位十分重要。

图 6−5　管涔土石山生态脆弱区在
山西省的位置示意图

### （一）湿地

该区湿地面积 1340hm²，占国土总面积的 0.24%。以汾河、桑干河等支流河流湿地为主，详见表 6−32。

表 6−32　管涔土石山生态脆弱区湿地类型面积按保护等级统计表　单位：hm²

| 保护类型 级别 | 湿地类型 | | | | |
|---|---|---|---|---|---|
| | 小计 | 河流湿地 | 湖泊湿地 | 沼泽湿地 | 人工湿地 |
| 省级 | 1340 | 1124 | | | 216 |

该区湿地全部为省级湿地，其中河流湿地占湿地总面积的 83.88%，人工湿地占湿地总面积的 16.12%。该区湿地保护对山西汾河下游水资源安全具有重要意义。

### （二）沙化、荒漠化

该区只有五寨县为国家沙化治理县，沙化面积 3.94 万 hm²，占全区土地面积的 7.12%。从沙化程度看，轻度沙化占沙化土地面积的 95.58%；重度沙化占沙化土地面积的 4.42%，详见表 6−33。

表6-33　管涔土石山生态脆弱区沙化土地面积统计表　　　单位：hm²

| 沙化程度 / 分县 | 合计 | 非沙化土地 | 沙 化 土 地 | | | | |
|---|---|---|---|---|---|---|---|
| | | | 小计 | 轻度 | 中度 | 重度 | 极重度 |
| 合计 | 552902 | 513547 | 39355 | 37617 | | 1738 | |
| ＊神池县 | 21901 | 21901 | | | | | |
| 宁武县 | 194157 | 194157 | | | | | |
| 五寨县 | 138790 | 99435 | 39355 | 37617 | | 1738 | |
| 苛岚县 | 198054 | 198054 | | | | | |

注：＊表示该县部分乡镇在此分区内。

该区只有宁武县为国家荒漠化治理县，荒漠化土地面积656hm²，占全区土地面积的0.12％。从荒漠化程度看，中度荒漠化占荒漠化土地面积的34.91％，重度荒漠化占荒漠化土地面积的65.09％，详见表6-34。

表6-34　管涔土石山生态脆弱区荒漠化土地面积统计表　　　单位：hm²

| 荒漠化程度 / 分县 | 合计 | 非荒漠化土地 | 荒 漠 化 土 地 | | | | |
|---|---|---|---|---|---|---|---|
| | | | 小计 | 轻度 | 中度 | 重度 | 极重度 |
| 合计 | 552902 | 552246 | 656 | | 229 | 427 | |
| ＊神池县 | 21901 | 21901 | | | | | |
| 宁武县 | 194157 | 193501 | 656 | | 229 | 427 | |
| 五寨县 | 138790 | 138790 | | | | | |
| 苛岚县 | 198054 | 198054 | | | | | |

注：＊表示该县部分乡镇在此分区内。

## 二、林业资源和非木材资源

### （一）区域林业重点工程

2006年，该区国家级造林工程完成30.65万hm²，省级造林重点工程完成0.14万hm²，利用外资林业工程累计完成1.58万hm²。区域内国家、省级等林业重点工程完成情况，详见表6-35。

表6-35　管涔土石山生态脆弱区林业重点工程表

| 合计 | 国家林业重点工程 | | | | | | | 省级林业重点工程 | | | | | | | 外资项目 |
|---|---|---|---|---|---|---|---|---|---|---|---|---|---|---|---|
| | 小计 | 天保 | 退耕还林 | 京津风沙源 | 三北防护林 | 速丰产林 | 自然保护区建设 | 小计 | 通道（高速、国省道） | 沿线荒山造林 | 村镇绿化 | 矿区绿化 | 环城绿化 | 其他 | |
| 万hm² | 万hm² | 万hm² | 万hm² | 万hm² | 万hm² | 万hm² | 万hm² | 万hm² | km | 万hm² | 个 | 个 | 万hm² | 万hm² | 万hm² |
| 32.37 | 30.65 | 8.08 | 4.95 | | 9.12 | | 0.42 | 0.14 | 984.2 | 0.10 | 60 | 55 | 0.04 | | 1.58 |

国家级造林工程是地区林业生态建设的主体。

### （二）林业资源

该区是省直属管涔山国有林局的集中分布地，2006年该区林地面积31.87

万 hm²，占国土面积的 57.64%，其中防护林面积 7.89 万 hm²，占林地面积的 24.76%；用材林面积 0.04 万 hm²，占林地面积的 0.13%；特用林面积 5.66 万 hm²，占林地面积的 17.76%。活立木蓄积 974.71 万 m³，管涔山单位森林活立木蓄积在山西省名列前茅，详见表 6-36。

该区森林以水土涵养林为主，自然保护区林在山西具有重要地位。

表 6-36　管涔土石山生态脆弱区林业资源表　　单位：hm²、m³、%

| 类　别 | 林地面积 | 活立木蓄积 | 林种面积、蓄积 | | | | | 宜林地 | 其他林地 | 森林覆盖率 |
| | | | 防护林 | 用材林 | 经济林 | 特用林 | 薪炭林 | | | |
|--------|----------|-----------|--------|--------|--------|--------|--------|--------|--------|--------|
| 面积 | 318701 | | 78895 | 440 | 20 | 56621 | | 79725 | 103000 | 15.30 |
| 蓄积 | | 9747067 | 8237358 | 1743 | | 1004966 | | | 503000 | |

该区共有生态公益林 31.82 万 hm²，占全区土地面积的 57.55%，占林地面积 99.84%，其中国家公益林面积 16.04 万 hm²，占全区公益林面积 50.40%；地方公益林面积 15.78hm²，占全区公益林面积 49.60%。

该区森林覆盖率 15.30%，低于山西生态脆弱区平均森林覆盖率约 2 个百分点。

宜林地 7.97 万 hm²，占林地面积的 25.02%，多数交通不便，立地条件差，适宜封山育林。

### （三）非木材资源

因气候寒冷，该区非木材林业资源种类单一而稀少，主要有少量苹果、海红果和林下食用菌类、药材等，2006 年非木材林业产值为 0.23 亿元，在山西生态脆弱区内垫后。

## 三、野生动植物资源、自然保护区、森林公园

（1）野生植物资源：区内暂无国家级保护野生植物资源。

（2）野生动物资源：国家Ⅰ级重点保护野生珍稀动物有褐马鸡、金钱豹等。

（3）自然保护区：芦芽山国家级自然保护区总面积为 2.15 万 hm²，占该区总面积的 3.88%。

（4）森林公园：管涔山国家森林公园、马营海省级森林公园、岚漪河省级森林公园及古台山县级森林公园，总面积达 4.61 万 hm²，占该区总面积的 8.34%。

## 四、生态区位、生产力级数和木材供给能力潜力分析

### （一）生态区位

该区为汾河发源地，又是国家级自然保护区所在地，主要生态因子有河流、

自然保护区、水库等，经综合分析各生态重要性指标，该区生态区位综合评价为"重要"，生态敏感性处于"亚稳定"，详见表6－37。

**表6－37　管涔土石山生态脆弱区生态区位等级划分表**

| 分县 | 主要河流 | | 自然保护区 | | 水土流失区 | | 荒漠化区 | | 沙化区 | | 综合生态区位等级 |
| | 名称 | 生态区位等级 | 名称与级别 | 生态区位等级 | 土壤侵蚀模数（t/km²·a） | 生态区位等级 | 面积占（%） | 生态区位等级 | 面积占（%） | 生态区位等级 | |
| *神池县 | 朱家川河 | 重要 | | | >5000 | 重要 | | | | | 重要 |
| 宁武县 | 汾河、桑干河 | 重要 | 芦芽山　国家 | 重要 | >5000 | 重要 | 0.34 | 一般 | | | 重要 |
| 五寨县 | 朱家川河 | 重要 | 芦芽山　国家 | 重要 | >5000 | 重要 | | | 28.36 | 较重要 | 重要 |
| 岢岚县 | 岚漪河 | 一般 | | | >5000 | 重要 | | | | | 重要 |

注：＊表示该县部分乡镇在此分区内。

### （二）生产力级数

（1）现实森林生产力级数：从现实森林生产力级数看，除宁武县的生产力级数为23外，其余3个县神池县、五寨县、岢岚县的生产力级数阈值为7～14，生产力级数不高。

（2）期望森林生产力级数：从期望森林生产力级数看，除神池县的生产力级数为19外，其余3个县神池县、宁武县、五寨县的生产力级数为34～47，生产力级数较高，详见表6－38。

**表6－38　管涔土石山生态脆弱区现实、期望生产力级数表**

| 分县　生产力级数 | 宁武县 | 五寨县 | 苛岚县 | 神池县 |
| --- | --- | --- | --- | --- |
| 现实生产力级数 | 23 | 14 | 10 | 7 |
| 期望生产力级数 | 44 | 47 | 34 | 19 |

在山西生态脆弱区内横向比较，该区的森林生产力级数基点较高，且发展潜力很大。

### （三）木材供需分析

按照木材采伐量小于林木生长量的总原则，对用材林、四旁树和部分防护林进行合理采伐、抚育。该区现有用材林蓄积量0.17万 m³，四旁树蓄积量4.19万 m³。按年均综合生长率6.5%，综合木材出材率50.7%计算，则用材林、四旁树年可供商品材0.15万 m³、非商品材0.75万 m³，再加上部分防护林抚育间伐2.39万 m³，2006年可供木材为3.28万 m³。该区总人口为31.6万人，按年人均需要木材0.2m³测算，区内年预计需木材6.32万 m³，木材需求缺口较大。

该区有林地绝大多数为生态公益林，且特用林较多，因用材林比重很小，导致木材供应不足。根据期望森林生产力测算，分类经营，加强一般用材林建设，并对国家自然保护区以外的防护林进行科学抚育间伐，以提高木材供应量。到2015年可供木材达到11.55万 m³，到2020年可供木材达到13.17万 m³，可以满足该区及周边经济社会发展的需求。

## 五、林业产业

2006年，该区林业产业总产值达3.03亿元，其中第一产业1.88亿元，占总产值的62.05%；第二产业0.41亿元，占总产值的13.53%；第三产业0.74亿元，占总产值的24.42%。该区无大型林业企业，在中、小型企业中，有第一产业企业32家，第二产业企业9家，第三产业企业13家。主要林业产业类型是林木的培育和种植及森林旅游等。

## 六、发展目标及建设布局

### （一）发展目标

坚持以水源涵养、水土保持等生态建设为重点，封山育林与人工造林相结合，扩大森林植被。充分利用、开发林下资源，增加非木材林业资源的产业规模。加强芦芽山国家自然保护区及其周边建设，依托森林资源积极开展生态旅游，详见表6-39。

表6-39　管涔土石山生态脆弱区林业主要发展目标指标表

| 年　度 | 有林地 | 灌木林 | 特灌林 | 森林覆盖率 | 林木绿化率 | 活立木蓄积 | 向社会提供木材 | 林业产值 |
|---|---|---|---|---|---|---|---|---|
| | hm² | hm² | hm² | % | % | 万 m³ | 万 m³ | 亿元 |
| 2015 年 | 124299 | 114191 | 7176 | 23.78 | 43.39 | 1130.26 | 12.41 | 9.36 |
| 2020 年 | 142693 | 128252 | 19568 | 29.35 | 49.26 | 1208.03 | 13.17 | 15.70 |

到2015年，区域森林覆盖率达到23.78%；到2020年，区域森林覆盖率达到29.35%。

到2015年，区域林业产业总产值达到9.36亿元；到2020年，区域林业产业总产值达到15.70亿元。

### （二）建设布局

### 1. 生态建设布局

保护森林与恢复植被并重，同时兼顾社会对林业的多种需求，略微向下调整地方生态公益林的比重。到2020年将生态公益林面积调整为27.27万 hm²左右，生态公益林与商品林比例为9：1。新增建设为：

（1）新造林 8.41 万 hm²，其中人工造林 5.12 万 hm²、封山育林 3.29 万 hm²；使林地利用率达到 44.77％。

（2）通道绿化 2952km；

（3）退化林分修复 3.57 万 hm²，其中老残林带更新 1.03 万 hm²、低效林改造 2.54 万 hm²；

（4）中幼林抚育 5.08 万 hm²，其中中龄林抚育 1.22 万 hm²、幼龄林抚育 3.86 万 hm²；

（5）现有林管护 6.77 万 hm²，其中集中管护 4.74 万 hm²、承包管护 2.03 万 hm²；

（6）新农村绿化 318 个，其中生态防护型 98 个、生态经济型 153 个、生态景观型 67 个；

（7）自然保护区（包括湿地）3 个，其中省级 2 个、市县级 1 个。

**2. 工业原料、生物质能源林布局**

落实国家产业政策，到 2020 年新发展 1.60 万 hm² 工业原料林和生物质能源林。

**3. 特色经济林布局**

由于气候寒冷，该区适宜发展的经济树种较少，但林下食用菌、药材有特色。正确引导，合理规划，到 2020 年新增经济林 0.20 万 hm²，其中果树林 0.14 万 hm²、药材林 0.05 万 hm²、油料林 0.01 万 hm²。

**4. 林业产业基地、花卉苗木及种苗基地建设布局**

到 2020 年，该区共建设林业产业基地 34 个，花卉苗木基地 18 个，林木种苗基地 14 个，计面积 2800hm²，充分发挥产业基地的科技示范和带动作用。

**5. 用材林建设布局**

在国营林场内进行大径材针叶树用材林培育。到 2020 年新发展或改造水源涵养用材林 0.15 万 hm²。

**6. 生态旅游建设布局**

该区森林公园较多，森林旅游资源较丰富，总体规划、整合和利用生态旅游资源，加大生态旅游产品推广力度，宣传环境友好型旅游理念，满足不断升级的旅游消费新风尚，把市场因素引入森林旅游开发，将森林旅游业建设成为可持续发展的绿色产业。

到 2020 年，新建城镇森林公园（包括湿地）8 个，其中生态休闲型 4 个、生态观光型 4 个。

## 七、治理技术思路

### （一）经营措施

（1）高度重视森林防火及有害生物防治工作。加强中幼林抚育，提高林分质量。对新造林地和未成林造林地进行长期管护，新造林郁闭后及时进行抚育，促使早成林，尽量形成乔灌、针阔天然混交林分。增加观叶乔木和观花灌木的比重，提高生态景观等级，为开展生态旅游创造良好环境。

（2）封山育林与退耕还林相结合，结合封山育林搞好人工更新造林。

（3）科学布点，加强森林资源及生态工程效益监测监控工作。

（4）建立云杉、落叶松等优势林木种质资源库。

### （二）科技需求

（1）实用抗旱造林技术，包括抗旱、防风品种的繁育，采种、引种、选种、育种和育苗，整地、栽植技术等；

（2）林木病虫害、鼠害、兔害系列防治技术；

（3）干石山区造林、矿区劣质立地植被恢复技术，石质山地爆破整地造林技术；

（4）退化林分修复、改造技术；

（5）食用菌和药材等非木材森林资源利用加工技术。

### （三）政策建议

（1）提高自然保护区的建设管理水平。加强生物多样性保护，禁止对生物多样性有影响的经济开发，加强外来物种入侵控制，禁止滥捕、乱采、乱猎；严禁在自然保护区内进行开矿、采石、挖沙、砍伐、放牧、狩猎等破坏自然资源和自然环境的违法活动，严禁在自然保护区的核心区和缓冲区内进行旅游开发。

（2）落实好封山禁牧政策，增加饲舍建设的投资，缓解林牧矛盾，巩固生态建设成果。

（3）充分利用煤炭育林基金，突出重点，统筹使用，搞好矿区植被恢复工程和周边生态建设。

（4）继续加大水源涵养林建设力度，加强对汾河等源头的保护；对生态环境恶化和生态功能退化的湿地，要针对性地采取治理、恢复和修复措施，逐步恢复湿地的原有结构和功能。

（5）尽早建立山西省马营海天池湖泊自然保护站，保护黑鹳及水鸟栖息地。

（6）加强重点林区标准林业工作站建设，配备必要的设施和工具。依法治林，加强保护野生动植物资源，严厉打击偷猎、偷采等不法行为。

（7）鼓励林区职工进行林下资源的承包和开发利用，发挥森林的多重效益。

## 八、主要绿化治理模式

### （一）华北落叶松＋云杉混交水源涵养模式（模式26）

**1. 适宜条件**

华北落叶松与云杉在土石中高山区，年均气温6～10℃，阴坡、半阴坡，坡度＜35°，年均降水量400～700mm的地区营造，其垂直分布在海拔高度1500～2400m。土壤主要为山地棕壤、淋溶褐土、褐土，土层厚度＞35cm。

**2. 主要技术措施**

（1）树种选择：华北落叶松苗龄：2a生容器苗，苗高H：30～40cm；云杉3a生移植苗，苗高H：25～30cm。

（2）整地：一般采用鱼鳞坑整地。整地规格：70cm×60cm×50cm，品字形排列，前一年雨季或秋季整地效果最佳。

（3）造林方式：春、秋季栽植。华北落叶松、云杉混交的造林株行距为2.0m×2.0m，密度为2500株/hm²。

混交方式以带状为宜，混交面积比例按1：1配置。

（4）抚育管理：造林后3年内，进行中耕除草、整穴等工作。

**3. 模式评价与推广**

华北落叶松与云杉是山西的乡土乔木树种，华北落叶松生长迅速，深根性，云杉为浅根性树种，在水分结构与营养结构上达到了相对平衡。在河流的源头采用该模式造林，能起到有效的涵养水源作用。

该模式适宜高海拔土石山区，年平均温度6℃以上，年均降水量400mm以上区域推广。

### （二）云杉＋红瑞木风景林营造模式（模式27）

**1. 适宜条件**

云杉与红瑞木适宜在土石山区，年均气温6～10℃，阴坡、半阴坡，坡度＜35°，年均降水量400～700mm的地区营造，其垂直分布在海拔1400～1800m。土壤主要为山地棕壤、淋溶褐土和褐土，土层厚度＞35cm。

**2. 主要技术措施**

（1）树种选择：云杉苗龄：3a生移植苗，苗高H：25～30cm；红瑞木1a生苗。

（2）整地：一般采用穴状整地。整地规格：60cm×60cm×40cm，品字形排列，前一年雨季或秋季整地效果最佳。

（3）造林方式：春、雨季栽植。云杉造林株行距为 2.0m×2.0m，密度为 1250 株/hm²；红瑞木为 2.0m×3.0m，密度为 833 株/hm²。

混交方式以带状（每带 4 行）混交为宜，混交面积比例按 1：1 配置。

（4）抚育管理：造林后 3 年内，进行中耕除草、整穴等工作。

**3. 模式评价与推广**

云杉为浅根性树种，红瑞木为深根型，红瑞木主根和侧根均发达，萌蘖力强，能很好地固结土壤，是配置坡面防护林、沟头防蚀林及崖边固土的理想树种，二者从水分结构与营养结构上达到了相对平衡。红瑞木秋、冬季的观赏性较强。

该模式适宜在河流源头的土石山区，年均温度 6℃以上，年均降水量 400mm 以上区域推广。

**（三）云杉＋榆叶梅混交水源涵养模式**（模式 28）

**1. 适宜条件**

云杉与榆叶梅在土石山区，年均气温 6～10℃，半阳坡、半阴坡，坡度＜35°，年均降水量 400～700mm 的地区营造，其垂直分布在海拔 1200～1600m。土壤主要为山地棕壤、淋溶褐土、褐土，土层厚度＞35cm。

**2. 主要技术措施**

（1）树种选择：云杉苗龄：3a 生移植苗，苗高 H：25～30cm，榆叶梅 2a 生苗。

（2）整地：一般采用穴状整地。整地规格：60cm×60cm×40cm，品字形排列，前一年雨季或秋季整地效果最佳。

（3）造林方式：春、雨季栽植。云杉、榆叶梅混交的造林株行距为 2.0m×2.0m，密度为 2500 株/hm²。

混交方式以带状（每带 4 行）混交为宜，混交面积比例按 1：1 配置。

（4）抚育管理：造林后 3 年内，进行中耕除草、整穴、病虫害防治等工作。

**3. 模式评价与推广**

云杉为高大乔木，是很好的水源涵养林树种；榆叶梅为灌木，观赏性强，二者搭配形成乔灌混交林，结构稳定。榆叶梅枯枝落叶丰富，混交后能促进枯落物分解，有利于改善土壤结构。采用该造林模式，其涵养水源作用和观赏效果俱佳。

该模式适宜在河流源头的土石山区，年平均温度 6℃以上，年均降水量 400mm 以上区域推广。

### （四）油松＋柠条混交水源涵养模式（模式 29）

**1. 适宜条件**

油松与柠条适宜在土石山、缓坡丘陵，年均气温 7～12℃，阳坡、半阳坡，坡度＜35°，年均降水量 350～550mm 的地区营造，其垂直分布在海拔 700～1400m。土壤主要为栗褐土、褐土，土层厚度＞30cm。

**2. 主要技术措施**

（1）树种选择：油松苗龄：2a 生容器苗，苗高 H：25～30cm；柠条苗龄：1a 生苗。

（2）整地：一般采用鱼鳞坑整地。整地规格：60cm×50cm×40cm，品字形排列，前一年雨季或秋季整地效果最佳。

（3）造林方式：春、秋季栽植。油松造林株行距为 2.0m×3.0m，密度为 833 株/hm²；柠条为 1.0m×2.0m，密度为 2500 株/hm²。

混交方式以带状（每带 4 行）混交为宜，混交面积比例按 1∶1 配置。

（4）抚育管理：造林后 3 年内，进行中耕除草、整穴等工作。

**3. 模式评价与推广**

油松为深根性树种，耐瘠薄，抗旱能力较强，柠条的枝叶是优良饲料，对牧业发展具有积极作用，既可有效改变恶劣的自然环境，还可缓解林牧矛盾。

该模式适宜土石中山区，年平均温度 7℃以上，年均降水量 350mm 以上区域推广。

### （五）油松＋豆科牧草复合经营模式（模式 30）

**1. 适宜条件**

油松与豆科牧草在土石山、丘陵，年均气温 7～10℃，阴坡、半阴坡，坡度＜30°，年均降水量 350～550mm 的地区营造，其垂直分布在海拔 800～1500m。土壤主要为褐土、栗褐土，土层厚度＞35cm。

**2. 主要技术措施**

（1）树种选择：油松苗龄：2a 生容器苗，苗高 H：25～30cm；豆科牧草为种子。

（2）整地：采用穴状整地，品字形排列。油松整地规格：60cm×60cm×40cm，豆科牧草为全面整地，前一年雨季或秋季整地效果最佳。

（3）造林方式：春季栽植。油松造林株行距为 2.0m×3.0m，密度为油松

833 株/hm²；豆科牧草需种量为 30kg/hm²。

混交方式为带状套种豆科牧草，混交面积比例按 1∶1 配置。

（4）抚育管理：造林后 3 年内，进行中耕除草、整穴、病虫害防治等工作。

### 3. 模式评价与推广

油松为深根性树种，具有耐干旱、瘠薄的特性，在油松郁闭前行间套种豆科牧草，可增加地表植被覆盖，豆科牧草根系具有丰富的根瘤菌，可以改善土壤肥力。

该模式适宜在土石中低山区、丘陵区，年平均温度 7℃ 以上，年均降水量 350mm 以上区域推广。

### （六）河北杨＋云杉道路绿化模式（模式 31）

### 1. 适宜条件

河北杨与云杉适宜在道路两侧，年均气温 6～10℃，无霜期 120～140d，年均降水量 450mm 以上的地区种植，其垂直分布在海拔 1200～1600m。土壤主要为中性或微碱性土，土层厚度＞60cm。

### 2. 主要技术措施

（1）树种选择：河北杨苗胸径 D＞4cm；云杉苗高 H：120～150cm。

（2）整地：采用穴状整地。整地规格：80cm×80cm×80cm，品字形排列。

（3）造林方式：春季栽植为宜。河北杨造林株行距为 2.5m×5.0m，每行密度为 200 株/km；云杉为 2.5m×5.0m，每行密度为 200 株/km。

混交方式以行间混交为宜，道路两侧各 2～4 行，从路面开始，依次为云杉 1～2 行，河北杨 1～2 行。混交比例按行数 1∶1 配置。

（4）抚育管理：造林后 3 年内，进行灌溉、整穴等工作。

### 3. 模式评价与推广

河北杨与云杉均耐寒冷，二者针阔混交，生长相互无不利影响，可与荒山绿化、农田林网相结合，形成防护林体系。

该模式适宜在乡村道路两侧，年平均温度 6℃ 以上，年均降水量 450mm 以上区域推广。

### （七）华北落叶松＋沙棘混交水源涵养模式（参见模式 22）

### （八）油松＋天然灌木混交水土保持模式（参见模式 9）

### （九）漳河柳河流护岸林建设模式（参见模式 17）

### （十）土石山区封山育林模式（参见模式 8）

## 第六节　晋西黄土丘陵沟壑水土保持、经济林区林业生态建设

### 一、立地条件特征

晋西黄土丘陵沟壑水土保持、经济林区位于山西省的西部，其西部与陕西省隔黄河相望，国土面积 114.55 万 hm²，占山西生态脆弱区总面积的 16.59%。地理坐标介于东经 110°22′～111°36′、北纬 36°51′～39°27′之间。区域范围包括忻州市的河曲县、保德县；吕梁市的临县、柳林县、石楼县、兴县（魏家滩镇、瓦塘镇、蔡家垣、高家村镇、蔚汾镇、孟家坪、罗峪口镇、赵家坪、康宁镇、固贤、圪垯上、贺家会、蔡家会镇）、中阳县（金罗镇、张子山乡、下枣林乡、武家庄镇、暖泉镇），计 7 个县（区），详见图 6-6。

在全国林业发展区划中，属于华北暖温带落叶阔叶林保护发展区（一级区）的晋陕黄土高原防护经济林区（二级区）。

该区位于黄河东岸，黄河一级支流朱家川河、三川河等从区内自东向西流过，千沟万壑，水土流失严重，生态脆弱，生态区位重要。

■ 晋西黄土丘陵沟壑生态脆弱区
□ 山西生态脆弱区

**图 6-6　晋西黄土丘陵沟壑生态脆弱区在山西省的位置示意图**

#### （一）湿地

该区属于黄河水系，主要河流有朱家川河、蔚汾河、湫水河和三川河等，属于山西省西部黄河一级支流湿地区，湿地面积 6978hm²。由于气候干旱，降水量少，湿地主要集中分布在黄河沿岸、水库和较大的一级支流，详见表 6-40。

**表 6-40　晋西黄土丘陵沟壑生态脆弱区湿地类型面积按保护等级统计表**

单位：hm²

| 保护类型<br>级别 | 湿地类型 | | | | |
|---|---|---|---|---|---|
| | 小计 | 河流湿地 | 湖泊湿地 | 沼泽湿地 | 人工湿地 |
| 省级 | 6978 | 6934 | | | 44 |

该区湿地全部为省级湿地，其中河流湿地占湿地总面积的99.37％；人工湿地占湿地总面积的0.63％。

### （二）沙化、荒漠化

该区只有河曲县、保德县为国家沙化治理县，2006年沙化土地面积为6.51万hm²，其中轻度沙化占沙化土地面积的41.20％；中度沙化占沙化土地面积的28.12％；重度沙化占沙化土地面积的30.68％，详见表6—41。

表6—41　晋西黄土丘陵沟壑生态脆弱区沙化土地面积统计表　单位：hm²

| 沙化程度／分县 | 合计 | 非沙化土地 | 沙化土地 小计 | 轻度 | 中度 | 重度 | 极重度 |
|---|---|---|---|---|---|---|---|
| 合计 | 1145538 | 1080404 | 65134 | 26836 | 18318 | 19980 | |
| 河曲县 | 131922 | 88695 | 43227 | 23247 | | 19980 | |
| 保德县 | 99802 | 77894 | 21908 | 3590 | 18318 | | |
| ＊兴县 | 240126 | | | | | | |
| 临县 | 297790 | | | | | | |
| 柳林县 | 129256 | | | | | | |
| 石楼县 | 173857 | | | | | | |
| ＊中阳县 | 72785 | | | | | | |

注：＊表示该县部分乡镇在此分区内。

该区只有河曲县、保德县、临县、兴县为国家荒漠化治理县，2006年荒漠化土地面积为18.63万hm²，其中轻度荒漠化占荒漠化土地面积的37.03％；中度荒漠化占荒漠化土地面积的40.16％；重度荒漠化占荒漠化土地面积的19.77％；极重度荒漠化占荒漠化土地面积的3.04％，详见表6—42。

表6—42　晋西黄土丘陵沟壑生态脆弱区荒漠化土地面积统计表　单位：hm²

| 荒漠化程度／分县 | 合计 | 非荒漠化土地 | 荒漠化土地 小计 | 轻度 | 中度 | 重度 | 极重度 |
|---|---|---|---|---|---|---|---|
| 合计 | 1145538 | 959215 | 186323 | 69004 | 74825 | 36835 | 5659 |
| 河曲县 | 131922 | 41615 | 90307 | 41416 | 48891 | | |
| 保德县 | 99802 | 40596 | 59206 | 27462 | 6582 | 23644 | 1518 |
| ＊兴县 | 240126 | 238843 | 1283 | 10 | 601 | 652 | 20 |
| 临县 | 297790 | 262263 | 35527 | 116 | 18752 | 12538 | 4121 |
| 柳林县 | 129256 | | | | | | |
| 石楼县 | 173857 | | | | | | |
| ＊中阳县 | 72785 | | | | | | |

注：＊表示该县部分乡镇在此分区内。

## 二、林业资源和非木材资源

### （一）区域林业重点工程

2006年，该区国家级造林工程完成62.70万hm²，省级造林重点工程完成

0.15 万 hm²，利用外资林业工程累计完成 0.67 万 hm²。区域内国家、省级等林业重点工程完成情况，详见表 6－43。

表6－43　晋西黄土丘陵沟壑生态脆弱区林业重点工程表

| 合计 | 国家林业重点工程 | | | | | | | 省级林业重点工程 | | | | | | | 外资项目 |
|---|---|---|---|---|---|---|---|---|---|---|---|---|---|---|---|
| | 小计 | 天保 | 退耕还林 | 京津风沙源 | 三北防护林 | 速丰产林 | 自然保护区建设 | 小计 | 通道（高速、国省道） | 沿线荒山造林 | 村镇绿化 | 矿区绿化 | 环城绿化 | 其他 | |
| 万 hm² | 万 hm² | 万 hm² | 万 hm² | 万 hm² | 万 hm² | 万 hm² | 万 hm² | 万 hm² | km | 万 hm² | 个 | 个 | 万 hm² | 万 hm² | 万 hm² |
| 63.52 | 62.70 | 9.87 | 18.32 | | 23.90 | 0.75 | | 0.15 | 1840.0 | 0.02 | 128 | 153 | 0.04 | 0.09 | 0.67 |

国家级造林工程是地区林业生态建设的主体。

### （二）林业资源

2006 年，该区林地面积 71.58 万 hm²，占国土面积的 62.49％，其中防护林面积 5.24 万 hm²，占林地面积的 7.32％；用材林面积 0.12 万 hm²，占林地面积的 0.17％；经济林面积 7.81 万 hm²，占林地面积的 10.91％；特用林面积 0.16 万 hm²，占林地面积的 0.22％。活立木蓄积 221.43 万 m³，详见表 6－44。

该区以水土保持林、防风固沙林为主，红枣、核桃等非木材资源影响较大，在有林地中，经济林占 57.95％。未成林造林地的管护和补造任务繁重。应坚持治理水土流失和发展经济林产业并举，大力营造生态经济林。

表6－44　晋西黄土丘陵沟壑生态脆弱区林业资源表

单位：hm²、m³、％

| 类　别 | 林地面积 | 活立木蓄积 | 林种面积、蓄积 | | | | | 宜林地 | 其他林地 | 森林覆盖率 |
|---|---|---|---|---|---|---|---|---|---|---|
| | | | 防护林 | 用材林 | 经济林 | 特用林 | 薪炭林 | | | |
| 面积 | 715832 | | 52362 | 1200 | 78128 | 1569 | | 338104 | 244469 | 13.24 |
| 蓄积 | | 2214268 | 1492842 | 105300 | | 37100 | | | 579026 | |

该区共有生态公益林 63.65 万 hm²，占全区总面积 55.56％，占全区林地面积 88.91％，其中国家公益林面积 18.50 万 hm²，占全区公益林面积 29.06％；地方公益林面积 45.15hm²，占全区公益林面积 70.94％。

该区森林覆盖率 13.24％，低于山西生态脆弱区平均森林覆盖率约 4 个百分点。

宜林地 33.81 万 hm²，占林地面积的 47.23％，多数交通不便，立地条件差，造林任务艰巨。

### （三）非木材资源

该区非木材林业资源丰富，主要有红枣、核桃、苹果、梨和其他水果等，

2006 年非木材林业产值达 19.97 亿元，红枣产量和品质在山西省位居前列，非木材林业资源对当地社会、经济和文化的影响较大，是当地林业收入的重要来源。

## 三、野生动植物资源、自然保护区、森林公园

（1）野生植物资源：区内暂无国家级保护野生植物。

（2）野生动物资源：国家Ⅰ级重点保护的珍稀野生动物有褐马鸡、金钱豹、麝等。

（3）自然保护区：团圆山省级自然保护区、贺家山省级自然保护区总面积达 2.88 万 hm²，占该区总面积的 2.52%。

（4）森林公园：区内暂无省级以上森林公园。

## 四、生态区位、生产力级数和木材供给能力潜力分析

### （一）生态区位

该区位于黄河东岸的黄土丘陵区，是全国水土流失的重灾区，现实森林生产力普遍较低，但区内有较丰富的土地资源和光热条件，以红枣为主的经济林是当地林业经济主要来源之一。区域生态区位综合评价为"重要"，生态敏感性处于"脆弱"，详见表6-45。

表6-45　晋西黄土丘陵沟壑生态脆弱区生态区位等级划分表

| 分　区 | 主要河流 | | 自然保护区 | | 水土流失区 | | 荒漠化区 | | 沙化区 | | 综合生态区位等级 |
| | 名称 | 生态区位等级 | 名称与级别 | 生态区位等级 | 土壤侵蚀模数（t/km²·a） | 生态区位等级 | 面积占（%） | 生态区位等级 | 面积占（%） | 生态区位等级 | |
| --- | --- | --- | --- | --- | --- | --- | --- | --- | --- | --- | --- |
| 河曲县 | 黄河 | 重要 | | | >6000 | 重要 | 68.45 | 重要 | 32.77 | 重要 | 重要 |
| 保德县 | 黄河 | 重要 | 贺家山 省级 | 较重要 | >6000 | 重要 | 59.32 | 重要 | 21.95 | 一般 | 重要 |
| *兴县 | 黄河 | 重要 | | | >8000 | 重要 | 0.53 | 一般 | | | 重要 |
| 临县 | 黄河 | 重要 | | | >8000 | 重要 | 11.93 | 一般 | | | 重要 |
| 柳林县 | 黄河 | 重要 | | | >8000 | 重要 | | | | | 重要 |
| 石楼县 | 黄河 | 重要 | 团圆山 省级 | 较重要 | >8000 | 重要 | | | | | 重要 |
| *中阳县 | 暖泉河 | 一般 | | | >7000 | 重要 | | | | | 重要 |

注：*表示该县部分乡镇在此分区内。

### （二）生产力级数

（1）现实森林生产力级数：从现实森林生产力级数看，除兴县、中阳县的生产力级数较高外，其余县河曲县、保德县、临县、柳林县、石楼县的生产力级数阈值为4～7，生产力级数较低。

（2）期望森林生产力级数：从期望森林生产力级数看，中阳县、兴县的生产力级数在 30 左右，其余各县的生产力级数为 9～24，生产力级数较高，详见表6－46。

表6－46　晋西黄土丘陵沟壑生态脆弱区现实、期望生产力级数表

| 分县<br>生产力级数 | 河曲县 | 保德县 | 兴县 | 临县 | 柳林县 | 石楼县 | 中阳县 |
|---|---|---|---|---|---|---|---|
| 现实生产力级数 | 4 | 4 | 13 | 7 | 4 | 6 | 11 |
| 期望生产力级数 | 12 | 9 | 27 | 24 | 9 | 15 | 35 |

该区森林生产力发展潜力很大。

### （三）木材供需分析

按照木材采伐量小于林木生长量的总原则，对用材林、四旁树和部分防护林进行合理采伐、抚育。2006 年该区用材林蓄积量 10.53 万 m³，四旁树蓄积量 17.79 万 m³。按年均综合生长率 6.5％，综合木材出材率 50.7％计算，则年用材林、四旁树可供商品材 0.93 万 m³、非商品材 0.50 万 m³，再加上防护林抚育间伐 1.58 万 m³，2006 年可供木材为 3.01 万 m³。该区总人口 155.10 万人，按年人均需要木材 0.2m³ 测算，年预计需木材 31.02 万 m³，因此木材需求缺口很大。

该区地处黄土丘陵沟壑区，80％以上的土地水土流失严重，生态环境压力较大，有林地绝大多数为生态公益林，因用材林比重很小，导致木材供应不足。根据期望森林生产力测算，分类经营，培育一般用材林，同时对部分防护林进行合理抚育间伐，尽量提高木材的供应量。预期到 2015 年可供木材达到 7.76 万 m³，到 2020 年可供木材达到 8.66 万 m³，但远不能满足该区经济社会发展的需求。

## 五、林业产业

2006 年，该区林业产业年总产值达 20.30 亿元，其中第一产业 18.28 亿元，占总产值的 90.05％；第二产业 1.58 亿元，占总产值的 7.78％；第三产业 0.44 亿元，占总产值的 2.17％。区内缺乏大型林产龙头企业，有第一产业企业 83 家，第二产业企业 22 家，第三产业企业 9 家。林业产业类型为经济林产品的种植与采集、林木的培育和种植、果品加工。

## 六、发展目标及建设布局

### （一）发展目标

以水土保持林建设为主，生物治理与工程措施相结合，乔、灌、草相结合，合理调配防护林、用材林、经济林和薪炭林的发展比例，对黄河支流进行流域综

合治理，促进农、林、牧、副业协调发展，详见表6－47。

表6－47　晋西黄土丘陵沟壑生态脆弱区林业主要发展目标指标表

| 年　度 | 有林地 | 灌木林 | 特灌林 | 森林覆盖率 | 林木绿化率 | 活立木蓄积 | 向社会提供木材 | 林业产值 |
|---|---|---|---|---|---|---|---|---|
| | hm² | hm² | hm² | ％ | ％ | 万 m³ | 万 m³ | 亿元 |
| 2015 年 | 237378 | 126274 | 49588 | 25.05 | 32.20 | 256.76 | 8.30 | 62.83 |
| 2020 年 | 294178 | 174762 | 59731 | 30.89 | 41.40 | 274.43 | 8.66 | 105.35 |

到 2015 年，区域森林覆盖率达到 25.05％，到 2020 年，区域森林覆盖率达到 30.89％。

到 2015 年，区域林业产业总产值达到 62.83 亿元；到 2020 年，区域林业产业总产值达到 105.35 亿元。

**（二）建设布局**

**1. 生态建设布局**

该区以生态建设为主，东部土石山区继续加大天保工程建设力度，西部重点实施退耕还林工程、"三北"防护林工程。不断兼顾社会对林业的多种需求，向下调整地方生态公益林的比重，到 2020 年将生态公益林面积调整为 48.61 万 hm² 左右，生态公益林与商品林比例为 7∶3。新增建设为：

（1）新造林 31.73 万 hm²，其中人工造林 21.73 万 hm²、封山育林 10.00 万 hm²；使林地利用率达到 41.10％；

（2）通道绿化 5520km；

（3）退化林分修复 5.27 万 hm²，其中老残林带更新 1.29 万 hm²、低效林改造 3.98 万 hm²；

（4）中幼林抚育 7.95 万 hm²，其中中龄林抚育 1.91 万 hm²、幼龄林抚育 6.04 万 hm²；

（5）现有林管护 10.61 万 hm²，其中集中管护 7.43 万 hm²、承包管护 3.18 万 hm²；

（6）新农村绿化 678 个，其中生态防护型 209 个、生态经济型 326 个、生态景观型 143 个；

（7）自然保护区（包括湿地）6 个，其中省级 4 个、市县级 2 个。

**2. 工业原料、生物质能源林布局**

落实国家产业政策，大力发展以文冠果等为主的生物质能源林，到 2020 年新发展 2.80 万 hm² 工业原料林和生物质能源林。

**3. 特色经济林布局**

发挥得天独厚的自然条件优势，以红枣、核桃、苹果、梨等为主，集约经营，规模发展，创立品牌。到 2020 年，新增经济林 13.64 万 hm²，其中果树林 9.57 万 hm²、药材林 0.73 万 hm²、油料林 3.34 万 hm²。

**4. 林业产业基地、花卉苗木及种苗基地建设布局**

到 2020 年，该区建设林业产业基地 52 个，花卉苗木基地 24 个，林木种苗基地 17 个，计面积 5200hm²，充分发挥产业基地的科技示范和带动作用。

**5. 用材林建设布局**

到 2020 年，新发展或改造水土保持用材林 9.77 万 hm²。

**6. 生态旅游建设布局**

充分利用现有森林资源，以城镇居民为主要对象，积极改善身边生态环境，让人们感受到生态文明的建设成果。倡导资源节约型旅游经营方式，满足不断升级的旅游消费新风尚，把生态旅游建设成为可持续发展的绿色产业。

到 2020 年，新建城镇森林公园（包括湿地）14 个，其中生态休闲型 7 个、生态观光型 7 个。

## 七、治理技术思路

### （一）经营措施

（1）对造林失败地加强补植、补种。新造林郁闭后及时进行抚育，促使其早成林，形成乔灌、针阔天然混交林分。

（2）加大封山育林比重，配合人工更新，加快水土流失治理。管护好新造林和人工幼林，封育区内实行牲畜饲舍圈养，通过林下种植牧草，解决饲料来源，保障封育效果。

（3）进行经济型防护林建设，立体种植，提高土地利用率，提倡农林复合经营。

（4）发挥林木种质资源丰富的优势，建立红枣、核桃、杨树等优势林木种质资源库。

### （二）科技需求

（1）抗旱造林集成技术；

（2）林木病虫害、鼠害、兔害等防治技术；

（3）能源林培育及碳汇造林技术；

（4）经济林丰产、高产技术和贮藏保鲜新技术；

（5）科技支撑、标准化示范、科技示范园区展示基地和林农培训现场建设。

### （三）政策建议

（1）重视对现有未成林的补植、补种和管护，并将专项资金纳入投资计划，确保造林任务完成和生态效果。

（2）积极推进集体林权制度改革，调动广大农民造林积极性，引导农民发展生态经济林。四旁树和农田林网要积极落实林权、树权到户到人，列支专项管护费用；改革完善林带、林网的更新采伐制度。加强对农民的技术培训，成立行业服务组织，为他们提供市场信息，实现规模化经营和产业化发展。

（3）出台政策法规，鼓励社会各界承包荒山荒沟，开展以水土保持为主的生态建设和综合开发。

（4）加强团圆山、贺家山自然保护区建设，对保护区的实验区也应执行自然保护区政策，遏制对自然植被的破坏。

（5）加强对朱家川河、蔚汾河、湫水河、三川河等黄河一级支流湿地的保护。对生态环境恶化和生态功能退化的湿地，要针对性地采取治理、恢复和修复措施，逐步恢复湿地的原有结构和功能，实现湿地资源的可持续利用。

（6）实施好以水土保持林为主的国家生态治理工程，特别是应加强"三北"防护林和退耕还林工程建设，以小流域为治理单元，对沟头、沟坡进行重点治理，乔、灌、草相结合，提高林木覆盖率。平川地区重点进行农田林网、环城林带和村庄绿化建设。

（7）围绕促进林业产业结构调整、布局优化和技术升级等内容，以提高质量、效益为主攻方向，积极开展经济林良种、集约栽培、综合丰产管理和重大病虫灾害防控等技术的研究，组装配套与应用；加快森林及林产品认证步伐，扶持一批林业龙头企业，强化林产品标准化建设和市场监管。加强林产品加工技术进步，重点研发贮藏保鲜和深加工工艺等技术及生产装备，延长产业链，提升林产品档次，提高产品竞争力。

## 八、主要绿化治理模式

### （一）侧柏＋刺槐混交水土保持模式（模式 32）

**1. 适宜条件**

侧柏与刺槐适宜在黄土丘陵，年均气温 8～14℃，阳坡，坡度＜35°，年均降水量 400～600mm 的地区营造，其垂直分布在海拔 1200m 以下。土壤主要为栗褐土、淡栗褐土，土层厚度＞35cm。

**2. 主要技术措施**

（1）树种选择：侧柏苗龄：2a 生容器苗，苗高 H：30cm；刺槐 1a 生苗，苗木地径 d＞0.8cm。

（2）整地：一般采用水平阶、穴状整地，陡坡采用鱼鳞坑整地。鱼鳞坑整地规格：60cm×50cm×40cm，品字形排列，前一年雨季或秋季整地效果最佳。

（3）造林方式：春季、秋季栽植。侧柏、刺槐混交的造林株行距为 1.5m×4.0m，密度为 1666 株/hm²。

混交方式以带状混交为宜，混交面积比例按 1∶1 配置。

（4）抚育管理：造林后 3 年内，进行中耕除草、整穴、修枝、病虫害防治等工作。

### 3. 模式评价与推广

侧柏、刺槐是干瘠立地造林的先锋树种，适应能力强。侧柏抗有害气体和吸收有害气体能力较强；刺槐是浅根性树种，侧根和毛根多，大都分布在离地面 20cm 深的土层内，交织成网状。侧柏与刺槐混交能充分发挥土地潜力，刺槐还可促进侧柏生长。

该模式适宜在低山丘陵区，年均温度 8℃以上，年均降水量 400mm 以上区域推广。

### （二）侧柏＋黄栌混交水土保持模式（模式 33）

### 1. 适宜条件

侧柏与黄栌适宜在石质山、土石山，年均气温 10℃以上，阳坡、半阴坡，坡度＜35°，年均降水量 400～700mm 的地区营造，其垂直分布在海拔 1400m 以下。土壤主要为黄土、褐土，土层厚度＞35cm。

### 2. 主要技术措施

（1）树种选择：侧柏苗龄：2a 生容器苗，苗高 H：30cm；黄栌苗龄：2a 生苗，苗木地径 d＞1.5cm。

（2）整地：一般采用穴状或鱼鳞坑整地。穴状整地规格：60cm×60cm×50cm，品字形排列，前一年雨季或秋季整地效果最佳。

（3）造林方式：春、秋季栽植。侧柏造林株行距为 2.0m×3.0m，密度为 833 株/hm²；黄栌为 1.5m×3.0m，密度为 1111 株/hm²。

混交方式以块状混交为宜，混交面积比例按 1∶1 配置。

（4）抚育管理：造林后 3 年内，进行中耕除草、整穴等工作。

### 3. 模式评价与推广

侧柏是干旱石质山地造林的先锋树种，既耐干旱，又耐瘠薄，适应能力强，黄栌也是干旱山区优良的造林树种，秋季树叶变红色，观赏性强，适于营造成片的山地风景林。

该模式适宜在中低土石山区，年平均温度 10℃以上，年均降水量 400mm 以上区域推广。

### （三）侧柏＋天然灌木混交水土保持模式（模式 34）

**1. 适宜条件**

侧柏适宜在石质山、土石山区，年均气温 10℃以上，阳坡、半阳坡，坡度＜35°，年均降水量 400mm 以上的地区营造，其垂直分布在海拔 1400m 以下。土壤主要为栗褐土、淋溶褐土，土层厚度＞35cm。

**2. 主要技术措施**

（1）树种选择：侧柏苗龄：2a 生容器苗，苗高 H：30cm；天然灌木盖度在50％以上。

（2）整地：一般采用穴状整地。整地规格：60cm×60cm×40cm，品字形排列，前一年雨季或秋季整地效果最佳。

（3）造林方式：春、秋季栽植。侧柏造林株行距为 2.0m×3.0m，密度为833 株/hm²。

混交方式为间隔 3m 的坡面内保留天然灌木植被，形成侧柏与天然灌木的混交林。

（4）抚育管理：造林后 3 年内，进行中耕除草、定株培育等工作。对具有开发价值的优良灌木树种或濒危植物应重点保护、培育。

**3. 模式评价与推广**

人工侧柏成林后，与天然灌木形成稳定的近自然式乔灌混交林，物种丰富，生态效益高，

该模式适宜在盖度 50％以上、生长状况良好的天然灌木林内，年均温度10℃以上，年均降水量 400mm 以上区域推广。

### （四）油松＋臭椿混交水土保持模式（模式 35）

**1. 适宜条件**

油松与臭椿适宜在土石山、黄土丘陵，年均气温 7～10℃，阳坡、半阳坡，坡度＜35°，年均降水量 400～650mm 的地区营造，其垂直分布在海拔 1400m 以下。土壤主要为山地褐土、栗褐土，土层厚度＞35cm。

**2. 主要技术措施**

（1）树种选择：油松苗龄：2a 生容器苗，苗高 H：25～30cm；臭椿苗龄：1a 生苗。

（2）整地：一般采用穴状或鱼鳞坑整地。穴状整地规格：60cm×60cm×

40cm，品字形排列，前一年雨季或秋季整地效果最佳。

（3）造林方式：春、秋季栽植。油松、臭椿混交造林株行距为 2.0m×3.0m，密度为 1666 株/hm²。

混交方式以带状或块状混交为宜，混交面积比例按 1∶1 配置。

（4）抚育管理：造林后 3 年内，进行中耕除草、整穴等工作。

### 3. 模式评价与推广

油松抗寒、耐旱，为深根性树种，落叶腐烂缓慢；臭椿主根发达，为深根性树种，能充分利用母质层内的水分和养分。营造油松与臭椿混交林可起到很好的水土保持作用。

该模式适宜在土石山、黄土丘陵，年均温度 7℃ 以上，年均降水量 400mm 以上区域推广。

### （五）文冠果＋豆科牧草复合经营能源林模式（模式 36）

#### 1. 适宜条件

文冠果与豆科牧草适宜在黄土丘陵，年均气温 10℃ 以上，无霜期 140～170d，阳坡、半阳坡，坡度＜30°，年均降水量 450～600mm 的地区营造，其垂直分布在海拔 1200m 以下。土壤主要为山地褐土、栗褐土，土层厚度＞60cm。

#### 2. 主要技术措施

（1）树种选择：文冠果苗龄：2a 生苗，苗高 H＞50cm；豆科牧草为种子。

（2）整地：一般采用穴状整地，整地规格：70cm×70cm×50cm，品字形排列，豆科牧草采用全面整地，前一年雨季或秋季整地效果最佳。

（3）造林方式：春季栽植。文冠果造林株行距为 2.5m×4.0m，密度为 1000 株/hm²，豆科牧草需种量为 30kg/hm²。

混交方式以行间混交为宜，带间套种豆科牧草。混交面积比例按 1∶1 配置。

（4）抚育管理：造林后 3 年内，进行中耕除草、施肥等工作。

#### 3. 模式评价与推广

文冠果是特有的优良木本油料，是重要的能源林树种，其根系发达，萌蘖性强，生长较快，水土保持作用好；豆科牧草牛羊食口性好，生物量大。该模式可以加大"四荒"开发力度，调整产业结构，综合效益显著。

该模式适宜在撂荒地、沙荒地，年均温度 10℃ 以上，年均降水量 400mm 以上区域推广。

### （六）花椒＋紫花苜蓿复合经营模式（模式 37）

#### 1. 适宜条件

花椒与紫花苜蓿适宜在土石山、黄土丘陵，年均气温 9～16℃，阳坡、半阳坡，坡度＜20°，年均降水量 500～700mm 的地区营造，其垂直分布在海拔 1200m 以下。土壤主要为褐土、黄绵土，土层厚度＞60cm。

**2. 主要技术措施**

（1）树种选择：花椒苗龄：2a 生苗；紫花苜蓿为种子。

（2）整地：一般采用穴状整地，花椒整地规格：70cm×70cm×60cm，紫花苜蓿采用全面整地，前一年雨季或秋季整地效果最佳。

（3）造林方式：春季栽植。花椒造林株行距为 3.0m×5.0m，密度为 333 株/hm²。紫花苜蓿需种量为 30kg/hm²。

混交方式为花椒行间套种豆科牧草，混交面积比例按 1∶1 配置。

（4）抚育管理：造林后进行中耕除草、施肥及病虫害防治等工作。紫花苜蓿在每年 5 月中旬和 7、8 月中旬割取嫩枝、嫩叶做饲料。

**3. 模式评价与推广**

花椒是调味和制作香料的原料，具有耐干旱、耐瘠薄、不耐水湿的特性，能在短期内恢复植被；紫花苜蓿具有良好的固氮作用，能有效改善土壤肥力，同时可为花椒提供绿肥。花椒与紫花苜蓿复合经营能充分发挥土地潜力。

该模式适宜在地势较高、通风向阳、土层较厚的地段，年均温度 9℃以上，年均降水量 500mm 以上区域推广。

**（七）红枣干果经济林建设模式**（模式 38）

**1. 适宜条件**

红枣适宜在梯田、垣、缓坡丘陵，年均气温 9～15℃，无霜期 170d 左右，坡度＜25°，年均降水量 450mm 以上的地区营造，其垂直分布在海拔 1000m 以下。土壤主要为褐土性土、栗褐土，土层厚度＞80cm。

**2. 主要技术措施**

（1）树种选择：红枣苗龄：2a 生良种嫁接苗。

（2）整地：一般采用穴状整地，整地规格：80cm×80cm×80cm，品字形排列，前一年雨季或秋季整地效果最佳。

（3）造林方式：春季栽植。红枣造林株行距为 2.5m×4.0m，密度为 1000 株/hm²。幼林阶段可在树下行间套种豆类作物。

（4）抚育管理：进行中耕除草、施肥、修剪及病虫害防治等工作。

**3. 模式评价与推广**

红枣是山西重要的干果经济树种，对气候、土壤适应性强，耐烟尘及有害气体，抗风沙，根系发达，根蘖性强。果实营养丰富，富含维生素 C，可鲜食或加

201

工成多种食品，也是优良的蜜源树种。秋季采摘时节雨水多时防裂果。

该模式适宜在地势平缓、土层深厚，年均温度 9℃以上，年均降水量 450mm 以上区域推广。

### （八）核桃＋豆科牧草复合经营模式（模式 39）

**1. 适宜条件**

核桃与豆科牧草适宜在土石山、黄土丘陵沟壑区的垣地、坡地，年均气温 8～15℃，无霜期 170d，坡度＜25°，年均降水量 450mm 以上地区营造，其垂直分布在海拔 700～1300m。土壤主要为栗褐土、褐土性土，土层厚度＞100cm。

**2. 主要技术措施**

（1）树种选择：核桃苗龄：2a 生良种嫁接苗；豆科牧草为种子。

（2）整地：一般采用穴状整地。整地规格：80cm×80cm×80cm，品字形排列，前一年雨季或秋季整地效果最佳。

（3）造林方式：春季栽植。核桃造林株行距为 3m×6m，密度为 370 株/hm²。豆科牧草需种量为 30kg/hm²。

混交方式为行间套种豆科牧草，混交面积比例按 2∶1 配置。

（4）抚育管理：造林后，进行中耕除草、施肥、修剪、病虫害防治等工作。

**3. 模式评价与推广**

核桃是山西重要的木本油料树种，对发展农村林业经济作用很大。在核桃经济林内间作豆科牧草，一是增加地表植被可防治水土流失；二是豆科牧草的嫩枝叶为核桃压绿肥，增加土壤肥力；三是豆科牧草牛羊食口性好，生物量大，可缓解林牧矛盾。

该模式适宜在退耕还林地、坡耕地，年平均温度 8℃以上，年均降水量 450mm 以上区域推广。

### （九）刺槐＋四翅滨藜灌木饲料林建设模式（参见模式 44）

### （十）新疆杨＋油松道路绿化模式（参见模式 7）

# 第七节　关帝土石山水源涵养、用材林区林业生态建设

## 一、立地条件特征

关帝土石山水源涵养、用材林区位于山西省的中西部，国土面积 146.39 万

hm²，占山西生态脆弱区总面积的 21.20%。地理坐标介于东经 110°55′~112°20′、北纬 36°43′~38°40′之间，区域范围包括吕梁市的方山县、离石区、交口县、岚县、兴县（恶虎滩乡、奥家湾乡、交楼申乡、东会乡）、中阳县（枝柯镇、宁乡镇）、交城县（庞泉沟镇、东坡底乡、会立乡、水峪贯镇、岭底乡、西社镇）、文水县（开栅镇）、汾阳市（峪道河镇、栗家庄乡、杨家庄镇、石庄镇）、孝义市（杜村、南阳）；忻州市的静乐县；太原市的娄烦县、古交市，计 13 个县（市、区），详见图 6—7。

关帝土石山生态脆弱区
山西生态脆弱区

图 6—7　关帝土石山生态脆弱区在山西省的位置示意图

在全国林业发展区划中，属于华北暖温带落叶阔叶林保护发展区（一级区）的晋陕黄土高原防护经济林区（二级区）。

区内的吕梁山脉是山西省国有林的重要分布区，林业用地比重大，是天然次生落叶松林的主要分布区，也是汾河支流文峪河的发源地，生态区位重要。

**（一）湿地**

该区属于汾河流域湿地区，支流较多，湿地面积 7390hm²，占该区总面积的 0.50%。包括水面、沿岸滩涂、沼泽湿地和区域内的其他河流、水库、池塘等，详见表 6—48。

表 6—48　关帝土石山生态脆弱区湿地类型面积按保护等级统计表　　单位：hm²

| 保护类型 级别 | 湿地类型 | | | | |
|---|---|---|---|---|---|
| | 小计 | 河流湿地 | 湖泊湿地 | 沼泽湿地 | 人工湿地 |
| 省级 | 7390 | 2734 | | 50 | 4606 |

该区湿地全部为省级湿地，其中河流湿地占湿地总面积的 37.00%，沼泽湿地占湿地总面积的 0.68%，人工湿地占湿地总面积的 62.33%。该区湿地保护对太原盆地的水资源安全具有重要意义。

**（二）沙化、荒漠化**

该区只有古交市为国家荒漠化治理县，荒漠化土地面积为 1.67 万 hm²，占国土面积的 1.14%，详见表 6—49。

表6-49 关帝土石山生态脆弱区荒漠化土地面积统计表

单位：hm²

| 荒漠化程度 \ 分县 | 合计 | 非荒漠化土地 | 荒 漠 化 土 地 | | | | |
|---|---|---|---|---|---|---|---|
| | | | 小计 | 轻度 | 中度 | 重度 | 极重度 |
| 合计 | 1463904 | 1447182 | 16722 | 14514 | 1915 | 293 | |
| 古交市 | 151251 | 134529 | 16722 | 14514 | 1915 | 293 | |
| ＊兴县 | 77352 | 77352 | | | | | |
| 方山县 | 143349 | 143349 | | | | | |
| 离石区 | 132350 | 132350 | | | | | |
| 岚县 | 151279 | 151279 | | | | | |
| ＊中阳县 | 71117 | 71117 | | | | | |
| 交口县 | 126069 | 126069 | | | | | |
| 静乐县 | 203708 | 203708 | | | | | |
| 娄烦县 | 128925 | 128925 | | | | | |
| ＊交城县 | 159166 | 159166 | | | | | |
| ＊文水县 | 34522 | 34522 | | | | | |
| ＊汾阳市 | 65575 | 65575 | | | | | |
| ＊孝义市 | 19241 | 19241 | | | | | |

注：＊表示该县部分乡镇在此分区内。

从荒漠化程度看，轻度荒漠化、中度荒漠化、重度荒漠化占荒漠化总面积的比例分别为86.80％、11.45％、1.75％。

该区无国家规定的沙化土地。

## 二、林业资源和非木材资源

### （一）区域林业重点工程

2006年，该区国家级造林工程完成104.64万 hm²，省级造林重点工程完成0.68万 hm²，利用外资林业工程累计完成2.48万 hm²。区域内国家、省级等林业重点工程完成情况，详见表6-50。

表6-50 关帝土石山生态脆弱区林业重点工程表

| 合计 | 国家林业重点工程 | | | | | | | 省级林业重点工程 | | | | | | | 外资项目 |
|---|---|---|---|---|---|---|---|---|---|---|---|---|---|---|---|
| | 小计 | 天保 | 退耕还林 | 京津风沙源 | 三北防护林 | 速丰产林 | 自然保护区建设 | 小计 | 通道（高速、国省道） | 沿线荒山造林 | 村镇绿化 | 矿区绿化 | 环城绿化 | 其他 | |
| 万 hm² | 万 hm² | 万 hm² | 万 hm² | 万 hm² | 万 hm² | 万 hm² | 万 hm² | 万 hm² | km | 万 hm² | 个 | 个 | 万 hm² | 万 hm² | 万 hm² |
| 107.82 | 104.66 | 31.24 | 14.18 | | 27.32 | 0.02 | 0.66 | 0.68 | 3617.3 | 0.05 | 160 | 73 | 0.06 | 0.57 | 2.48 |

国家级造林工程是地区林业生态建设的主体。

### （二）林业资源

该区是省直属关帝山国有林局、黑茶山国有林局的集中分布地，森林资源好。2006年该区林地面积104.99万 hm²，占国土面积的71.72％，其中防护林面积 34.45 万 hm²，占林地面积的 32.81%；用材林面积 1.35 万 hm²，占林地面积的 1.29%；经济林面积 2.56 万 hm²，占林地面积的 2.44%；特用林面积 1.05 万 hm²，占林地面积的 1.00%。活立木蓄积 2764.48 万 m³，详见表 6-51。

表 6-51　关帝土石山生态脆弱区林业资源表

单位：hm²、m³、%

| 类　别 | 林地面积 | 活立木蓄积 | 林种面积、蓄积 | | | | | 宜林地 | 其他林地 | 森林覆盖率 |
|---|---|---|---|---|---|---|---|---|---|---|
| | | | 防护林 | 用材林 | 经济林 | 特用林 | 薪炭林 | | | |
| 面积 | 1049935 | | 344509 | 13500 | 25619 | 10450 | 6 | 264793 | 390058 | 26.99 |
| 蓄积 | | 27644822 | 23763352 | 794400 | | 1536540 | 321 | | 1550209 | |

该区共有生态公益林 100.75 万 hm²，占国土面积 68.82%，占林地面积 95.96%，其中国家公益林面积 21.42 万 hm²，占全区公益林面积 21.26%；地方公益林面积 79.33hm²，占全区公益林面积 78.74%。未成林造林地的管护、补造任务繁重。

该区森林覆盖率 26.99%，高于山西生态脆弱区平均森林覆盖率约 9 个百分点。

宜林地 26.48 万 hm²，占林地面积的 25.22%，多数交通不便，立地条件差。

**（三）非木材资源**

该区非木材资源较为丰富，主要有核桃、红枣、苹果、梨、花椒、食用菌等，其中汾阳核桃的品质和产量在山西影响较大，2006 年非木材林业产值达 8.66 亿元。

## 三、野生动植物资源、自然保护区、森林公园

（1）野生植物资源：暂无国家级保护野生植物。

（2）野生动物资源：国家 I 级重点保护珍稀野生动物有褐马鸡、金钱豹、黑鹳、麝等。

（3）自然保护区：庞泉沟国家级自然保护区、薛公岭省级自然保护区、汾河上游省级自然保护区、云顶山省级自然保护区、黑茶山省级自然保护区、尉汾河省级自然保护区、薛公岭省级自然保护区总面积达 12.31 万 hm²，占该区总面积的 8.41%。

（4）森林公园：关帝山国家森林公园、安国寺省级森林公园、黑茶山省级森林公园、柏洼山省级森林公园总面积达 7.82 万 hm²，占该区总面积的 5.34%。

该区是山西生态脆弱区内自然保护区、森林公园分布较为集中的地区。

## 四、生态区位、生产力级数和木材供给能力潜力分析

### （一）生态区位

该区地处吕梁山脉，森林资源丰富，主要生态因子有河流、自然保护区、水土流失、水库等，区内拥有 6 个国家（省）级自然保护区及 5 个国家（省）级森林公园，经生态重要性指标综合评判，区域生态区位综合评价为"重要"，生态敏感性处于"亚稳定"，详见表 6－52。

**表 6－52  关帝土石山生态脆弱区生态区位等级划分表**

| 分县 | 主要河流 | | 自然保护区 | | 水土流失区 | | 荒漠化区 | | 沙化区 | | 综合生态区位等级 |
|---|---|---|---|---|---|---|---|---|---|---|---|
| | 名称 | 生态区位等级 | 名称与级别 | 生态区位等级 | 土壤侵蚀模数 (t/km²·a) | 生态区位等级 | 面积占(%) | 生态区位等级 | 面积占(%) | 生态区位等级 | |
| ＊兴县 | 黄河 | 重要 | 黑茶山 省级 尉汾河 省级 | 较重要 | 500～5000 | 较重要 | | | | | 重要 |
| 方山县 | 北川河 | 一般 | 庞泉沟 国家 | 重要 | ＞5000 | 重要 | | | | | 重要 |
| 离石区 | 北川河 | 一般 | 薛公岭 省级 | 较重要 | ＞5000 | 重要 | | | | | 重要 |
| 岚县 | 汾河 | 重要 | | | ＞5000 | 重要 | | | | | 重要 |
| ＊中阳县 | 北川河 | 一般 | 薛公岭 省级 | 较重要 | 500～5000 | 较重要 | | | | | 较重要 |
| 交口县 | 汾河 | 重要 | | | 500～5000 | 较重要 | | | | | 重要 |
| 静乐县 | 汾河 | 重要 | | | ＞5000 | 重要 | | | | | 重要 |
| 娄烦县 | 汾河 | 重要 | 汾河上游 省级、云项山 省级 | 较重要 | 500～5000 | 较重要 | | | | | 重要 |
| 古交市 | 汾河 | 重要 | | | 500～5000 | 较重要 | 11.06 | 一般 | | | 重要 |
| ＊交城县 | 汾河 | 重要 | 庞泉沟 国家 | 重要 | 500～5000 | 较重要 | | | | | 重要 |
| ＊文水县 | 汾河 | 重要 | | | 500～5000 | 较重要 | | | | | 重要 |
| ＊汾阳市 | 汾河 | 重要 | | | 500～5000 | 较重要 | | | | | 重要 |
| ＊孝义市 | 汾河 | 重要 | | | 500～5000 | 较重要 | | | | | 重要 |

注：＊表示为该县部分乡镇在此分区内。

### （二）生产力级数

（1）现实森林生产力级数：从现实森林生产力级数看，除交城县的生产力级数为 30，相对较高外，其余县兴县、方山县、孝义市、文水县等的生产力级数阈值为 4～16，生产力级数不高。

（2）期望森林生产力级数：从期望森林生产力级数看，方山县、离石区、中阳县、交城县、文水县、汾阳市的生产力级数在 40 左右，其余孝义市、古交市、岚县等各县的生产力级数为 16～28，期望生产力级数在山西生态脆弱区属高者，详见表 6－53。

表 6-53 关帝土石山生态脆弱区现实、期望生产力级数表

| 分县<br>生产力级数 | 兴县 | 方山县 | 离石区 | 岚县 | 中阳县 | 交口县 | 静乐县 | 娄烦县 | 古交市 | 交城县 | 文水县 | 汾阳市 | 孝义市 |
|---|---|---|---|---|---|---|---|---|---|---|---|---|---|
| 现实生产力级数 | 13 | 13 | 10 | 7 | 11 | 9 | 7 | 9 | 10 | 30 | 16 | 12 | 4 |
| 期望生产力级数 | 27 | 41 | 39 | 25 | 35 | 27 | 27 | 23 | 28 | 46 | 38 | 37 | 16 |

该区是山西省国有林区的集中分布地,森林生产力发展潜力很大。

### (三)木材供需分析

按照木材采伐量小于林木生长量的总原则,对用材林、四旁树和部分防护林进行合理采伐、抚育。2006 年该区用材林蓄积量 79.44 万 $m^3$,四旁树蓄积量 34.26 万 $m^3$。按年均综合生长率 6.5%,综合木材出材率 50.7% 计算,则年用材林、四旁树可供商品材 3.75 万 $m^3$、非商品材 3.26 万 $m^3$,再加上防护林抚育间伐 10.41 万 $m^3$,2006 年可供木材为 17.42 万 $m^3$。该区总人口 196.0 万人,按年人均需要木材 0.2 $m^3$ 测算,年预计需木材 39.20 万 $m^3$,因此木材需求缺口很大。

该区适宜发展用材林,根据期望森林生产力测算,分类经营,重点建设水源涵养用材林基地,并对部分防护林进行合理抚育间伐,尽量提高木材供应量。预期到 2015 年可供木材达到 43.94 万 $m^3$,到 2020 年可供木材达到 55.05 万 $m^3$,将逐步满足该区及周边经济社会发展的需求。

## 五、林业产业

2006 年,该区林业产业总产值达 10.54 亿元,其中第一产业 8.68 亿元,占总产值的 82.35%;第二产业 1.60 亿元,占总产值的 15.18%;第三产业 0.26 亿元,占总产值的 2.47%。区内暂无大型林产企业,有第一产业企业 79 家,第二产业企业 27 家,第三产业企业 10 家。主要林业产业类型为经济林产品的种植与采集、非木材林产品加工制造及森林旅游等。

## 六、发展目标及建设布局

### (一)发展目标

该区重点营造水源涵养林,加强水源及森林生态系统的保护。扩大具有水源涵养性质的生态景观林面积,积极发展一般用材林和生态旅游,详见表 6-54。

表 6-54 关帝土石山生态脆弱区林业主要发展目标指标表

| 年 度 | 有林地 | 灌木林 | 特灌林 | 森林覆盖率 | 林木绿化率 | 活立木蓄积 | 向社会提供木材 | 林业产值 |
|---|---|---|---|---|---|---|---|---|
| | $hm^2$ | $hm^2$ | $hm^2$ | % | % | 万 $m^3$ | 万 $m^3$ | 亿元 |
| 2015 年 | 476250 | 278035 | 24834 | 34.23 | 51.89 | 3205.66 | 52.80 | 32.62 |
| 2020 年 | 520735 | 313066 | 32776 | 37.81 | 57.33 | 3426.25 | 55.05 | 54.70 |

到 2015 年，区域森林覆盖率达到 34.23％；到 2020 年，区域森林覆盖率达到 37.81％。

到 2015 年，区域林业产业总产值达到 32.62 亿元；到 2020 年，区域林业产业总产值达到 54.70 亿元。

### （二）建设布局

#### 1. 生态建设布局

发挥区域森林资源较好的优势，在发展中保护，在保护中发展。兼顾社会对林业的多种需求，壮大林区经济，向下合理调整地方生态公益林的比重，到 2020 年将生态公益林面积调整为 75.27 万 hm² 左右，生态公益林与商品林比例为 7：3。新增建设为：

（1）新造林 27.72 万 hm²，其中人工造林 17.02 万 hm²、封山育林 10.70 万 hm²；使林地利用率达到 49.60％。

（2）通道绿化 10852km；

（3）退化林分修复 12.92 万 hm²，其中老残林带更新 1.10 万 hm²、低效林改造 11.82 万 hm²；

（4）中幼林抚育 23.65 万 hm²，其中中龄林抚育 5.67 万 hm²、幼龄林抚育 17.98 万 hm²；

（5）现有林管护 31.53 万 hm²，其中集中管护 22.07 万 hm²、承包管护 9.46 万 hm²；

（6）新农村绿化 847 个，其中生态防护型 261 个、生态经济型 408 个、生态景观型 178 个；

（7）自然保护区（包括湿地）11 个，其中省级 7 个、市县级 4 个；

#### 2. 工业原料、生物质能源林布局

落实国家产业政策，重点发展以文冠果等为主的生物质能源林，到 2020 年新发展 5.20 万 hm² 工业原料林和生物质能源林。

#### 3. 特色经济林布局

特色经济林种植是该区林业建设的传统优势，农民对核桃等干果经济林种植热情高涨，且具有较丰富的实践经验。合理规划，集约经营，到 2020 年新增经济林 13.58 万 hm²，其中果树林 4.56 万 hm²、药材林 0.73 万 hm²、油料林 8.29 万 hm²。

#### 4. 林业产业基地、花卉苗木及种苗基地建设布局

到 2020 年该区共建设林业产业基地 88 个，花卉苗木基地 36 个，林木种苗

基地 23 个，计面积 9100hm²，充分发挥产业基地的科技示范和带动作用。

**5. 用材林建设布局**

到 2020 年，新发展或改造水源涵养用材林 0.20 万 hm²，可在国营林场内进行大径材用材林培育。

**6. 生态旅游建设布局**

正确处理保护与开发的关系，全面提升森林旅游的对外服务功能，以现有森林公园为核心向外延伸，提高生态景观等级，有计划地在县城及重点乡镇周边建设一批生态公园，发展生态旅游。以省内外城市居民为主要对象，加大生态旅游产品推广力度，倡导回归自然式的旅游经营方式，满足不断升级的旅游消费新风尚，把生态旅游业建设成为可持续发展的绿色产业。

到 2020 年，新建城镇森林公园（包括湿地）18 个，其中生态休闲型 9 个、生态观光型 9 个。

## 七、治理技术思路

### （一）经营措施

（1）对中幼林进行透光伐、生长伐，既促进林分生长和生物多样性，还可解决部分小径材，发挥森林的多重效益。

（2）新造林郁闭后及时进行抚育，促使早成林，形成乔灌、针阔混交林分。

（3）按照近自然林业理念，设计"大径材"培育区，在商品林区生产部分高规格木材。

（4）加强对自然灾害及兔、鼠、虫害的防护和灾后治理。

（5）建立落叶松、核桃等优势林木种质资源库。

（6）加强森林管护站建设，购置管护设备。保护好褐马鸡、白杆、青杆、红桦等野生动植物资源，依法治林，严厉打击偷猎、偷采等不法行为。

### （二）科技需求

（1）土石山区水源涵养用材林培育技术；

（2）油松等林木病虫害防治技术；

（3）低效林改造技术；

（4）能源林培育以及碳汇林业技术；

（5）食用菌和药材等非木材森林资源利用技术；

（6）森林公园、自然保护区信息管理技术。

### （三）政策建议

（1）落实封山禁牧政策，增加饲舍建设的投资，缓解林牧矛盾，巩固生态建设成果。

（2）依法治林，加快集体林权制度改革，调动社会造林积极性，实行多元化造林。落实林权树权，形成产权明晰的林木更新、流转机制。建立健全林木、林地评估流转、抵押贷款、森林保险、专业合作等制度，建立生态受保护、农民得实惠的长效机制。

（3）加强木材检查站的建设，加大林政执法力度，严管运输关卡，打击偷砍乱伐，强化病虫害检疫工作。

（4）与各级政府部门协调、理顺部门关系，充分发挥森林公园的职能作用，通过股份制，明晰经营权和管理权，促进森林旅游又好又快发展。

## 八、主要绿化治理模式

### （一）华北落叶松用材林营造模式（模式40）

**1. 适宜条件**

华北落叶松适宜在土石山区，年均气温 7～14℃，阴坡、半阴坡，坡度＜35°，年均降水量 420～700mm 的地区营造，其垂直分布在海拔 1400～2400m。土壤主要为山地棕壤、山地淋溶褐土，土层厚度＞35cm。

**2. 主要技术措施**

（1）树种选择：华北落叶松 2a 生容器苗，苗高 H：30～40cm。

（2）整地：采用穴状整地。整地规格：50cm×50cm×40cm，沿等高线品字形排列，前一年雨季或秋季整地效果最佳。

（3）造林方式：春、雨、秋季栽植为宜。华北落叶松造林株行距为 2.0m×2.0m，密度为 2500 株/hm²。

（4）抚育管理：造林后 3 年内，进行松土除草、整穴、定株等工作。

**3. 模式评价与推广**

华北落叶松是山西的乡土乔木树种，生长迅速，深根性。在河流的源头，既能起到涵养水源作用，又能培育用材林，是理想的水源涵养林模式。

该模式适宜中高山阴坡、半阴坡，年均温度 7℃ 以上，年均降水量 420mm 以上区域推广。

### （二）杜松＋黄刺玫混交风景林营造模式（模式41）

**1. 适宜条件**

杜松与黄刺玫适宜在中高山、黄土丘陵区，年均气温 6～10℃，无霜期 130d 左右，阳坡，坡度＜25°，年均降水量 350～600mm 的地区营造，其垂直分布在海拔 1000～1500m。土壤主要为褐土性土、碳酸盐褐土，土层厚度＞35cm。

**2. 主要技术措施**

(1) 树种选择：杜松苗龄 2a 生苗，苗高 H：30～40cm；黄刺玫苗龄 1a 生苗。

(2) 整地：一般采用鱼鳞坑整地。整地规格：60cm×50cm×40cm，品字形排列，前一年雨季或秋季整地效果最佳。

(3) 造林方式：春、雨、秋季栽植为宜。杜松、黄刺玫混交的造林株行距为 1.5m×3.0m，密度为 2222 株/hm²。

混交方式以行间、块状混交为宜，混交面积比例按 1∶1 配置。

(4) 抚育管理：造林后 3 年内，进行中耕除草、整穴等工作。

**3. 模式评价与推广**

杜松为深根性、主侧根发达，幼龄期生长较快。喜光、耐干旱、抗寒冷，枝叶结构紧密，拦截降水功能强。黄刺玫须根发达，根萌蘖力强，根幅大，在近地表层形成稠密的根系网，固土能力强，杜松与黄刺玫混交能充分发挥土壤潜力，是优良的水土保持林模式。

该模式适宜在中低山区、黄土丘陵区，年平均温度 6℃以上，年均降水量 350mm 以上区域推广。

**（三）侧柏＋元宝枫混交水源涵养模式**（模式 42）

**1. 适宜条件**

侧柏与元宝枫适宜在土石山、丘陵，年均气温 8～14℃，阳坡、半阳、半阴坡，坡度＜35°，年均降水量 400～700mm 的地区营造，其垂直分布在海拔 1100m 以下。土壤主要为褐土性土、山地栗褐土，土层厚度＞35cm。

**2. 主要技术措施**

(1) 树种选择：侧柏苗龄：2a 生容器苗，苗高 H：30cm；元宝枫苗龄：2a 生苗，苗木 D＞2cm。

(2) 整地：一般采用穴状整地。整地规格：60cm×60cm×50cm，品字形排列，前一年雨季或秋季整地效果最佳。

(3) 造林方式：春季栽植。侧柏、元宝枫混交的造林株行距为 2.0m×3.0m，密度为 1666 株/hm²。

混交方式以行间混交为宜，混交面积比例按 1∶1 配置。

(4) 抚育管理：造林后 3 年内，进行中耕除草、整穴、病虫害防治等工作。

**3. 模式评价与推广**

侧柏是干旱山地造林的先锋树种，既耐干旱，又耐土壤瘠薄，适应能力强；

元宝枫稍耐阴，侧根比较发达，根系密集，萌蘖力强，枯落物丰富，具有良好的水土保持作用，同时也是蜜源树种。侧柏与元宝枫混交能够充分利用土壤养分，枯落物分解快，对改良土壤，涵养水源，增强土壤下渗能力均具有良好作用。

该模式适宜土石低山、丘陵，年均温度 8℃以上，年均降水量 400mm 以上区域推广。

### （四）油松＋山桃（山杏）混交水源涵养模式（模式 43）

**1. 适宜条件**

油松与山桃（山杏）适宜在土石山区，年均气温 6～10℃，阳坡、半阳坡，坡度＜35°，年均降水量 400～700mm 的地区营造，其垂直分布在海拔 800～1400m。土壤主要为褐土性土、山地栗褐土，土层厚度＞30cm。

**2. 主要技术措施**

（1）树种选择：油松苗龄：2a 生容器苗，苗高 H：30～35cm；山桃（山杏）2a 生苗。

（2）整地：一般采用鱼鳞坑、穴状整地。穴状整地规格：油松为 60cm×60cm×40cm；山桃（山杏）为小穴 40cm×40cm×30cm，品字形排列，前一年雨季或秋季整地效果最佳。

（3）造林方式：春、雨季栽植为宜。油松、山桃（山杏）混交的造林株行距为 2.0m×3.0m，密度为 1666 株/hm²。

混交方式以带状或块状混交为宜，混交面积比例按 1∶1 配置。

（4）抚育管理：造林后 3 年内，进行中耕除草、整穴、病虫害防治等工作。

**3. 模式评价与推广**

油松抗寒、耐旱能力较强，山桃（山杏）枯枝落叶丰富，二者混交能促进枯落物分解，有利于改善土壤结构。同时山桃（山杏）是一种木本油料树种，结实早，经济价值高。营造油松与山桃（山杏）混交林，既能有效地改变恶劣的自然环境，还可取得较好的经济效益。

该模式适宜土石低山、丘陵，年平均温度 6℃以上，年均降水量 400mm 以上区域推广。

### （五）刺槐＋四翅滨藜灌木饲料林建设模式（模式 44）

**1. 适宜条件**

刺槐与四翅滨藜适宜在黄土丘陵区，年均气温 8℃左右，阳坡、半阳坡，坡度＜35°，年均降水量 400mm 以上的地区营造，其垂直分布在海拔 1200m 以下。土壤主要为黄土、褐土性土、山地栗褐土，土层厚度＞50cm。

**2. 主要技术措施**

（1）树种选择：刺槐苗龄：2a 生苗，苗木地径 D＞1.0cm；四翅滨藜苗龄：1a 生苗。

（2）整地：一般采用穴状整地。整地规格：50cm×50cm×40cm，品字形排列，前一年雨季或秋季整地效果最佳。

（3）造林方式：春季、秋季栽植为宜。刺槐、四翅滨藜混交的造林株行距为 2.0m×2.0m，密度为 2500 株/hm²。

混交方式以带状（4 行）混交为宜，混交面积比例按 1∶1 配置。

（4）抚育管理：造林后 3 年内，进行中耕除草、修枝、收枝割叶、追肥等工作。四翅滨藜在每年 5 月中旬和 8 月中旬割取嫩枝、嫩叶做饲料。

**3. 模式评价与推广**

刺槐生长迅速，根系具有根瘤菌，有利于改善土壤，其木材坚韧，是理想的矿柱用材。刺槐与四翅滨藜都是很好的饲料型树种。该模式生态与经济效益兼顾，更宜在退耕地上发展。

该模式适宜在黄土丘陵沟壑区，年均温度 8℃以上，年均降水量 400mm 以上区域推广。

**（六）核桃梯田营造模式**（模式 45）

**1. 适宜条件**

核桃适宜在丘陵垣地、坡地，年均气温 8～15℃，无霜期 170d 左右，坡度＜25°，年均降水量 450mm 以上的地区营造，其垂直分布在海拔高度 1000m 以下，山地宜选用中下部背风向阳处。土壤主要为沙壤土、壤土、褐土，忌黏重土壤，土层厚度＞100cm。

**2. 主要技术措施**

（1）树种选择：核桃苗龄：2a 生良种嫁接苗。

（2）整地：采用穴状整地。整地规格：90cm×90cm×90cm，品字形排列，前一年雨季或秋季整地效果最佳。

（3）造林方式：春季栽植。核桃造林株行距为 3m×5m，密度为 666 株/hm²。

（4）抚育管理：造林后，进行灌溉、中耕除草、追肥、修剪、病虫害防治等工作。

**3. 模式评价与推广**

核桃是山西重要的木本油料树种，也是很好的保健食品。核桃木材坚硬，纹理美观，是高级的优良用材。核桃既可发挥生态功能，又可惠民增收，有利于调整农村产业结构。

该模式适宜在黄土丘陵沟壑区的川、垣地、坡地，年平均温度 8℃以上，年均降水量 450mm 以上区域推广。

**（七）油松＋天然灌木混交水土保持模式**（参见模式 9）

**（八）垂柳＋紫穗槐河流护岸林建设模式**（参见模式 49）

**（九）新疆杨＋油松道路绿化模式**（参见模式 7）

**（十）土石山区封山育林模式**（参见模式 8）

# 第八节　昕水河丘陵水土保持、经济林区林业生态建设

## 一、立地条件特征

昕水河丘陵水土保持、经济林区位于山西生态脆弱区的南端，其西部与陕西省隔黄河相望。国土面积 97.84 万 hm²，占山西生态脆弱区总面积的 14.17％。地理坐标为东经 110°21′36″～111°40′3″、北纬 35°41′2″～36°56′13″之间，区域范围包括临汾市的永和县、隰县、汾西县、大宁县、蒲县、吉县、乡宁县，计 7 个县，详见图 6－8。

在全国林业发展区划中，该区属于华北暖温带落叶阔叶林保护发展区（一级区）的晋陕黄土高原防护经济林区（二级区）。

该区地处黄河流域，黄河一级支流昕水河流经该区。地貌以丘陵和土石山区为主，光热条件较好，区内的吕梁山脉是山西省国有林的重点分布区，森林资源东部好于西部，生态区位重要。

图 6－8　昕水河丘陵生态脆弱区在山西省的位置示意图

### （一）湿地

该区属于黄河水系的昕水河流域湿地区，支流水量较少，湿地面积6890hm²，占区域总面积的0.70%。其中包括水面、沿岸滩涂、沼泽湿地和区域内的其他河流、水库、池塘等，详见表6—55。

表6—55 昕水河丘陵生态脆弱区湿地类型面积按保护等级统计表 单位：hm²

| 保护类型 级别 | 湿地类型 | | | | |
|---|---|---|---|---|---|
| | 小计 | 河流湿地 | 湖泊湿地 | 沼泽湿地 | 人工湿地 |
| 省级 | 6890 | 4823 | 50 | 97 | 1920 |

该区湿地全部为省级湿地，其中河流湿地占湿地总面积的70.00%，湖泊湿地占湿地总面积的0.73%，沼泽湿地占湿地总面积的1.40%，人工湿地占湿地总面积的27.87%。

### （二）沙化、荒漠化

该区无国家规定的沙化、荒漠化土地。

## 二、林业资源和非木材资源

### （一）区域林业重点工程

2006年，该区国家级造林工程完成65.85万hm²，省级造林重点工程完成1.51万hm²，利用外资林业工程累计完成0.57万hm²。区域内国家、省级等林业重点工程完成情况，详见表6—56。

表6—56 昕水河丘陵生态脆弱区林业重点工程表

| 合计 | 国家林业重点工程 | | | | | | | 省级林业重点工程 | | | | | | | 外资项目 |
|---|---|---|---|---|---|---|---|---|---|---|---|---|---|---|---|
| | 小计 | 天保 | 退耕还林 | 京津风沙源 | 三北防护林 | 速丰产林 | 自然保护区建设 | 小计 | 通道（高速、国省道） | 沿线荒山造林 | 村镇绿化 | 矿区绿化 | 环城绿化 | 其他 | |
| 万hm² | 万hm² | 万hm² | 万hm² | 万hm² | 万hm² | 万hm² | 万hm² | 万hm² | km | 万hm² | 个 | 个 | 万hm² | 万hm² | 万hm² |
| 67.93 | 65.85 | 12.48 | 13.91 | | 25.61 | 1.20 | 0.15 | 1.51 | 1394.0 | 0.78 | 153 | 148 | 0.15 | 0.58 | 0.57 |

国家级造林工程是地区林业生态建设的主体。

### （二）林业资源

该区是省直属吕梁山国有林局的集中分布地，森林资源相对较好，且东部好于西部。

2006年，该区林地面积70.72万hm²，占国土面积的72.28%，其中防护林面积17.66万hm²，占林地面积的24.97%；用材林面积1.36万hm²，占林地面积的1.92%；经济林面积6.95万hm²，占林地面积的9.83%；特用林面积1.91万hm²，占林地面积的2.70%。活立木蓄积797.05万m³，详见表6—57。

该区林种以水土保持林为主，黄河流域干鲜果经济林有特色，经济林产业发展潜力大。未成林造林地的管护和补造任务繁重。

表 6-57　昕水河丘陵生态脆弱区林业资源表

单位：hm²、m³、%

| 类别 | 林地面积 | 活立木蓄积 | 林种面积、蓄积 | | | | | 宜林地 | 其他林地 | 森林覆盖率 |
| --- | --- | --- | --- | --- | --- | --- | --- | --- | --- | --- |
| | | | 防护林 | 用材林 | 经济林 | 特用林 | 薪炭林 | | | |
| 面积 | 707248 | | 176633 | 13600 | 69506 | 19075 | | 203771 | 224663 | 23.60 |
| 蓄积 | | 7970493 | 5797271 | 338100 | | 909666 | | | 925456 | |

该区生态公益林 62.22 万 hm²，占全区面积的 63.59%，占林地面积的 87.98%，其中国家公益林面积 19.95 万 hm²，占公益林的 32.06%；地方公益林面积 42.27 万 hm²，占公益林面积的 67.94%。

该区森林覆盖率 23.60%，高于山西生态脆弱区平均森林覆盖率约 5 个百分点。

宜林地 20.38 万 hm²，占林地面积的 28.81%，多数交通不便，立地条件差。

**（三）非木材林业资源**

因气候相对温和，该区非木材林业资源种类较为丰富，主要有苹果、梨、葡萄、红枣、核桃、花椒、森林食品等，对发展干果经济林产业十分有利，2006年非木材林业产值达 13.93 亿元。

## 三、野生动植物资源、自然保护区、森林公园

（1）野生植物资源：野生植物资源较丰富，其中翅果油树为国家Ⅱ级保护野生植物。

（2）野生动物资源：国家Ⅰ级重点保护珍稀野生动物有褐马鸡、金钱豹，国家Ⅱ级重点保护野生动物有金雕、黑鹳、白尾海鹛、原麝等。

（3）自然保护区：五鹿山国家级自然保护区、人祖山省级自然保护区、管头山省级自然保护区以保护珍禽褐马鸡和侧柏森林群落等为主，总面积达 4.67 万hm²，占全区国土面积的 4.77%。

（4）森林公园：蔡家川省级森林公园、吕梁山省级森林公园总面积 1.08 万hm²，占全区国土面积的 1.10%，森林旅游市场未形成规模。

## 四、生态区位、生产力级数和木材供给潜力分析

**（一）生态区位**

该区地处黄河水系，主要生态因子有水土流失、河流、水库、自然保护区

等，经生态重要性指标综合评判，该区的生态区位综合评价为"重要"，生态敏感性处于"亚脆弱"，详见表6－58。

表6－58　昕水河丘陵生态脆弱区生态区位等级划分表

| 分县 | 主要河流 | | 自然保护区 | | 水土流失区 | | 荒漠化区 | | 沙化区 | | 综合生态区位等级 |
|---|---|---|---|---|---|---|---|---|---|---|---|
| | 名称 | 生态区位等级 | 名称与级别 | 生态区位等级 | 土壤侵蚀模数（t/km²·a） | 生态区位等级 | 面积占(%) | 生态区位等级 | 面积占(%) | 生态区位等级 | |
| 永和县 | 黄河 | 重要 | | | ＞7000 | 重要 | | | | | 重要 |
| 隰县 | 昕水河 | 重要 | 五鹿山　国家 | 重要 | ＞5000 | 重要 | | | | | 重要 |
| 汾西县 | 汾河 | 重要 | | | ＞5000 | 重要 | | | | | 重要 |
| 大宁县 | 黄河 | 重要 | | | ＞7000 | 重要 | | | | | 重要 |
| 蒲县 | 昕水河 | 重要 | 五鹿山　国家 | 重要 | ＞5000 | 重要 | | | | | 重要 |
| 吉县 | 黄河 | 重要 | 人祖山　省级　管头山　省级 | 较重要 | ＞6000 | 重要 | | | | | 重要 |
| 乡宁县 | 黄河 | 重要 | | | ＞7000 | 重要 | | | | | 重要 |

### （二）生产力级数

（1）现实森林生产力级数：从现实森林生产力级数看，该区7个县的生产力级数均较低，阈值为4～9。

（2）期望森林生产力级数：从期望森林生产力级数看，吉县、乡宁县、蒲县、隰县4个县的生产力级数在30左右，大宁县、汾西县、永和县的生产力级数为14～24，生产力级数在山西生态脆弱区属较高者，详见表6－59。

表6－59　昕水河丘陵生态脆弱区现实、期望生产力级数表

| 县名　生产力级数 | 永和县 | 隰县 | 汾西县 | 大宁县 | 蒲县 | 吉县 | 乡宁县 |
|---|---|---|---|---|---|---|---|
| 现实生产力级数 | 5 | 8 | 6 | 4 | 9 | 8 | 8 |
| 期望生产力级数 | 24 | 32 | 14 | 14 | 32 | 30 | 31 |

该区吕梁山脉为国有林区集中分布地，森林生产力发展潜力很大。

### （三）木材供需分析

按照木材采伐量小于林木生长量的总原则，对用材林、四旁树和部分防护林进行合理抚育采伐。2006年该区用材林蓄积量33.81万 m³，四旁树蓄积量23.09万 m³。按照年均综合生长率6.5%，综合木材出材率50.7%计算，则用材林、四旁树年可供商品材1.88万 m³、非商品材1.67万 m³，再加上防护林合理适度抚育间伐5.34万 m³，2006年该区可供木材为8.89万 m³。该区总人口80.80万人，按年人均需要木材0.2m³测算，年预计需木材16.16万 m³，可见该区木材自给不足。

该区水土流失面积大，应大力建设水土保持用材林基地，集约经营，提高林地生产力，并对部分防护林进行合理抚育间伐。预计到 2015 年可供木材达到 22.95 万 m³，到 2020 年可供木材达到 27.14 万 m³，可逐步满足该区及周边经济社会对木材的需求。

## 五、林业产业

2006 年，该区林业产业总产值为 15.64 亿元，其中第一产业 12.50 亿元，占总产值的 79.92%；第二产业 3.12 亿元，占总产值的 19.95%；第三产业 0.02 亿元，占总产值的 0.13%。该区林业产业类型单一，规模较小，产品层次较低，与巨大的林产原材料储备不相称。区内暂无大型林产企业，有第一产业企业 66 家，第二产业企业 23 家，第三产业企业 5 家。主要林业产业类型为经济林产品的种植与采集、非木材林产品加工制造。

## 六、发展目标及建设布局

### （一）发展目标

坚持生态优先，以水土保持林建设为重点，在条件适宜地区积极发展特色经济林，以小流域治理为单元，建设较完备的生态经济型防护林体系，详见表 6−60。

表 6−60　昕水河丘陵生态脆弱区林业主要发展目标指标表

| 年　度 | 有林地 | 灌木林 | 特灌林 | 森林覆盖率 | 林木绿化率 | 活立木蓄积 | 向社会提供木材 | 林业产值 |
|---|---|---|---|---|---|---|---|---|
| | hm² | hm² | hm² | % | % | 万 m³ | 万 m³ | 亿元 |
| 2015 年 | 293341 | 190077 | 19039 | 31.93 | 49.75 | 924.25 | 26.63 | 48.42 |
| 2020 年 | 327574 | 198616 | 25152 | 36.05 | 54.13 | 987.85 | 27.14 | 81.15 |

到 2015 年，区域森林覆盖率达到 31.93%；到 2020 年，区域森林覆盖率达到 36.05%。

到 2015 年，区域林业产业总产值达到 48.42 亿元；到 2020 年，区域林业产业总产值达到 81.15 亿元。

### （二）建设布局

#### 1. 生态建设布局

坚持以生态建设为主，同时兼顾社会对林业的多种需求，向下调整地方生态公益林的比重，到 2020 年将生态公益林面积调整为 46.47 万 hm² 左右，生态公益林与商品林比例为 7∶3。新增建设为：

（1）新造林 21.26 万 hm²，其中人工造林 13.10 万 hm²、封山育林 8.16 万 hm²；使林地利用率达到 46.32%；

（2）通道绿化 4182km；

（3）退化林分修复 7.64 万 $hm^2$，其中老残林带更新 0.73 万 $hm^2$、低效林改造 6.91 万 $hm^2$；

（4）中幼林抚育 11.51 万 $hm^2$，其中中龄林抚育 2.76 万 $hm^2$、幼龄林抚育 8.75 万 $hm^2$；

（5）现有林管护 18.41 万 $hm^2$，其中集中管护 12.89 万 $hm^2$、承包管护 5.52 万 $hm^2$；

（6）新农村绿化 810 个，其中生态防护型 250 个、生态经济型 390 个、生态景观型 170 个；

（7）自然保护区（包括湿地）6 个，其中省级 4 个、市县级 2 个。

**2. 工业原料、生物质能源林布局**

落实国家产业政策，大力发展以文冠果、紫穗槐等为主的生物质能源林，到 2020 年新发展 2.80 万 $hm^2$ 工业原料林和生物质能源林。

**3. 特色经济林布局**

特色经济林是该区林业建设的优势，农民从经济林上得到的实际利益在经济收入中的比重越来越大，发展特色经济林热情高涨，且经营管理经验较丰富。合理规划，集约经营，到 2020 年新增经济林 10.22 万 $hm^2$，其中果树林 5.93 万 $hm^2$、药材林 0.82 万 $hm^2$、油料林 3.47 万 $hm^2$。

**4. 林业产业基地、花卉苗木及种苗基地建设布局**

到 2020 年，该区共建设林业产业基地 52 个，花卉苗木基地 24 个，林木种苗基地 17 个，计面积 5200$hm^2$，充分发挥产业基地的科技示范和带动作用。

**5. 用材林建设布局**

到 2020 年，新发展或改造水土保持用材林 3.72 万 $hm^2$。

**6. 生态旅游建设布局**

立足城镇，面向城市，充分利用生态旅游资源，宣传环境友好型旅游理念，倡导资源节约型的回归自然游，与周边名胜古迹游形成优势互补，不断满足旅游消费新风尚，把生态旅游业建设成为可持续发展的绿色产业，推进生态文明建设。

到 2020 年，新建城镇森林公园（包括湿地）14 个，其中生态休闲型 7 个、生态观光型 7 个。

## 七、治理技术思路

### （一）经营措施

（1）对部分林相残破、树势衰败、病虫害严重的纯林加强人工改造更新，扩大混交林规模。新造林郁闭后及时抚育，促使早成林。通过生长抚育措施，形成乔灌、针阔混交林分，形成较稳定的植物群落。

（2）高度重视森林防火和森林病虫害、鼠害等防治工作。实施好国家林业生态工程，对新造林地进行长期管护。

（3）发挥果树林资源丰富的优势，加强果树林基地建设，鼓励农林复合经营的发展模式。

（4）建立以油松、红枣等优势林木种质资源库，开展楸树、臭椿、白蜡、元宝枫等乡土树种资源的收集、保存和开发利用。

**（二）科技需求**

（1）抗旱造林集成技术；

（2）红枣裂果及三大病害防控技术；

（3）乡土阔叶树种利用技术；

（4）低质低效人工林改造技术；

（5）能源林培育以及碳汇林业技术；

（6）果品贮藏保鲜和深加工工艺等技术及生产装备；

（7）经济林良种、集约栽培、综合丰产管理和重大病虫灾害防控技术，组装配套与应用；

（8）科技支撑、标准化示范和科技示范园区展示基地和林农培训现场。

**（三）政策建议**

（1）增加中幼林抚育的投入资金，将新建合格工程及时纳入生态公益林管理序列，确保幼林抚育、更新顺利开展。

（2）落实封山禁牧政策，增加饲舍建设的投资，缓解林牧矛盾，更好地巩固生态建设成果。

（3）坚持谁开发、谁保护、谁受益的原则，制定有效的植被恢复模式，多渠道筹集林业建设资金，形成全社会发展林业的局面。鼓励社会各界承包荒山荒沟，发展以水土保持为主要目的的生态建设和综合开发。

（4）在蔡家川、吕梁山森林公园内及周边营造生态风景林，改善和美化生态环境；加强对现有森林资源的管护和经营，推动森林旅游业更快发展，更好地满足广大人民对生态文明的需求。

（5）加强水资源保护、调配和合理利用，结合天然林保护、"三北"防护林和退耕还林工程，强化区域内的湿地环境功能，加快水土流失治理步伐。

（6）加大林业传统产业的改造力度，注重培养新型产业和朝阳产业，有效提高林地生产力和自然资源利用率。建设一批自主知识产权的名牌产品和产业基地，提升产业发展水平和经济效益。

## 八、主要绿化治理模式

### （一）侧柏＋火炬混交水土保持模式（模式 46）

**1. 适宜条件**

侧柏与火炬适宜在石质山、土石山区，年均气温 8～14℃，阳坡、半阳、半阴坡，坡度＜35°，年均降水量 350mm 以上的地区营造，其垂直分布在海拔 1500m 以下。土壤主要为褐土性土、山地栗褐土，土层厚度＜35cm。

**2. 主要技术措施**

（1）树种选择：侧柏苗龄：2a 生容器苗，苗高 H：30cm；火炬 1a 生苗。

（2）整地：一般采用穴状整地。整地规格：50cm×50cm×40cm，品字形排列，前一年雨季或秋季整地效果最佳。

（3）造林方式：春季、秋季栽植。侧柏造林株行距为 2.0m×2.0m，密度为 1667 株/hm²；火炬为 2.0m×3.0m，密度为 556 株/hm²。

混交方式以块状混交混交为宜，混交面积比例按 2：1 配置。

（4）抚育管理：造林后 3 年内，进行中耕除草、定株等工作。

**3. 模式评价与推广**

侧柏是干瘠立地造林的先锋树种，耐干旱、瘠薄，适应能力强。火炬根蘖力强，抗性强，二者混交可作为土石山区困难立地水土保持的治理模式。

该模式适宜在石质山、土石山区，年均温度 8℃以上，年均降水量 350mm 以上区域推广。

### （二）侧柏＋山桃（山杏）混交水土保持模式（模式 47）

**1. 适宜条件**

侧柏与山桃（山杏）适宜在中低山地、丘陵，年均气温 8～10℃，阳坡、半阳坡，坡度＜35°，年均降水量 400mm 以上的地区营造，其垂直分布在海拔 800～1400m。土壤主要为褐土性土、碳酸盐褐土，土层厚度＞30cm。

**2. 主要技术措施**

（1）树种选择：侧柏苗龄：2a 生容器苗，苗高 H：30cm；山桃（山杏）2a 生苗。

（2）整地：一般采用穴状整地。整地规格：侧柏为 60cm×60cm×40cm，山桃（山杏）为小穴 40cm×40cm×30cm，品字形排列，前一年雨季或秋季整地效果最佳。

（3）造林方式：春、雨季栽植。侧柏、山桃（山杏）混交的造林株行距为 2.0m×3.0m，密度为 1666 株/hm²。

混交方式以行间混交为宜，混交面积比例按 1∶1 配置。

（4）抚育管理：造林后 3 年内，进行中耕除草、整穴、病虫害防治等工作。

**3. 模式评价与推广**

侧柏是干瘠立地造林的先锋树种，耐干旱、瘠薄，适应能力强，山桃（山杏）枯枝落叶丰富，二者混交能促进枯落物分解，有利于改善土壤结构，同时山桃（山杏）有一定的经济价值。营造侧柏与山桃（山杏）混交林，不但能有效地治理水土流失，还可取得良好的经济效益。

该模式适宜中低山地、丘陵，年平均温度 8℃以上，年均降水量 400mm 以上区域推广。

**（三）白皮松＋连翘混交水土保持模式**（模式 48）

**1. 适宜条件**

白皮松与连翘适宜在中低山、丘陵，年均气温 8～16℃，阴坡、半阴坡，坡度＜35°，年均降水量 400mm 以上的地区营造，其垂直分布在海拔 1000～1400m。土壤主要为褐土性土、山地淋溶褐土，土层厚度＞50cm。

**2. 主要技术措施**

（1）树种选择：白皮松苗龄：2a 生容器苗，苗高 H＞20cm；连翘 2a 生苗。

（2）整地：一般采用穴状整地。整地规格：白皮松为 60cm×60cm×40cm，连翘为 40cm×40cm×30cm，品字形排列，前一年雨季或秋季整地效果最佳。

（3）造林方式：春、雨季栽植。白皮松造林株行距为 1.5m×3.0m，密度为 1111 株/hm²，连翘为 1.0m×2.0m，密度为 2500 株/hm²。

混交方式以带状或块状混交为宜，混交面积比例按 1∶1 配置。

（4）抚育管理：造林后 3 年内，进行中耕除草、整穴等工作。

**3. 模式评价与推广**

白皮松喜光，寿命长，树姿优美，苍翠挺拔，树皮灰白奇特，观赏性强，且对二氧化硫以及烟尘等有一定抗性，具有净化空气、防止污染的作用。连翘适应性强，耐干旱、瘠薄，萌生力强，果皮入药，花金黄色，适于营造成片的山地风景林。

该模式适宜在中低山、丘陵风景区内，年均温度 8℃以上，年均降水量 400mm 以上区域推广。

### （四）垂柳＋紫穗槐河流护岸林建设模式（模式49）

**1. 适宜条件**

垂柳与紫穗槐适宜在河岸、干渠、水库，年均气温 8～10℃，坡度＜15°，年均降水量 450mm 以上的地区营造，其垂直分布在海拔高度 700～1000m。土壤主要为钙质土、淤土、黏土，土层厚度＞60cm。

**2. 主要技术措施**

（1）树种选择：垂柳苗龄：2a 生苗，苗木规格 D＞3cm；紫穗槐 1a 生苗。

（2）整地：采用穴状整地。整地规格：垂柳为 60cm×60cm×60cm，紫穗槐为 40cm×40cm×30cm，品字形排列，前一年雨季或秋季整地效果最佳。

（3）造林方式：春季栽植为宜。垂柳造林株行距为 2.0m×2.0m，密度 1250 株/hm²；紫穗槐为 1.0m×2.0m，密度 2500 株/hm²。

混交方式以带状（每带 4 行）为宜，混交面积比例按 1∶1 配置。

（4）抚育管理：造林后 3 年内，进行中耕除草、割条、病虫害防治等工作。夏季沤绿肥，秋季搞编织。

**3. 模式评价与推广**

垂柳喜水湿、喜光、耐寒、速生、适应性强；紫穗槐耐水淹、耐寒、抗高温。该模式造林易成活，见效快，还能起到护岸、改良土壤的功效。

该模式适宜在河岸、干渠、水库，年均温度 8℃ 以上，年均降水量 450mm 以上区域推广。

### （五）枸杞＋四翅滨藜高效灌木经济林模式（模式50）

**1. 适宜条件**

枸杞与四翅滨藜适宜在黄土丘陵残垣沟壑区，年均气温 8～14℃，阳坡、半阳坡，坡度＜25°，年均降水量 480mm 以上地区营造，其垂直分布在海拔 1300m 以下。土壤主要为黄绵土、盐碱地、风沙土，土层厚度＞35cm。

**2. 主要技术措施**

（1）树种选择：枸杞苗龄：2a 生苗；四翅滨藜苗龄：2a 生苗。

（2）整地：一般采用穴状整地。整地规格：50cm×50cm×40cm，品字形排列，前一年雨季或秋季整地效果最佳。

（3）造林方式：春季栽植为宜。枸杞、四翅滨藜混交的造林株行距为 2.0m×3.0m，密度为 1666 株/hm²。

混交方式以带状为宜，混交面积比例按 1∶1 配置。

（4）抚育管理：造林后 3 年内，进行中耕除草、收枝割叶、追肥、病虫害防治等工作。四翅滨藜在每年 5 月中旬至 8 月中旬割取嫩枝、嫩叶做饲料。

### 3. 模式评价与推广

枸杞生长迅速，根系发达，是优良的水土保持树种，且药用价值也很高。四翅滨藜的生态习性与枸杞相近，同时又是很好的饲料型灌木树种，该模式既可发挥较高的生态功能，又可为农民增收。

该模式适宜在黄土丘陵退耕地、缓坡地，年均温度 8℃以上，年均降水量 480mm 以上区域推广。

## （六）苹果＋矮秆作物复合经营模式（模式 51）

### 1. 适宜条件

苹果适宜在丘陵区垣地、沟谷、坡地，年均气温 8～15℃，坡度<15°，年均降水量 500mm 以上的地区种植。其垂直分布在海拔高度 600～1100m。土壤主要为褐土，土层厚度>100cm。

### 2. 主要技术措施

（1）树种选择：苹果苗龄：1a 生良种嫁接苗。

（2）整地：采用穴状整地。整地规格：80cm×80cm×80cm，品字形排列，施入底肥。

（3）造林方式：春季栽植。苹果株行距为 3.0m×4.0m，密度为 833 株/hm²。

混交方式为苹果树下间作矮秆作物，如豆类和薯类等。

（4）抚育管理：造林后，进行中耕除草、施肥及病虫害防治等工作。

### 3. 模式评价与推广

林果业是农村经济的支柱产业，苹果是山西重要水果之一，既可发挥生态功能，又有助于农民增收，有利于调整产业结构。

该模式适宜在川、垣地、沟谷、坡地，年平均温度 8℃以上，年均降水量 500mm 以上区域推广。

## （七）核桃＋紫穗槐复合经营模式（模式 52）

### 1. 适宜条件

核桃与紫穗槐适宜在低山垣地、坡地，年均气温 8～15℃，无霜期 150～170d，坡度<25°，年均降水量 450mm 以上的地区营造，其垂直分布在海拔 600～1200m。土壤主要为褐土性土，忌黏重土壤和排水不良，土层厚度>100cm。

### 2. 主要技术措施

（1）树种选择：核桃苗龄：2a 生良种嫁接苗；紫穗槐 1a 生苗。

（2）整地：采用穴状整地。整地规格：核桃为 80cm×80cm×80cm，紫穗槐为 40cm×40cm×30cm，品字形排列，前一年雨季或秋季整地效果最佳。

（3）造林方式：春季栽植。核桃造林株行距为 3.0m×6.0m，密度为 370 株/hm²；紫穗槐为 2.0m×1.5m，密度为紫穗槐 733 株/hm²。

混交方式以行间混交为宜，混交面积比例按 2∶1 配置。

（4）抚育管理：造林后，进行中耕除草、施肥及病虫害防治等工作。

**3. 模式评价与推广**

核桃是经济价值很高的油料树种，在核桃结果前 3～5 年，间作紫穗槐，一是增加地表植被可防止水土流失；二是紫穗槐的嫩枝叶可为核桃压绿肥，增加土壤肥力；三是紫穗槐的枝条可编筐，花又是优质蜜源，综合效益显著。

该模式适宜在丘陵区川、垣地、缓坡地，年均温度 8℃以上，年均降水量 450mm 以上区域推广。

**（八）侧柏＋刺槐混交水土保持模式**（参见模式 32）

**（九）油松＋臭椿混交水土保持模式**（参见模式 35）

**（十）土石山区封山育林模式**（参见模式 8）

# 第七章  山西生态脆弱区林业生态工程管理

项目是社会发展和经济建设的基本单元，项目管理成为决定项目生命力的关键所在。由于大型项目大都具有规模宏大、涉及面广、任务繁重、不确定因素多等特点，传统的管理方法已不能适应对投资项目管理的需要，为适应形势发展，项目管理理论应运而生。

20世纪90年代后，随着信息时代的来临和高新技术产业的飞速发展，事务的独特性取代了重复性过程，信息本身也是动态的、不断变化的，灵活性成了新秩序的核心，人们发现实行项目管理恰恰是实现灵活性的关键手段。项目管理在运作方式上可以最大限度地利用内外资源，从根本上改善管理效率。项目管理已不仅仅是一种管理工具、管理过程或管理分支，而是从管理项目的科学方法出发，发展为一套系统的管理方法体系，并逐步发展成为独立的学科体系和行业。

从事项目管理还需要许多其他领域知识的支持，并且各个领域的知识有一定的重叠。这些知识主要有两类：一类是一般管理知识，如系统科学、行为科学、财务、组织、规划、控制、沟通、激励和领导等；另一类是各种应用领域，如软件开发、工程设计与施工、行政、军事、农业、林业、环境保护等。

现代项目管理的应用过程，实现了由经验型的传统管理向科学型的现代管理的根本性转变。林业生态建设工程是20年来国家和省级主要实行的生态建设形式，此外还有市、县的生态建设工程，各地一般都设有项目管理办公室，按工程立项、规划、设计、施工、验收、建档等"一条龙"的管理模式已在工程管理中初步得到应用。

从生态经济理论、系统科学与工程理论、可持续发展理论、环境科学理论等角度来看，林业重点生态工程建设必须实行科学管理，山西生态脆弱区是国家和省林业生态建设的主战场，总结经验教训，加强项目管理，对保证建设成效显得尤为重要。

## 第一节  一般管理模式

林业生态工程是林业生态环境建设实现快速发展的基础，也是林业生态环境建设管理的落脚点，山西生态脆弱区乃至山西省的林业生态工程管理模式基本是国家、省级政府推动下的工程管理。

## 一、政府主导、推动

林业生态工程是关系到生态安全、生态文明和群众脱贫致富的利国利民工程，是涉及到各级政府、部门和人民群众利益的事业。无论是国家林业生态工程，还是地方工程，都离不开政府的倡导、引导和推动。没有政府的领导组织，林业生态工程是难以开展的。政府主导、推动主要表现在：

### （一）规划和协调

该地区内无论是"三北"防护林工程、天然林资源保护工程、退耕还林还草工程，还是自然保护区的建立，都要根据区域性自然特点和本地实际情况，制定详细规划，明确工程实施的范围、期限、资金投入量、组织机构、管理办法、保障措施、效益估算等。规划应由具有林业资质的部门编制，经过专家审议和上级主管机关部门的批准。规划经过批准后，要严格按照规划和工程要求进行建设。政府要多行业之间进行协调，形成政府抓林业的新格局，以林业建设为主体统筹规划，综合治理，需要多部门多行业的共同努力，形成强大合力。因各地的区域优势不同、生态区位不同，林业生态建设发展的重点也不相同。

### （二）资金保证

由于林业的特殊属性，没有国家和省级的先期资金投入是不行的，而且国家应成为工程建设资金投入的主体。林业生态工程的生态公益性和该地区经济实力较差决定了工程建设的资金只能主要靠政府投入。如实施中的天然林资源保护工程的资金主要来源于国债，并要求省级进行资金的配套，但对于大部分项目县而言，配套资金很难落实。一些地方，在当地政府人员工资都难以保证的情况下，要求它再拿出资金来进行没有直接经济效益的公益林建设是不现实的。因此，国家和省级政府的资金投入是林业生态工程的重要条件，会起到决定性的作用。

### （三）正确引导、精心组织

在林业生态工程的实施过程中，各级政府是工程的组织者和责任主体。

首先，政府要加强对工程的领导，成立相应的组织。如成立退耕还林工程领导小组、天然林资源保护工程领导小组等。由于在重点工程实施中，林业部门的任务明显加重，职能增强，有必要在各级政府机构改革中，在林业部门增设相应的重点工程管理机构（重点工程管理中心或管理办公室），并保证相应的编制，从组织上确保重点工程的顺利实施。

其次，政府对工程的实施要精心策划，合理组织。如在退耕还林还草工程实施的过程中，要根据本地的气候特点和实际情况，确定退耕还林的面积、造林树种等，并对种苗准备、质量检查、工程档案建立、领取补助款和补助粮程序等作出具体的规定。

此外，政府应坚持兴林富民的总原则，制定出相应的农村政策，调整农村产业结构，承担群众的发动工作。多年来生态环境遭到破坏，不仅仅是因为农民的贫困，更与长期的生活习惯相关，而且这种传统和习惯根深蒂固，改变起来相当困难，需要正确引导和政府推动。一旦当地政府和群众能从工程中得到实惠，他们的积极性就会不断增强。因此，一开始要用行政的力量、经济的力量、政策的力量进行干预和调节。农民走上希望之路，并克服了心理障碍，逐渐受益后，相信"报酬递增"及自我强化机制会创造出意想不到的效果。如山西退耕还林还草工程初期栽植的核桃等经济林目前已见成效，其经济效益是普通粮食作物种植的4～5倍，当地百姓在经济利益驱动和示范带动下，发展核桃、红枣等生态经济林的热情高涨，许多沟沟岔岔和耕地边上都种上了树。可见，政府引导、推动作用是明显的。

## 二、明确负责，多部门分工协作

大型林业生态工程通常是一个庞大的社会系统工程，涉及到社会的多个部门和各方利益。单一的部门管理无法胜任，多头式的分散管理其管理效率会更低。因此应在国家、省政府的领导下，实行一家负责，多部门参与，分工协作的一体化管理。围绕各个工程的预定目标，建立工程管理机构，明确管理职责，加强相互配合，采取统一政策、统一规划、统一监控的管理方式。

例如，退耕还林还草工程涉及到了计划、林业、财政、农业、粮食等多个部门；天然林保护工程涉及到了计划、林业、财政、公安、银行等十多个部门。为保证工程的顺利实施，必须建立以政府或以林业部门为主、当地政府领导挂帅的多部门参加的领导小组。要改变过去林业生态建设仅仅是林业部门孤军奋战的局面，向社会林业的方向发展。省级工程领导小组应由省政府的主要领导担任领导小组的组长，林业部门负责人担任副组长，相关部门、地方的政府领导为成员，对工程的实施起领导、组织、协调、控制作用。领导小组要明确各部门在工程管理中的责任，并定期开会，决定重大事宜，掌控工程的全局，切实解决工程进展中存在的关键问题。工程管理办公室设在省级林业部门，由林业部门主要负责工程的日常工作。

针对林业内部工程多头管理的情况，建议应成立省级林业生态工程管理中心，下面设立"三北"防护林办公室、天然林保护办公室、退耕还林办公室、省造林绿化工程办公室等，其具体职责是：负责工程建设的组织实施和管理工作；参与工程规划的编制，指导地方工程规划、实施方案的编制工作，负责项目的立项初审工作；负责工程信息及资料的收集、整理、汇总和统计上报工作；负责工程运行监督管理，年度、阶段的检查验收，协助做好工程建设的竣工验收；组织开展工程报账制管理工作；组织工程建设稽查工作，协助局重点工程稽查办公室做好工程资金违规违纪问题的查处工作；按照规划实施与工程有关的营造林、森林防火、科技、种苗、人员安置等项目的监督检查；负责工程建设技术推广、人员培训、试点示范工作、社会宣传工作等。

各市、县也要成立相应的办事机构，配合完成好省级交办的相关任务。

## 三、项目化管理，强化对重点工程控制

新中国成立 60 年来，山西生态脆弱区林业生态建设取得了巨大成就，但是造林成活率、保存率及生长率不高，造林不成林或成林不成材，林地防护效益不高的现象始终存在。据有关部门统计，几十年来各地区造林保存面积只有实际造林面积的 40% 左右，浪费了大量的人力、物力及土地资源，影响了国土绿化进程。造成这种弊端的原因有很多，除了资金和科技投入不足、自然灾害等原因外，经营管理粗放是一个重要原因。"三分造七分管"，林业生态环境建设是一项综合性的劳动生产活动，劳动分工、协作性、连续性、阶段性都很强，造林技术的关键环节，如整地种植、抚育管理、病虫害防治、采种育苗等，都需要严格科学的管理。随着该地区生态环境建设力度的加大，大规模林业生态建设工程不断启动，给林业工程的管理提出了更新、更高的要求。

林业生态建设工程化，就是把国家基本建设管理程序应用到建设过程中，它是集管理中的计划管理、技术管理和资金管理于一体的项目化管理，是包括多层次、多环节的管理。过去的林业生态环境建设始终没有严格按照工程的运行程序运行，没有进行项目化管理，管理粗放始终是林业生态建设中的最大症结。

要按照项目化管理，实行项目法人责任制、工程招投标制和工程建设监理制是关键。在工程实施前要进行项目的选项，项目的可行性论证，项目的审核和批准；当项目确定以后，要进行项目的招投标，按照项目化市场化运行，实行项目法人责任制，确定工程实施的主体和责任主体；在工程实施过程中，严格按照国家工程的建设程序进行运作和管理，并引进项目管理成功的经验，实行报账制和

工程监理制，以确保工程的质量和效益。

造林质量管理是森林资源增长的生命线。2001年初，针对工程管理中的问题，国家林业局提出要着力加强"严管林、慎用钱、质为先"三项工作。"质为先"就是指强化森林培育质量管理，提高森林培育质量与成效。

围绕"质为先"的工作要求，国家林业局先后颁布了《造林质量管理暂行办法》、《营造林质量考核办法》、《造林质量事故行政责任追究制度的规定》、《造林质量举报工作管理的暂行规定》等一系列制度和管理办法，相继规定了造林作业设计审批制，种苗"一签两证"制，营造林工程项目法人制、招投标制、监理制、报账制等。2009年发布了《人工造林质量评价指标》，现在的造林质量管理不仅仅是造林面积核实率、合格率和3年保存率几个简单的评价指标，已涉及规划设计、作业设计、种苗生产、施工作业、幼林管护、森林经营各道工序。《营造林质量考核办法》规定了数量、质量与管理三大类37个指标。山西省根据国家林业工程的规定和要求，也相应出台了工程苗木、施工、资金等一系列管理办法，收到了很好的效果。

该地区的山西省京津风沙源治理工程，在工程建设之初的2000年便开始引入工程监理制，聘请了具有生态建设资质的监理公司，以独立第三方的身份与建设单位签订监理委托合同，对工程建设进行全方位、全过程的质量、进度、资金控制，对后期工程取得显著成效起到了重要的保证作用。

在重点工程中运用3S技术，依托数字林业，以国家和省级重点工程管理信息系统为基础，建立的以地理信息和数据库为基础的、跨工程的国家、省、地、县四级森林培育管理信息系统，使森林管理培育工作落实到山头地块小班。2008年山西省首次通过样地监测对省级通道绿化工程成效进行了评估。

# 第二节　管理中存在的主要问题

回顾山西生态脆弱区林业生态建设工程三十多年来走过的历程，从项目全过程管理的角度来分析，从系统工程学和可持续发展理论的观点来审视，现行林业生态工程在投资政策和有关规章制度的执行过程中，没有严格按照项目进行管理，暴露出一些管理方面的不足和问题。

## 一、资金、质量管理脱节，协调性差

1996年后，随着国家对林业投入的增加，政府投资林业生态工程出现政府部门多头管理、权力分散的现象，即计划部门负责工程立项审批和工程基本建设投资；财政部门负责工程预决算审查和财政专项资金支付管理；林业主管部门又在名义上负责管理工程施工建设。

由于各政府部门原定的事权、财权发生交织，使得林业行业管理的系统性、完整性正在受到冲击，林业生态工程的决策主体、投资主体、管理主体、经营主体、产权主体等都不十分明确，也在某种程序上造成了政府投资控制的盲区，工程的各个主体虚位，这是现行经济体制和政府部门职责分工的客观反映。实际上，上述部门均是政府投资林业生态工程管理的外部控制与监督系统，不能承担政府投资工程管理主体的职责。

林业生态工程的各项建设在林业部门，但工程的资金管理权却主要在计委、财政部门，这是由现阶段国家宏观管理部门职能设置不合理，管钱、管物、管政策的部门太多，政策之间又缺乏协调和有机的联系造成的。由于植被恢复工程管理部门如农业、水利、林业、发改委等各自为政，相互配合不够，造成综合治理程度低。更有个别违背因地制宜原则和比较效益原则的项目存在，导致部分工程投资效益未能充分发挥。还有的工程建成验收后便不再经营管理，荒草满地或牛羊侵入，正在消耗已有的生态建设成果。这些投资效益低下的工程，在报表上已经完成，但实际上却是另一番景象，导致管理部门掌握的数据已无地治理或需治理土地不足的假象，值得我们反思。

营造林质量制约机制尚未形成。在工程管理体制上，还存在营造林资金使用、计划下达与质量管理相对分离的"两张皮"现象。而质量管理也多停留在行政领导重视与否的层面上，对有关营造林质量管理制度认识不够，缺乏执行的自觉性。虽然，通过近几年的努力，这种现象有所改观，加强了对营造林质量较好单位的表彰，并实行重奖或在林业重点工程项目安排上给予倾斜，但对质量较差单位的处理，却只停留在通报批评、限期整改阶段，未对其进行制度制约或资金与计划调控。奖惩制度并没有真正形成，也给营造林质量管理带来一定难度。

县级政府林业部门在负责工程的管理和执行过程中，出现了集工程政策的制定者、工程的实施者和监督者于一身的现象，尤其是县级林业局在工程管理中既当"运动员"，又当"教练员"和"裁判员"，表现出政府职能的"越位"。现行林业生态工程仍由政府垄断进行生产，沿用计划经济条件下林业工程管理的模式，工程完全由各级林业主管部门组织实施，而且工程设计单位、实施单位和监督单位由各级林业主管部门指定。

在工程监理方面，也存在着体制不顺的相似问题，林业行业的专业监理队伍还没有建立起来，工程"监理制"没有全面展开。目前，监理公司的资质由建设部审批，监理工程师由建设部和人事部共同审核发证，而在监理公司内林业专业的监理工程师稀缺，许多监理人员又不懂林业知识。

## 二、投资标准难统一，"打捆"资金有碍工程实施

总体来讲，林业生态建设中的单位投资普遍太低，没有充分考虑到行业差别，林业的艰巨性、复杂性和公益性。单位低投入、不完整预算与大任务量造林形成极大反差，导致一些地方出现林木保存率不高，广种而薄收，整体投资效率低下，"年年造林，而少见林"的不正常现象。例如：

天然林保护工程中，黄河上中游地区造林费用为 4500 元/hm$^2$，要求地方配套 20%。

退耕还林工程中，黄河上中游按照 1500kg/hm$^2$ 补助粮食，另加 300 元/hm$^2$ 的补贴费、750 元/hm$^2$ 的种苗补助费，粮食和现金补助由财政部下达，种苗补助费由国家计委下达，地方财政只解决粮食调运费。

"三北"防护林工程中，荒山荒沙荒地人工造林 3000 元/hm$^2$，其中中央基建投资补助 1500 元/hm$^2$元；封山（沙）育林 1050 元/hm$^2$、飞播造林 1800 元/hm$^2$，由中央基建投资全额承担。2006 年以来，山西省省级造林绿化工程一般为 5250～7500 元/hm$^2$。由于出现了在同一地区的不同工程补助差距甚远的现象，引起对各工程的挑肥拣瘦现象，而且严重影响到投资较少工程的造林质量。

此外，工程投资采取"打捆"的方式下拨，不利于工程的顺利实施。归口发改委管理的预算内资金（包括天然林资源保护工程基本建设投资）均采用国家计委下达到省计委，再由省发改委将所有工程建设资金（含天然林资源保护工程、退耕还林工程等）"打捆"下达，这样的资金管理方式，一是不利于发挥林业主管部门的管理职能，容易产生部门之间的不协调；二是因国家在各项工程资金下达的时间、要求等方面的不一致，使得"打捆"下达难免互相牵制、互相影响，一事不定，俱事皆拖，贻误工程建设时机，影响工程建设及时展开。

## 三、计划投资下达迟，到位不及时

林业生产季节性很强，春季是大部分地区林业建设的黄金时期，也是资金大量投入时期，而国家各项投资计划在春季造林时下不来，资金拨不了，即使是国家提早下达了计划，通过层层转发，资金逐级划拨，真正到用款单位的手里，往往已时过境迁。

资金到位不及时，一方面造成造林任务安排错过季节和完成任务困难，影响造林质量；另一方面，在造林整地、苗木等准备工作中，由于国家及地方配套投资未能及时且全额到位，存在拖欠职工劳务款现象，挫伤农民的造林积极性。计划任务和资金下达严重滞后且缺乏弹性，给工程实施带来操作上的困难。山西在"三北"防护林建设中出现的问题更为突出，表现为：

（1）规划任务落实不到位。按照国家发改委批复的"三北"防护林四期工程规划，山西省 2001～2005 年，年均完成人工造林任务 5.64 万 $hm^2$，前 4 年共应完成 22.56 万 $hm^2$。而实际从 2001～2004 年建设任务只有 6.23 万 $hm^2$，占规划任务的 27.60%。

（2）投资滞后，影响工程建设质量。"三北"防护林四期工程启动以来，每年的计划任务到 11～12 月份才能下达，而且投资计划与生产计划相距甚远。山西 2002 年生产计划为 2.53 万 $hm^2$，投资计划只有 1.60 万 $hm^2$，只占生产计划的 63%；2003 年生产计划 3.30 万 $hm^2$，投资计划只有 1.67 万 $hm^2$，只占生产计划的 50%；到 2004 年生产计划 2.47 万 $hm^2$，而投资计划只有 1 万 $hm^2$，只占 40%～50%。导致许多县因前几年完成任务得不到投资，不再敢提前施工，而等接到姗姗来迟的投资计划后再实施工程，当年的任务又难以完成，客观上挫伤了一些县的积极性，降低了工程的信任度。这也使得管理部门对年度计划、投资心中无数，无法对工程实施严格管理。

## 四、地方配套无力，"报账制"打折扣

山西生态脆弱区大多属于经济不发达的落后地区，地方财力薄弱，基本上属于"吃饭"财政，财政需要靠国家补贴，地方财政配套资金落实非常困难。各项林业重点工程的作业设计、技术培训指导、检查验收、档案和信息管理、政策兑现资料制作和政策宣传等都需要一定的前期工作经费来保障，按现行建设方案规定，前期工作经费由地方配套资金来安排解决，而现实中配套资金无法落实，使这些项目前期工作难以充分落实。

例如：大同市的阳高县、天镇县、浑源县、广灵县、灵丘县等贫困县，近年来，随着造林难度的加大，造林成本也逐年增加，按目前全市实施的国家工程和省级工程的投资标准，要高质量完成营造林任务，难度相当大。这就为原本困难的地方财政带来了很大的负担，使这些地方或为完成任务、保证质量而"负债"经营，或为完成任务而影响到项目的高标准实施。

工程实行"报账制"的目的是提高政府投资的投资效果，先用配套资金实施

工程，待工程检查验收合格后，方可提取政府投资的资金。实行工程"报账制"并真正发挥其效果的前提是各级配套资金的足额到位，但实际中由于配套资金的到位情况较差，导致"报账制"无法落实，工程完成不好也有了充分的托词。

## 五、工程建设与市场化外部运行机制难接轨

目前，从国家和省级层面上已将林业生态工程列入国家基本建设项目，对工程质量和工程效益提出了更严格的要求。但是，由于现行林业管理体制和农民作为形式上的经营主体具有分散性，以及林业生态工程投资预算的不完整性，使林业投资活动仍然主要是通过计划而不是市场来完成，仍然摆脱不了自上而下的、粗放的计划经济管理模式，林业投资的风险责任、约束机制还没有真正建立起来，这已不适应社会主义市场经济体制发展的需要。

林业生态工程市场化外部运行机制要求形成新的市场三元主体，即以项目业主为主体的工程招标发包体系，以设计、施工和材料设备供应为主体的投标承包体系，以建设监理单位为主体的中介服务体系。逐步形成以国家宏观监督调控为指导，项目业主或法人责任制为核心，招标投标制和建设监理制为服务体系的建设项目新的管理体制和模式。同时市场化外部运行机制的建立，还应有足额预算的工程建设资金做支撑为先决条件。

因此，在政府投资林业生态工程项目管理中引入市场机制、竞争机制和利益机制，建立起适合市场经济体制的项目管理机制，建立保证林业生态工程项目业主实施全面管理所需要的市场化外部运行机制，势在必行。在完善了项目市场化外部运行机制的基础上，才能培育符合市场经济规律的投（融）资资本市场，吸引国内外资金、社会各界资金投入林业生态建设。

## 六、监控手段落后，评价制度不健全

林业生态工程是动态的复杂系统，有一个为实现既定目标，不断发现问题、解决问题的过程，发现问题和及时解决是实现工程目标的重要环节。引起林业生态工程实施变化的因素较多，如设计、施工、天气、种苗等因素，工程变化可能随时发生，若信息不灵，失去控制，出现了问题不能及时解决，就等于管理缺位，必然影响工程目标的实现。目前该地区林业生态工程监控手段还不健全，卫星监测、计算机联网尚待建设，工程监理制度刚刚起步，尚待完善等。因此，必须重视对工程实施的动态控制管理，按照目标——计划——监测——对比——调整的程序，发现偏离——及时纠正——再发现偏离——再纠正。只有动态控制管

理到位了，评价制度常态化了，实现工程目标才有保证，并得到更好的发展。

近年来，山西林业正在建设中的"数字生态"和林火视频监控系统，是现代林业管理中的一个好的开端，但距服务于生产，实现省—市（林局）—县（林场）信息系统化、网络化管理的总目标还有很长的路要走。

# 第三节　管理模式比较

山西生态脆弱区的林业生态工程管理模式经历了从传统造林管理模式、国家补助性质的工程造林管理模式、以世界银行为代表的项目管理模式逐步向按国家基本建设程序管理模式的转变过程。

## 一、主要管理模式

### （一）传统造林管理模式

1978 年以前和 1981 年开始的全国义务植树运动的初期，在党和政府的号召下，大规模的群众性植树造林运动形成了社会办林业、群众搞绿化的良好氛围，但森林培育技术和管理水平比较低下。

### （二）国家补助性质的工程造林管理模式

以 1978 年"三北"防护林体系建设工程的启动为标志，大规模造林开始探索工程化、规模化造林管理的建设道路，"工程造林"的概念首次出现。1983 年山西在全国较早地提出了工程造林的管理程序，引起全国的关注，并在山西召开了现场经验交流会。

国家补助性质的工程造林管理模式由原林业部负责组织和管理，省林业厅对国家林业局负责、县林业局对省林业厅负责，县林业局作为工程的责任主体，国家以补助性质投入一定资金，大部分工程建设靠农民的投工投劳完成。由于国家投入的资金有限，所筹资金主要用于种子和苗木等，劳务补助很少或没有，工程的直接管理费用较低。但这种工程造林具有明显的严肃性、科学性和系统性，工程造林在技术措施、管理、造林效益上都优于传统造林。

工程造林的集约、规模营造林管理方式，是中国林业工程管理的雏形，是建立具有中国特色的林业生态工程项目管理模式的实践基础。

与传统林业建设工程不同，这一阶段的林业生态建设工程有以下特点：

（1）项目规模大。如该地区的"三北"防护林工程通过 20 年的建设，第一阶段完成造林保存面积 11.78 万 $hm^2$。

（2）涉及部门多。即单位、主体多，包括投资主体、领导组织机构、设计规划单位、施工单位、成果经营单位等多个主体。

（3）经济组织所有制形式多。包括国有、集体、个人、股份、股份合作等各种形式。

（4）涉及的专业知识领域广。包括造林、育种、管理、经济等多方面多个生产阶段。

（5）监管力度加强。

（6）科技含量不断提高。

（7）社会各界日益重视。

### （三）以世界银行为代表的项目管理模式

从 1995 年开始，山西省成功地实施了世界银行贷款"森林资源发展和保护项目"，贫困地区林业发展项目、林业持续发展人工林营造项目、德援造林、日元贷款等外资林业生态建设项目，取得了良好的建设成效，并积累了宝贵的林业生态建设管理经验。推动了先进林业项目管理的理念和实践在山西生态脆弱区的发展，对区域内的林业项目管理起到了良好的推动和示范作用。

（1）世界银行贷款"森林资源发展和保护项目"

从 1995 年开始建设，到 2000 年已竣工。项目在大同、朔州两市的新荣区、阳高县、天镇县、浑源县、广灵县、灵丘县、大同县、左云县、平鲁区、右玉县、怀仁县、应县 12 个县（区）实施，几乎全部分布在山西生态脆弱地区。实际完成总投资 9620 万元，其中利用世行贷款 623 万美元，省内配套 4464 万元，造林 2.8 万 $hm^2$。项目贷款由省财政直接转贷省林业厅，由省林业厅统贷统还。

（2）世界银行贷款"贫困地区林业发展项目"

从 1998 年开始建设，到 2005 年竣工。在太原等 8 市的娄烦、浑源、天镇、新荣、五台、繁峙、神池、宁武、岢岚、隰县、汾西、交城、中阳等 19 个县（市、区）实施，基本上位于山西生态脆弱区内。项目实际完成总投资 2.46 亿元，其中利用世行贷款 1644.34 万美元，省内配套 1.14 亿元，完成造林 5.30 万 $hm^2$（用材林 3.39 万 $hm^2$，经济林 1.91 万 $hm^2$）。1998 年和 2000 年两次接受世行检查，均为满意。

（3）世界银行贷款"林业持续发展项目"

从 2002 年开始建设，到 2008 年竣工。在朔州、临汾两市的怀仁、山阴、应县等 4 县和省直 8 个林局实施。到 2007 年底，实际完成项目总投资 1.04 亿元，其中利用世行贷款 704.19 万美元，省内配套 4383.96 万元，完成造林 0.94 万 hm²，中幼林抚育 1.33 万 hm²，改扩建苗圃 21 个。

（4）世界银行贷款"黄河流域生态恢复林业项目"

目前已完成项目评估、省发改委已批复可行性研究报告，即将启动工程。

项目规划在吕梁等 9 个市的 24 个县、省直 2 个林局实施，总投资 2.86 亿元，其中利用世行贷款 2100 万美元，省内配套 1.43 亿元，造林 2.70 万 hm²。项目目标是通过林业生态建设，使区域（流域）水土流失、土地退化等生态灾害得到遏止，融林业产业经济效益于林业生态建设之中，以推进项目区新农村建设步伐。

世行林业项目在山西生态脆弱区实施十多年来，经验可鉴，成果显著。在加快地区造林绿化步伐、促进对外开放、引进先进的林业管理经验上发挥了重要作用。世行林业项目在项目宗旨的确定性与受益农户的自主性结合中，充分体现了以人为本、参与式管理理念，在资金管理的严肃性与资金计划灵活性的结合中，最大限度地发挥了项目资金投入的效益，在保障措施的完善性与项目目标一贯性结合中，形成了科学的管理理念和制度措施。世界银行贷款在给山西省林业带来项目管理技术的同时，更重要的是带来了新的管理理念、管理方式和思维方式。

**（四）按国家基本建设程序运作的管理模式**

2002 年，国家林业局制定的《造林质量管理暂行办法》明确规定，政府投资建设的林业重点工程必须实行工程项目管理，造林项目要严格按照国家规定的基本建设程序进行管理。按照"按工程投资、按规划设计、按设计施工、按工程管理"的思想，逐步向国家基本建设程序规定的全过程管理迈进。随着社会主义市场经济的逐步完善，林业生态工程管理全面实行以项目法人责任制为核心、以招标投标制、合同管理制和建设监理制为服务体系的建设项目新的管理体制和管理模式已势在必行。

## 二、与世界银行管理模式的比较

为提高该地区林业生态工程项目管理、提高管理水平，有必要从项目管理发展周期、项目管理过程、项目管理方法的角度，将现行的林业生态工程与林业世界银行贷款项目进行横向比较分析，吸取和借鉴世行项目的先进管理经验。

**（一）项目发展周期比较**

世界银行对任何一个国家的贷款项目都要经过项目选定、项目准备、项目评估、项目谈判、项目执行和项目总结评价等步骤，完成一个完整的项目周期，从

而保证世界银行在各国的投资保持较高的成功率。如世界银行贷款中国综合林业发展项目（IFDP）的项目评估阶段历时 1 年 10 个月，对实施内容、项目执行进行了多方、多层次的磋商和研讨。

现行的林业生态工程按项目进行管理还较粗放，也没有完全按照项目发展周期理念来指导工程实施，对工程的全面事前论证和评估过程重视不够，在某种程度上还存在行政领导通过行政手段确定工程的现象。

### （二）项目管理理念比较

世界银行贷款的营造林项目都以林农参与为主，林农的参与程度决定项目能否成功执行。具体到项目中，参与式发展要求农民及其他群体能参与到项目的全部循环过程中去，如项目确立、可行性研究、项目设计、实施及项目监评等，只有这样才能使农民的需求得到考虑和满足，使农民的利益得到保证。

通过参与，使得参与者获得了在发展决策、发展计划及发展实施中的权力份额。因为发展的决策和选择是由发展角色和群体共同参与作出的，因此发展受益人及其他群体应对发展有责任感，并对发展的成功作出一定的承诺。只有当发展的主体——农民充分参加发展的全过程，发展的动力才会来自发展的主体。林业世界银行贷款项目中，特别要求农民要与项目机构签订合同，以这种形式来体现并从法律上来保证农民参与项目的利益分享权。

在参与式社区发展理论的指导下，世界银行贷款"贫困地区林业发展项目（FDPA）"的前期准备和规划设计中，根据项目的目标与特点，首次广泛引入和推行了社区林业评估方法（Community Forestry Assessment，缩写为 CFA），对项目地区进行"自下而上"的参与式评估。这是山西林业建设中首次引用 CFA，是项目设计观念和工作方法上的重大变革，不仅各级林业项目管理部门面对严峻的挑战，早已习惯了被动执行任务的农民们也一时难以适应。

以贫困地区林业发展项目为例，项目的最终目标是使贫困群众减轻贫困，项目的大部分投资对象和直接受益人是贫困农民，这就限制了项目的大部分营林活动要在贫困地区进行，决定了只有在项目准备过程中充分听取农民的意愿，向农民广泛宣传项目宗旨和贷款条件，鼓励他们参与各种重大问题的决策，使项目的设计和实施建立在广泛的群众决策基础之上，才能保证项目实施达到预期成果。

相比之下，现行林业生态工程还没有将参与式社区林业发展的理念全面引入到工程设计和建设中，把林业生态工程的发展放在社区林业发展之中通盘考虑的意识还不明显。参与式社区林业评估方法没有在工程设计中广泛应用，工程的设计和准备仍然采取的是"自上而下"的指令式模式，即由政府组织有关技术部门来独立完成，下级只需按照上级既定目标和要求进行工作而已。土地利用规划、造林树种选择、造林技术设计均由设计单位的技术人员按技术规程、规范进行决断，吸收群众智慧和基层林业科技人员的经验不够，农民在工程管理中还处于一种被动的状态，而不是一个利益引导下的自愿参与的过程。工程设计文件都要经过上级部门、专家评审，才能作为工程实施和资金拨付的依据，而群众没有直接参与到项目准备、规划设计和项目管理阶段。

令人鼓舞的是，2009年中央林业工作会议后，山西省正在推行的集体林权制度改革将为广大农村林业生态建设提供良好的政策依据和支撑，也为群众直接参与提供了更多的机会。

### （三）项目管理过程比较

从项目发展周期的角度，对该地区已实施的世界银行贷款林业项目管理和现行林业生态工程管理过程进行比较，可以看出彼此在管理上各阶段的明显差别。

（1）项目鉴定（项目策划和决策）阶段

世行贷款林业项目：①科学、民主和系统决策，决策成本较高，但决策效果好；②认真进行的基础数据收集、整理和分析，决策过程严格。③聘请权威专家，定性和定量结合，对项目进行经济、社会和生态等多目标论证。

现行林业生态工程：①政府决策成本低，强调决策效率，对决策效果监督不够。②一般根据国家或地方的长远规划确定项目。③一般论证多，定性与定量相结合论证少。

（2）项目准备阶段

世行贷款林业项目：①可行性研究科学、全面、仔细，可行性研究有费用保障。②项目准备采用逻辑框架方法和社区林业评估方法，充分发挥各级、各部门专家的作用，考虑农民的意愿。

现行林业生态工程：①工程可行性研究所需费用不足，时间仓促。②决策权大多集中于上级部门，下级部门和群众参与决策的作用较小。

（3）项目评估阶段

世行贷款林业项目：项目必须经过世界银行的全面评估，才可能付诸实施。

现行林业生态工程：项目评估体系有待进一步完善，独立的政府投资项目评估机构没有建立。

（4）项目谈判阶段

世行贷款林业项目：世界银行和借款国签订项目协议，形成具有法律效应的文件。

现行林业生态工程：无。

（5）项目执行与监督（项目实施）阶段

世行贷款林业项目：①在各级林业部门设立单独的世界银行贷款项目管理办公室，小组织运行大项目。②科学严格的计划管理，计划、资金和质量有机结合。项目投资成本是动态的，随着市场的变化而变化，农民收益有保障。③所有项目活动都签订合同，明确责、权、利，通过农民受益，达到国家受益的目的。④全方位、完善的监督管理。⑤完备的技术推广培训和环境保护支撑体系。

现行林业生态工程：①通过各级政府林业部门进行管理，运行成本高。现行各林业生态工程办公室不是管理工程的责任人，没有资金支付权。②任务的增减，随意性较大，造林计划、资金和质量脱节。工程没有严格的成本管理，政府投入处于静态，属于补助性质。③合同管理有待于进一步完善。受益主体以国家为主，农民为辅。④长效的项目监督机制没有建立。⑤科技服务不能满足工程的需要，科研推广与项目管理分离，科技推广率低。

（6）项目总结（项目竣工验收和总结评价）阶段

世行贷款林业项目：①对项目执行的全过程进行独立的后评价，总结经验，对新项目提供借鉴。②可能在项目竣工5至10年后进行再评价，以确定项目对民众、政策、体制和自然环境的真实影响。

现行林业生态工程：①对工程的后评价意识增强，开展了工程的中期评估。②未成立"省级林业重点工程社会经济效益测报中心"，全程动态监测体系尚未建立。

近年来，山西省在省级造林绿化工程中的通道绿化、环城绿化、沿线荒山造林中，一些经济基础较好的县区，在基本保证足额投入的前提下，推行了合同制、招投标制和监理制，将林业工程建设纳入市场工程建设的行列，对现行林业生态工程管理进行了有益的实践，科学的管理机制，对保证工程建设的成效发挥了积极作用。

在林业生态工程管理中，各地和林业部门大胆创新，探索出许多加快发展的新机制、新模式。例如，在工程管理中实行"政府出钱、反租倒包；群众出力、植树造林；树随地走，谁栽谁有"，较好地解决了通道绿化占地问题。在企业参与上，大力推广"一矿一企绿化一山一沟"，"挖一吨煤，栽一棵树"等以煤（矿）补林的做法，积极引导工矿企业履行社会责任，均收到了良好成效。

# 第四节 项目计划与资金财务管理

为全面提高林业建设资金效益为目标，严格执行国家规定和相关制度，规范项目管理内容、程序和流程，确保地区林业工程项目建设质量和资金安全有效运行，在林业生态工程管理中制定明确的工程项目计划与资金财务管理规范是十分必要的。林业工程项目计划与资金财务管理包括国家和省级林业工程项目的计划管理、项目管理、资金管理、财务管理等。

## 一、规划与计划

规划是某个区域实现经济社会发展目标的一张蓝图，是编制年度计划的依据。县级以上林业行政主管部门负责编制本级林业发展中长期规划。国家和省级投资的单项规划，由省林业厅提出规划主体框架，厅属相关业务部门完成编制工作。

计划是规划实施的阶段性目标，是完成年度任务的指标。林业生产年度计划要在规划的框架范围内编制。原则上由省林业厅相关业务部门根据各市林业部门意见提出年度生产计划，由厅计资部门汇总并综合平衡，经厅党组研究确定后，拟文上报或下达。各市林业局收到省林业厅年度计划后，将计划分解下达县（市、区）或实施单位。

## 二、工程与项目

为了确保工程项目切合实际，科学合理，林业工程项目实施自下而上、自上而下的呈报审批程序。各县（市、区）在规划的基础上，根据当地自然经济条件和市场发展前景，提出项目立项建议书或可行性研究报告，由省林业厅有关部门审核。

### （一）立项初审

成立项目专家组，由专家组研究提出各类项目能否立项的意见，报省林业厅审定后立项。凡确定上报国家发改委、财政部、省发改委、财政厅项目，都要在规划的基础上，编制《项目可行性研究报告》或《项目总体实施方案》。项目可行性研究报告必须由有资质的设计部门编制，其主要内容按照国家的有关规定执行。

凡纳入年度投资计划的项目，建设单位必须根据工作性质编制项目初步设计

（作业设计或实施方案）。

营造林项目由建设单位组织编制项目作业设计，报省级业务主管部门审批；列入基本建设程序管理的项目，由建设单位委托有资质的设计部门编制项目初步设计，报省林业厅审批；单纯的购置类项目或建设工艺简单的林业基本建设项目由建设单位编制项目实施方案，报省林业厅审批。

**（二）招投标**

凡是纳入国家和省投资建设的林业工程项目，都要按规定实行招投标。凡基建投资 200 万元以上的工程项目、50 万元以上的设备购置项目，要公开招标。投标单位至少要在 3 家以上；达不到上述标准的基建或设备采购项目可以议标。森林防火、病虫防治等项目特殊设备的采购，可经申请批准后选择相关厂家直购。国有林场组织职工自营的造林、抚育等项目不进行招投标。

**（三）工程监理**

林业工程项目建设单位要以合同的形式邀请监理公司实行全过程监理，确保林业工程项目建设规模、建设质量，从而有效防止缩小建设规模，降低建设标准，偷工减料，以次充好等不良现象的发生。

**（四）政府采购**

政府采购是指国家各级国家机关、事业单位和团体组织，使用财政性资金采购依法规定的集中采购目录以内或者采购限额标准以上的货物、工程和服务的行为。

**（五）竣工验收**

项目建成后，由建设单位向上级林业部门提出书面验收申请。国家立项的总投资在 2000 万元以上的工程项目由国家发改委、国家林业局组织验收，省林业厅计资处、业务部门积极配合。厅计资处牵头组织验收国家发改委、国家林业局委托验收的工程项目和省级立项的基建项目，相关业务部门参加；对基建投资较少（30 万元以下）的项目，也可由厅计资处委托市林业局计财部门牵头组织验收。项目验收申报资料包括：自查报告、完成情况、竣工决算、审计报告等。

**（六）建立档案**

凡是国家、省级投资建设的林业工程项目，都要建立项目档案。建档内容包括：立项文件资料、资金下达文件、项目实施方案、各类建设合同、期中检查报告、竣工验收报告、相关审计报告、相关财务档案、其他相关材料。

## 三、资金与财务

### （一）项目资金来源

项目资金来源包括国家发改委、财政部、国家林业局、省财政林业项目资金以及省煤炭可持续发展资金，征占用林地植被恢复费，林业建设基金，育林基金，罚款收入，门票收入等等。资金均以 8：2 比例，分两次下达（国家有特殊规定的除外）。在项目计划下达，上级将林业项目资金全额下达县级财政后，要及时向建设单位下拨总投资的 80％。待计划完成且检查验收达标后，由县林业局提供验收报告，并经上一级林业部门认可盖章后，县财政可及时下达 20％的质量保证金。厅直单位项目，林业厅将项目资金全额下达各单位后，省直林局要将 80％资金下达林场等建设单位，20％资金待检查验收后下达。省林业厅预算单位视项目实施情况按进度支出。

**（二）项目管理费**

林业工程项目建设单位按照以下规定标准计算费用：

（1）建设单位管理费：执行财政部《基本建设财务管理规定》，1000 万元以下的建设工程，按工程概算的 1.5％总量控制，概算 1000 万～5000 万元的按1.2％控制，分年度据实列支。

（2）招投标费：执行国家计委《招标代理服务收费管理暂行办法》，工程招标时，100 万元以下按 1％，100 万～500 万元按 0.7％，500 万～1000 万元按0.55％计算；货物招标时，100 万元以下按 1.5％，100 万～500 万元按 1.1％，500 万～1000 万元按 0.8％计算。

（3）竣工验收费：执行国家林业局《防护林造林工程投资估算指标（试行）》，按工程概算的 0.5％计算。

（4）工程监理费：执行国家发改委、建设部《建设工程监理与相关服务收费管理规定》，500 万元以下工程，按 3％计费，100000 万元以上按 0.9％计费，其他情况按照直线内插法计算。

（5）设计费：执行国家计委、建设部《工程勘察设计收费管理规定》，200万元以下工程按 3.0％计算，10000 万元以上按 2.0％计算，其他情况按直线内插法计算。

（6）工程预备费：执行国家林业局《林业建设项目可行性研究报告编制规定》，按不高于工程费用与工程建设其他费用之和的 5％计算（不含当年实施的营造林项目）。

省、市林业工程项目管理部门的管理费用由发改委、财政部门另行安排。

**（三）财务管理**

项目实施单位必须严格执行《基本建设财务管理规定》、《国有建设单位会计制度》、《内部会计控制规范——工程项目（试行）》、《建设工程价款结算暂行办法》、《林业重点生态工程建设资金管理暂行规定》、《林业重点生态工程建设资金会计核算办法》等有关规定，专账核算，专款专用，任何单位不准以任何理由滞留、挤占和挪用林业资金，不准擅自变更建设标准，不准超范围建设和超标准开支。建设单位要规范财务管理，确保资金安全，提高资金使用效益。

（1）项目单位应当配备熟悉国家法规及工程项目管理专业知识的会计人员办理会计核算业务。积极推进会计电算化。生态工程按照《林业重点生态工程建设资金会计核算办法》建账核算，其他工程按照《国有建设单位会计制度》建账核算。

（2）会计人员依据省厅下达的年度基本建设投资计划、批准的工程实施方案（含作业设计）进行会计核算和会计监督。财务部门和业务部门要积极沟通协调，互相配合，确保财务档案资料与业务档案资料的一致性。

（3）项目单位应当加强对工程建设资金筹集与运用、物资采购与使用、财产清理与变动等业务的会计核算，真实、完整地反映工程项目资金流入流出情况及财产物资的增减变动情况，并及时编报会计报表。

（4）会计人员应当加强对原始凭证的审核，不得超标准、超范围开支，不得挤占挪用专项资金，确保会计资料的真实性、合法性、完整性和一致性。定期开展资产清查，做到账实相符。

（5）会计人员应加强对工程价款支付的控制，对工程合同约定的价款支付方式、支付申请及凭证、审批人的批准意见等进行审查和复核。复核无误后，方可办理价款支付手续。严格执行《现金管理暂行条例》，杜绝超范围、超限额使用现金。大额劳务费用也应通过银行结算。

（6）工程项目完工后，会计人员要及时编制工程竣工决算，积极配合竣工决算审计。竣工验收合格的工程项目，应当及时编制财务清理清单，办理资产移交手续，并加强对资产的管理。

# 第八章 山西生态脆弱区林业科技支撑体系建设

## 第一节 林业科技体系建设的指导思想及目标任务

### 一、区域林业科技发展状况

当前，中国林业正处于坚持科学发展观、建设现代林业的新时期。党的十七大提出了建设生态文明的新要求，把林业提上了前所未有的战略高度。山西省委、省政府适时提出"生态兴省"战略，将林业生态建设纳入了全省经济社会发展大局。在生态兴省建设中，山西生态脆弱区的林业生态建设成效举足轻重，十分重要。

在当前政策支持较好、林业投资快速增加、林业改革顺利推进的情况下，科技已成为最为关键的因素。但山西生态脆弱区林业科技发展现状，还不能完全适应林业建设需求，从科技支撑能力上看，呈现部分满足、整体不足的状况；从科技创新水平看，呈现出部分先进、整体落后的状况。

**（一）科技创新不足，对生产的影响力减弱**

一些直接关系到林业发展的瓶颈技术突破不大，科技不仅应急能力下降，对当前林业生产的影响力在明显减弱，而且储备不足，对后续林业建设缺乏推动力。

**（二）实用技术推广滞后，制约着林业科技含量的提高**

林业科技成果转化率在40％左右，实用技术在适宜地区的覆盖不达60％，技术推广规模小，生产上主动应用科技的积极性不高，技术标准在林业生产中应用不到位，科技贡献率只有30％左右。

**（三）科技发展面临的困难**

对科技的认识还不高、重视还不够；科技投入严重不足，科技专项投入仅占林业总投入的0.4％左右；基层技术人员缺乏；科技基础条件长期没有得到改善等等，这些困难和问题严重影响着科技作用的发挥，制约着科技的进一步发展。

面对林业发展对科技的迫切需求，面对科技发展滞后的巨大差距，各级政府

和林业部门必须高度重视，切实加大林业科技创新与进步的力度，促进林业又好又快地发展。

## 二、指导思想及目标任务

### （一）指导思想

落实科学发展观，按照中央和省委、省政府关于建设创新型国家的总体要求和战略部署，坚持"强化创新、重点突破、支撑发展、引领未来"的科技发展指导方针，把科技进步和创新作为推进"生态兴省"战略的重大举措，以完善科技创新体系为主要任务，以应用及时研究、重点领域关键技术突破为主攻方向，以科技推广，科技示范为主要手段，创新体制、加大投入和优化创新环境。切实加强对困难立地条件地块造林的科技支撑力度，加速对生态脆弱区的综合生态治理进程，着力推进生态文明建设、现代林业建设，为绿色山西建设目标的实现作出贡献。

### （二）目标任务

积极开展制约林业发展的关键技术攻关，大力推广综合集成的先进实用技术，强化标准化体系建设，广泛开展技术培训。到 2015 年，区域林业科技综合发展能力进入全省先进行列，林业生产关键性技术取得重大突破，先进实用技术和科技成果的推广应用率显著提高，生态工程造林良种使用率达到 40%，经济林和丰产林良种使用率达到 85%，成果转化率达到 50%，科技贡献率达到 40%，重点集体林区林农科技培训率达到 50%，林业科技进步与创新基本满足林业发展需求，支撑和引领作用显著增强。

# 第二节　林业科技体系建设的主要措施

## 一、强化科技创新，集中优势力量突破关键技术

### （一）加强森林培育技术创新

围绕造林、经营、保护等森林培育环节，以自主创新为主，结合集成创新和引进消化吸收再创新，重点开展黄土丘陵区抗旱造林、干石山区和盐碱地造林、矿区灾害立地植被恢复、红枣裂果及三大病害防控、退化林分恢复与重建技术、防护林资源高效利用技术、能源林培育以及碳汇林业、森林资源及生态工程效益监测监控等关键技术攻关，并取得突破。

### （二）突破林业产业技术瓶颈

重视林业产业对生态建设的拉动作用。围绕促进林业产业结构调整、布局优化和技术升级等方面，以提高产业质量和经济效益为主攻方向，积极开展经济林良种、集约栽培、综合丰产管理和重大病虫灾害防控等技术的研究，组装配套与应用；加强林产品加工技术进步，重点研发贮藏保鲜和深加工工艺等技术及生产装备，延长产业链，提升林产品档次，提高产品竞争力。加大林业传统产业的改造力度，注重培养新型产业和朝阳产业，有效提高林地生产力和自然资源利用率。力争突破一批关键技术，扶持建设一批自主知识产权的名牌产品和产业基地，提升产业发展水平和经济效益。

## 二、促进成果转化与技术推广，支撑林业建设和林权改革

### （一）促进林业科技成果转化和先进技术推广

结合实际，普及应用林业生态治理立地类型划分与造林模式选择、抗旱造林集成技术、林业工程建设技术规范化应用、生产中急需的干果经济林新品种、优良乡土树种、饲料林培育与加工、低产经济林改造、有害生物防控、杨树伐桩更新、风沙区抗逆树种繁殖及造林、食用菌和药材等非木质森林资源利用、"3S技术"、林业技术规程和标准等实用技术，有条件的地方，实用技术的普及应用率要达60％以上。加强工程实施检测和森林资源动态监测，促进管理和决策的精准化和科学化，应用和推广"3S"技术等，提高检查验收精度和监管水平。

### （二）大力推进林业科技示范

以生态类型为主导，与经济发展相结合，建立具有较高科技含量、带有明显区域和工程特征的林业科技示范园区。充分发挥示范、辐射和带动作用，引导和促进区域林业技术水平的提升和行业经济发展。

注重加大良种壮苗和乡土树种造林力度，林业主管部门要根据造林任务的多少，加强优良苗木和乡土树种苗木生产基地建设，提倡就地造林就地育苗，减少苗木调运、贮藏、假植等环节。

### （三）加快林业标准化建设与应用步伐

在认真执行现有林业标准和规程的基础上，加快林业标准制订修订步伐，强化应用性科研成果向技术标准化的措施，逐步建立较为完善的林业标准化体系，覆盖林业各个专业和各个环节。

### （四）加强专业人员和林农林业技术技能培训

从林业队伍技术人员的专业知识更新、林业重点工程专业队的专项技能掌握

和林农实用技术普及三个层次进行培训。要有计划地对县级林业管理人员、技术人员和工程专业队技术负责人进行操作技能培训，提高林业技术水平。各县重点培训乡级林业技术人员、工程从业人员和林农，普及实用技术。

### 三、深化体制改革，建立健全科技创新与服务体系

#### （一）健全林业科技创新体系

注重原始创新、集成创新和引进消化吸收再创新，充分发挥创新的引领作用。以科技工程项目为纽带，围绕长期制约林业生态建设和产业发展的关键性和瓶颈性技术难题，在组装配套现有先进技术和成果、充分发挥技术成果的集成优势和叠加效应的基础上，积极开展攻关研究，尽快取得突破。鼓励科研院所、学校和林业企业开展产学研合作，建立长期稳定的合作关系。大力推进科技创业，理顺科技成果所有权、经营权和收益权之间的关系，促进科技进步和创新成果产业化。加强与国内外科研机构和大学的合作，"走出去"和"请进来"相结合，拓宽区域林业科技国际、国内合作与交流的领域和渠道。

#### （二）完善林业科技推广体系

认真贯彻落实国务院《关于深化改革加强基层农业技术推广体系建设的意见》和山西省人民政府《关于推进基层农业技术推广体系改革的实施意见》以及山西省林业厅《关于推进基层林业技术推广体系改革的实施方案》之规定，健全林业科技推广体系和队伍，确保一线工作的林业技术人员不低于县级林业技术人员总编制的 2/3，林业专业技术人员占总编制的比例不低于 80%，各级林业主管部门要积极争取地方政府支持，将林业技术推广机构履行职能所需经费纳入财政预算，做到有机构、有编制、有经费、有示范基地。

#### （三）创建林改科技支撑体系

顺应集体林权制度改革的要求，各级林业技术部门要转变工作方式，以千家万户为服务主体，以满足农民技术需求为服务内容，强化服务意识和服务能力。通过科技下乡和科技入户等形式，广泛开展技术指导、技术示范、技术推广、技术培训和技术咨询等服务。鼓励发展农村林业专业技术合作组织，大力培养乡村林业科技能人、技术熟练工和科技示范户。建立森林资源和林地评估机构，推进林业资源的合理流转和资本化，满足千家万户对林业科技的需求。

### 四、优化环境，确保林业科技进步与创新的顺利推进

#### （一）稳定增加林业科技投入

各级林业部门要努力增加科技投入，建立多元化和多渠道的林业科技投资体

系。认真落实国家林业局《关于加强重点林业建设工程科技支撑指导意见》中关于林业重点工程安排不低于3％的科技支撑专项资金的科技投入政策。市、县林业主管部门从煤炭育林基金中提取不低于5％的经费，用于林业科技研究和技术开发。

**（二）建立有效的科技创新激励机制**

根据《中共中央国务院关于加快林业发展的决定》要求，建立科技奖励制度。鼓励拥有科研创新成果的科技人员和科研团队采取专利技术入股、科研成果参股等形式，走出去创办、领办科技型企业和基地，或与企业家合作创办科技型企业。积极支持科技人员和林业专家通过开展技术咨询技术服务、技术承包、技术转让等形式，参与林业科技推广应用。允许科技人员在推动林业生产发展、带动和帮助农民富裕起来的同时，从中获得合法的经济报酬。

**（三）高度重视人才的培养和引进**

要走人才强林之路，优化人才环境和创新用人机制。各级林业主管部门要采取多种形式，留住和用好优秀林业科技人才，培养林业科技急需的创新和领军人才；搞好学科带头人、青年科技人才和后备人才的培养工作，积极组建创新团队，造就一批生态工程建设的实用人才。高度重视基层技术队伍建设，增加基层技术人员数量，提高业务素质，优化工作环境，让科技人员在林业生态建设中发挥更大作用。

# 第三节　山西生态脆弱区林业实用技术

在山西生态脆弱区，要重点推广容器育苗、ABT生根粉、绿色植物生长调节剂GGR、地膜覆盖、节水抗旱、多效复合剂、多效防晰剂、适生树种选择、林木菌根应用技术及抗逆性造林等技术；要调整造林方式，加大封山育林的比重。凡有封育条件的地方，都要积极推行封山育林；要坚持以往先整地、后栽植的好做法，提高造林成活率。黄土丘陵区整地要以抗旱蓄水的整地方式为主，尽量采取鱼鳞坑、反坡条带、水平沟等汇集径流的整地方式，避免大开大挖、造成新的水土流失。禁止炼山造林和全垦整地，注意保护好现有植被。要因地制宜，科学确定林种、树种结构。在水土流失和风沙危害严重、25°以上陡坡地段及江河源头两岸、湖库周围、石质山地、山脉顶脊等生态地位重要的地段，提倡营造生态灌木品种。在立地条件适宜且不易造成水土流失的地段，可以适当发展经济林、用材林和薪炭林，积极推广经济林园建设与生物埂、生物带相结合的治理模式。

在加快林业实用新技术推广应用方面，该地区的林业工作者在林业建设中已积累了一定的经验。

# 一、植物生长调节剂与抗旱制剂

## （一）绿色植物生长调节剂 GGR 系列

绿色植物生长调节剂（GGR）系列，是中国林科院继 ABT 生根粉后研制出的新一代高新科技产品。它是一类无公害非激素的生理活性物质，能促进植物内源激素、内源多胺、酚类化合物的合成及相关酶的活性，促进植物营养元素的吸收与代谢，从而调节植物生长发育及器官形态建成，达到提高造林成活率，增强植物抵御干旱等逆境的能力，促进幼苗健壮生长的目的。

由于易溶于水，无污染，使用简便，因而在林业生产中得以广泛应用。

（1）GGR 的使用技术

经试验，最佳剂型以 GGR6、7、8 号为好，常用含量为 10～50mg/l，处理时间为 0.5～2h。常用方法有浸根、喷根、速蘸和喷叶四种。

①浸根法：将苗木根系浸泡在 GGR20～40mg/l 溶液中 1～2h，随即栽植或蘸泥浆后栽植。此法适用于裸根苗造林或小苗移栽。

②喷根法：用 GGR30～50mg/l 溶液，将苗根喷湿透后，加盖草帘等覆盖物，等溶液被苗根吸收（约 1h），即可栽植。此法适用于大批量苗木造林或大苗移栽。

③速蘸法：造林前，用 GGR50～200mg/l 溶液，将苗根速蘸 20～30s 后，约 0.5h 后栽植，适用于大批量裸根苗移栽以及当地离水源远，水缺乏地区。

④喷叶法：对经济树种或速生丰产林，为确保成活和加速生长，可在幼树生长期喷叶 1～3 次，用 GGR10～20mg/l 溶液，喷湿透至有液滴下落。时间：以阴天或上午 9～10 时前、下午 3～4 时后为宜，应避免太阳直射。适用于风景林、经济林及速生丰产林。

造林前，对苗木等用上述 3 种根系处理方法中的任一种均可。经济林、速生丰产林、特种用途林等在苗木生长期再进行 1～2 次喷叶处理，效果更好。两种方法结合使用，其效果优于单一处理，明显提高造林成活率并能促进幼林生长。

（2）GGR 在造林上的应用

①GGR 明显提高造林成活率。

1994～1998 年，山西省中阳县林业局在黄土丘陵沟壑区进行油松造林

1333hm²，计栽植 44 万株苗木，用 GGR6 号 25mg/l 溶液浸根后造林，提高造林成活率 15%～26%，使造林成活率全部达 85% 以上，造林一次性通过了国家验收。

据 1994～1998 年在山西左云县、关帝沙棘种子园和管涔山三地试验，用 GGR6 号 30mg/l 溶液对华北落叶松 2a 生苗浸根 1h 后造林，造林成活率达到 85% 以上，比清水对照提高 2.7%～36.2%，5a 平均提高 16.0%。

②GGR 明显促进苗木生长。

从山西上述三地试验结果看，用 GGR 对华北落叶松 2a 生苗浸根造林，与对照相比，新梢生长量增加 7.8%～113.7%；地径增加 12.2%～35.3%。地下部分侧根数增加 7.3%～21.2%，根鲜重增加 18.7%～40.6%。表明 GGR 应用于华北落叶松造林，能有效地促进苗木的地上部、地下部生长。

**（二）保水剂**

保水剂，是目前应用较广的一种高吸水性树脂，这类物质含有大量结构特异的强吸水基团，在树脂内部可产生高渗透缔合作用并通过其网孔结构吸水。它的最大吸水力高达 13～14kg/cm²，可吸收自身重量的数百倍至上千倍的纯水。并且这些被吸收的水分不能用一般的物理方法排挤出来，所以它又具有很强的保水性。

保水剂分为两大类：一类是丙烯酰胺，另一类是淀粉丙烯酸盐共聚交联物。前者使用寿命长，在土壤中蓄水保墒能力可达 3a 以上，但吸水倍率低；而第二类吸水倍率高，但在土壤中的有效时间只有 2a 左右。施用土壤保水剂后，土壤水分含量第一年可提高 9% 以上，第二年可提高 6% 以上，第三年可提高 4% 以上。

在树苗运输和栽植时用保水剂涂根，大大降低了苗木运输和造成的损失；定植前将保水剂喷洒在树穴或混入回填土中，提高树苗成活率近 3 倍；将保水剂掺入盆栽或育苗的培养土中，浇水次数可减少一半；用于地面撒施，可节约用水 50%～85%。

**1. 对土壤的影响**

改良土壤是保水剂在林业上很重要的一面。使用保水剂是调节土壤水、气、热状况，改善土壤结构，提高土壤肥力的一项有效化学措施。保水剂对土壤的影响主要表现为：

（1）提高土壤吸水能力，增强土壤保水力；

（2）改善土壤结构，增强土壤的保肥能力；

（3）调节土壤的水、气、热状况，减缓地温变化；

（4）影响土壤微生物生命活动。

**2. 使用方法**

（1）拌种

具体做法是：保水剂的用量为种子重量的 0.5％～2％，按 100∶0.5～2 的比例配制拌种液。先将保水剂放入水中，边撒边搅动，避免结块（若结块，放置几小时后结块能自行化开），然后将种子慢慢倒入，用手搅拌混合均匀，晾干后种子表面即包上了一层薄膜。

保水剂用量不能过大，否则影响种子的出苗率，晾晒种子时要避免高温灼晒，需要催芽的种子应先催芽后用保水剂处理，需要消毒的种子应先消毒再用保水剂处理。

美国国际有限公司工业局研制的 Terra～Sorb200G 新型保水剂是一种比较适合拌种的粉剂，可按 1（粉剂）∶50～100（干种子）的比例混合。

（2）与土壤混合

以 0.3～0.5（保水剂）∶100（土）的比例将保水剂与腐殖土混合，混好后装入塑料容器袋中育苗。在沙土中掺入 0.3％～0.5％的保水剂，可提高沙土的保水性，起到改良土壤的作用。树木移植时，先将保水剂均匀地喷进树穴或混入回填土中，一个 50cm×50cm×50cm 的树穴约需 12g 保水剂。

（3）根部涂层

先配制成 1％～2％保水剂水分散体，或把保水剂掺在泥浆中，蘸根栽植。苗木运输时，可用保水剂水分散体与泥浆混合，涂在苗木根部便可运输。

（4）插条涂层

先剪好插条，再把保水剂与水按 1∶100～300 比例混合成胶状水分散体，混合时必须边加保水剂边搅拌，不可一次将保水剂倒入水中，以免形成结块。将插条放入调好的保水剂中，插条上便附上了胶状物，晾干后即可扦插。若配合使用 ABT 生根粉或激素类药剂时，先用药剂处理，后用保水剂处理。

（5）旱地果园保墒

土壤保水剂是针对缺少灌溉条件的旱地果园采取的一种保水保墒的有效方法。其施用方法是在核桃树垂直投影内沿周围开 10cm 深、40cm 宽的沟，每株使用 20g 或 30g，施入保水剂后覆土，亦可与基肥混施，这样可以节省时间及人力。

**3. 应用效果**

在苗木运输过程中，大苗和难成活的苗木，用保水剂蘸根有两个优点：使受伤的根部得到保护、苗木失水少，提高成活率；因不带土坨而提高车辆的运输能力，减少包装费用，降低苗木的运输成本。

扦插时利用保水剂处理，枝条发根早，成活率高，新叶长得快。

苗木栽植时，在坑内施用保水剂可增强土壤保水能力，减少苗期浇水次数，促进苗木早发根。

用保水剂处理种子，可提高林木种子的出苗率和幼苗的成活率。

**4. 使用中应注意的问题**

(1) 保水剂使用时，土壤含水率不能低于 10%，使用保水剂后应先给足水，令其吸饱。

(2) 保水剂浓度不宜过高，一般以 0.5%～2% 为宜。

(3) 保水剂可与农药、化肥、激素混用，但不能与带有锌、锰、镁等二价金属化肥混用，否则会使保水剂失去亲水性。

(4) 保水剂不是造水剂，在施用一段时间后应及时检查土壤墒情，适时补水。同时，在连续降雨的气候条件下，由于保水剂的作用，使土壤持水量长时间处于饱和状态，会导致土壤通气不良，造成根系腐烂，以至于影响果树的生长。所以，在连续下雨的时期应当注意及时进行排水。

(5) 保水剂虽无毒，但要避免进入眼睛或误食，一旦进入眼睛立即用清水冲洗。

市场上国外的产品型号比较多，如：日本的 IGP、HSPAN、THSN～2、PPA、VAM、KR、KI 胶、GP 等，美国的 CLD、Aqnalon、GPC、SGP、Permasorb 等，比利时根特大学教授 W. V. 科特姆先生发明的 TC 被中国一些地方用于绿化，效果不错，TC 为土壤改良剂，其实也是一种保水剂。市场上的保水剂型号繁多，使用时一定要先仔细阅读说明书。

**(三) TCP 植物蒸腾抑制剂**

TCP 植物蒸腾抑制剂，是山西省林业科学研究院研制的成果，该制剂通过缩小植物气孔开张度来抑制蒸腾，减少植物水分散失。同时增加叶绿素含量，促进根系生长，提高抗旱抗寒能力，提高造林绿化成活率。选择无风、晴朗的清晨或傍晚将本药剂稀释后均匀喷施于叶面、枝干（滴水为度），连续喷施 3 次，间隔期为 10～15d。

TCP 植物蒸腾抑制剂研制成功以来，在山西省荒山绿化、通道绿化工程中进行了大面积推广，提高针叶树造林成活率 10%～20%，阔叶树成活率 15%～25%，大树移植成活率 30%～40%，取得了显著的生态效益。

## 二、覆盖保墒技术

覆盖抑制蒸发技术，主要是指通过各种覆盖措施来减少土壤水分的蒸发，有效地保持土壤水分含量，为植物正常生长提供一定的保障。山西生态脆弱区由于光热资源丰富，无效蒸发十分剧烈，研究资料表明：其中50%～60%水分以径流和蒸发形式损失掉，仅有40%～50%水分被作物利用。因此，通过覆盖抑制蒸发，延长水在土壤中的积蓄时间，是提高雨水资源利用率的有效途径之一。覆盖抑制蒸发技术主要有以下几种：

### （一）石块覆盖

在石质山地，石块较多，植苗后可就地选取直径5～15cm的石块，以苗木为中心覆盖半径为50cm的石块面。覆盖石块既能承渗雨水，又能有效地抑制土壤水分蒸发。

### （二）塑膜覆盖

用厚度0.015mm的无色透明膜，覆盖在以树苗为中心整理成锅底状的穴面上，面积50cm×50cm，再在膜上压2～3cm厚的土。覆盖塑膜能提高地温，保持墒情，控制杂草。

### （三）草类覆盖

把秸秆、树叶、锯末等覆盖在苗木周围，厚度一般2～3cm，上面再压一层2cm厚的土，以防覆盖物被风吹走。覆盖草类能增加土壤有机质，提高土壤肥力。

### （四）生态垫覆盖

生态垫是利用棕榈外壳经过粉碎加工而得。质地较坚硬，丝网状，颜色棕黄。特点：对生态环境无污染、易降解，能防风固沙，抑制杂草，涵养水分，维持和提高土壤肥力等，规格分为1m×1m和1m×8m两种，平均厚度在1.5cm左右。

## 三、蓄水保墒节水技术

黄土丘陵沟壑区半干旱地区造林，其有效途径就是如何利用有限的雨水资源。节水技术是以提高水分利用率为目标，降低水分无效损耗为手段的植物供水技术。

适合该地区的节水造林技术主要包括两个方面：

（1）通过工程技术措施，将降水径流集中在造林主体工程范围内，从而达到减少径流损失、减少蒸发损耗的水分，满足树木正常生长发育用水。据资料显示，天然降水在下垫面的分配比例为：10％～15％为地表径流，60％～65％为无效蒸发，25％形成农业初级生产力。通过工程措施，可以拦截径流，减少蒸发。

（2）通过工程措施，在雨季将雨水集中储存，解决降水与植物需水的时间错位问题，达到调水、供水目的。通过工程措施，收集降水径流直接到造林主体工程内，要根据造林地的地貌、降水量和树种的生物学特性以及社会经济力量来确定工程技术的方法。

北京林业大学王斌瑞教授承担的国家重点攻关项目，在山西生态脆弱区方山县经过多年研究探索，总结出一套抗旱造林节水技术，其技术核心：

一是集水面防渗处理。集水面的大小主要由树木生长期的需水量、降雨量、径流系数来确定。一般来说，乔木大些，灌木小些，经济林乔木应更大些。经多年试验测试，在 400mm 的降水地区，集水面经人工拍光压实，经过防渗处理，以刺槐、白榆为代表的阔叶树集水面为 $3～4m^2$/株，苹果、梨的集水面为 $9～12m^2$/株。

为充分利用小降雨量使其产生径流，对集水面加工防渗有以下 4 种办法：①对原土铲平、拍光、压实；②混凝土衬砌；③喷沥青，涂高分子化合物；④铺塑料布。以上 4 种方法的径流系数分别为：0.2，0.7，0.6，0.9。可以看出径流系数的增加导致集水量增大，蒸发面减少，水分利用率的提高。

二是植树带工程。植树带的宽度、深度同样决定于树种、降水、集水面等多因素。一般其宽度经济林 1.5～2m，用材林 1～1.5m，针叶树 1～1.2m，灌木 0.8m 左右；其深度乔木 60～80cm，灌木 30～50cm。应该注意在挖植树沟时将表土回填到沟内，用生土在下沿筑拦水埂。这样不仅能起到蓄水作用，同时改善土壤结构，提高林地土壤肥力，起到保墒作用。常采用反坡梯田、水平沟、鱼鳞坑等整地形式。

## 四、雨季造林及抚育管理技术

山西生态脆弱区的特点是缺雨干旱，但雨水又十分集中。如果抓住时机，应用技术得力，利用好宝贵的雨水资源，则会取得很好的造林效果。

### （一）因地制宜，科学整地

通常上一年雨季整地，次年造林，也可以春季整地，雨季造林或者雨季随整地随造林。整地方法、规格的确定，要因地制宜，按照水土保持的要求，尽量减少破土面，采取不同的整地方式。

（1）山坡上部及 25°以上的地段，一般采用穴状、鱼鳞坑整地。

穴状整地：穴径 30～40cm，深 30～40cm；

鱼鳞坑整地：长径 30～60cm，短径 30～40cm，深 30～40cm，土堰宽、高 10～20cm，详见图 8-1。

特别在阳坡、半阳坡等地段以整成反向小阴坡为宜，以利蓄水保墒和苗木成活。

（2）山坡中部及 15°～25°的地方，采用鱼鳞坑、水平阶整地。

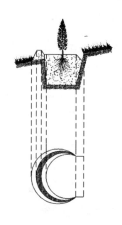

图 8-1　鱼鳞坑整地示意图

鱼鳞坑整地规格同上；水平阶整地：宽 1～1.50m，长以便于整平田地为宜，深 30～80cm，详见图 8-2。

（3）山坡下部 15°以下的地段，采用窄幅梯田、水平沟整地。

窄幅梯田整地：宽 2～5m，长度随山坡情况而定，深 30～80cm，垒坚固的双层石堰，两阶之间保留 2～3m 的生土带；

水平沟整地：上口宽 0.50～1m，沟底宽 0.30～0.60m，沟长 4～6m；沟过于长时，每 2 米左右在沟底留埂，沟深 40cm 以上，外缘有埂。

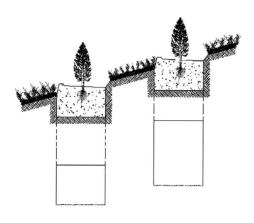

图 8-2　水平阶整地示意图

无论采取哪种方式整地，都必须在整地前做好规划设计，按照设计进行施工。

## （二）适地适树，选好树种和苗木

雨季造林树种以常绿树种为主，如侧柏、油松、条桧和萌芽力较强的阔叶树种等；在水分条件好的河岸、渠道两侧，可选择杨、柳等，用插干、插条、埋干的方法造林。雨季造林苗木应选用生长健壮、根系发达、无病虫害、无机械损伤的Ⅰ级或者Ⅱ级良种苗木。起苗过程中要尽量减少伤根，最好做到随起随栽，起苗后不能立即造林的，要采用妥善的技术措施，维护苗木内部水分平衡，防止脱水。阔叶树栽植前应适当剪叶或截干，以减少蒸发。最好使用容器苗木，以提高造林成活率，苗木应选择 1～2a 生的健壮苗木。

### （三）掌握适宜造林时机

雨季造林掌握时机非常重要，栽植造林成功的关键在于掌握雨情，尤其是裸根苗造林。若能在栽植后下雨，并有几天的阴天，则对提高造林成活率十分有利。因此，造林时间最好安排在下午，以减少太阳对苗木尤其造林当天的曝晒时间，经过一夜的缓冲，可以提高苗木的抵抗能力，对提高造林成活率有一定的帮助作用。切忌在无雨和降雨不多的时期强栽等雨，要严格遵循"三不栽"的原则，即雨不透不栽，天不连阴不栽、雨过天晴不栽。

### （四）造林技术

（1）造林密度

松柏造林一般安排在山坡的中上部，穴状或鱼鳞坑整地，密度可掌握在 2500～3300 株/hm²，株行距 2m×2～1.50m×2m。

花椒一般栽植于地埂或在水平阶及梯田成片栽植，栽植于地埂的株距 2m 左右，成片造林密度可掌握在 333～500 株/hm²，株行距 5m×6m 或 4m×5m。

（2）容器苗木造林

一是起苗时应该先挖掉容器袋周围的土壤（尽量不使袋内的土体松动），切忌用手拔苗起苗；二是栽植时应注意栽植深度，培土深度要比容器高出 2～3cm，切忌将营养袋暴露在外面；三是栽前一定要撕破袋子底部，便于根系生长。

（3）裸根苗木造林

①把好起苗关。起苗前一天要对圃地灌水，起苗时一律用镢头深刨，做到根系完整、根部带土，剔除细弱苗。苗木要进行分级，并用草袋包装，以减少失水，随起、随运、及时栽植。栽植时将苗木放在筐内或者桶内，遮盖湿布，栽一株拿一株。不要用手抓握苗木根部，尽量减少根系损伤。刨深穴，扶正苗木，填土深度以达原土痕为宜，然后踏实。

②蘸泥浆、ABT 生根粉或绿色植物生长调节剂 GGR 蘸根。蘸泥浆就是将根系蘸上稀稠适度的泥浆，使根系保持湿润的处理方法，最好在起苗后立即进行；造林前用 ABT 生根粉或 GGR 蘸根可以促进根系的恢复和新根的萌发，其处理苗木所用浓度和时间依树种、药剂种类而定，使用较高浓度浸蘸的时间短、较低浓度浸蘸的时间长。

③利用吸水剂加适量水配制成水凝胶蘸根，具有保水效果好、重量轻、费用低等优点。

### （五）抚育管理

（1）穴面覆盖

造林后，要及时用枯树枝、碎草、石块等覆盖穴面，避免暴雨时雨滴击溅地表，也减少蒸腾失水。穴面覆盖对穴面保墒和促进苗木生长均有明显作用。

（2）浇水整穴

造林后如无降水，尤其是裸根苗应尽可能地在栽植后 2～3d 内浇 1 次透水，以保证幼苗成活。大雨过后，要及时查苗看穴，如果苗木被冲压，应及时扒出扶正，被大雨冲毁的树盘要及时修筑好。

（3）松土除草

杂草灌木是引起人工林病害发生传播的重要媒介，它们还是危害林木的啮齿类动物的栖息场所。没有进行穴面覆盖的植树穴，大雨过后土壤易板结、干裂和滋生杂草，要及时松土，以利于保墒和清除杂草。

总之，雨季造林，提前整地是基础，良种壮苗是根本，造林时机是关键，抚育管理是保障。在山西生态脆弱区内恶劣的自然条件下，充分把握雨季的有利时机，是取得林业生态建设成效的有效途径之一。

## 五、大同盆地盐碱地造林技术

位于山西生态脆弱区北部的大同盆地，以冲积、洪积平原为主，地形平坦，但低洼处多有积水，导致该处土壤多形成盐碱地。由于气候高寒干旱，风沙常袭，自然环境相当恶劣。大同盆地共有盐碱地约 3 万 $hm^2$，主要分布在朔州、大同的桑干河流域，是这一地区多年来造林绿化的"软肋"。盐碱地造林技术主要包括工程措施和生物措施：

### （一）工程措施

（1）沟渠排碱

该措施适宜于低洼盐碱地中排水不畅、地下水浅、矿化度高、土壤含盐量重、受盐涝双重威胁的地块。深挖条沟，修建排盐碱沟。改治办法是：开挖干、支、毛深沟排水系统，使得在雨季能迅速排除洪涝，并借雨水的天然淋洗起到排盐降碱作用，待土壤盐分达到造林要求时再行造林。

（2）灌水压碱

灌水洗盐，改造重盐碱地。灌水洗盐可加速重盐碱地的改造，特别是具备排水系统的情况下，引用淡水来溶解土壤中的盐分，再通过排水沟将盐分排走，能收到立竿见影的效果。灌洗方法：洗盐应选在水源丰富、地下水位低、蒸发量小、温度较高的季节进行，因为地下水位低，灌水洗盐时表层盐分向下淋洗得深，蒸发量小可避免洗后强烈返盐，温度高则有利于盐分溶解。

对于新垦盐碱地或计划翌春造林的重盐碱地，可在秋末冬初灌水洗盐，因为这时水源比较充足，地下水位低，冲洗后地将封冻，土壤蒸发量小，脱盐效果较好。需注意的是，秋洗必须要有排水出路，否则会因洗盐提高地下水位，引起早春返盐。经过秋耕晒垡的土地春洗效果良好，春洗可在土壤解冻后立即灌水洗盐，再浅耕造林，亦可造林后结合灌溉进行洗盐；春季洗盐后蒸发日渐强烈，应抓紧松土，以使土壤能保持良好的墒情，控制其盐分上升。另外，重盐碱地可在雨季前整地，在伏雨淋盐的基础上，抓住水源丰富、水温高的有利条件，进行伏季洗盐，以加速土壤脱盐。

（3）客土改碱

垫高台客土种树。在盐碱地开沟排盐碱，将所挖土垒成高台，在高台上挖坑，坑内垫上隔离层，然后移客土，种植耐盐碱的树种，详见图8-3。由于客土抬高地面后相对降低了地下水位，一方面使下部盐水难以借助毛细管作用上升到地表，另一方面有利于土壤水向下移动，土壤不易发生次生盐渍化现象，而且下部的盐碱土也会逐渐淡化。

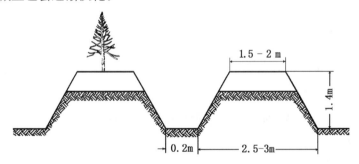

图8-3  高垄整地客土改碱示意图

（4）化学改良

土壤胶粒上交换性钠离子、土壤溶液中碳酸钠和重碳酸钠的存在可引起土壤碱化，使土壤产生不良物理性状。所谓化学改良，就是针对碱性土的这种化学特性，用化学方法加以改良。化学改良的途径：第一是在土壤中增加钙离子以置换出土壤胶粒上的钠离子；第二是施以酸性化学物质，用氢离子置换交换性钠离子以中和土壤碱性。常用的改良剂有可溶性钙盐类、酸类和成酸类化学物质以及一些工业副产品（如磷肥料制造业的副产品磷石膏、煤矿区的煤矸石等）。化学改良对碱性土壤有明显作用。

**（二）生物措施**

引种盐生植物和耐盐植物。近年来，在盐碱滩地表现较好的盐生和耐盐树种有柽柳、垂柳、刺槐、紫穗槐等，沙棘表现也不错。这些树种繁殖容易，生长快，有利于尽早郁闭成林、覆盖林地、防止土壤返碱，并能逐渐降低林地表层土壤含盐量，改良土壤。

在盐渍土壤种植盐生和耐盐树种，对盐碱地有以下改良作用：

（1）土壤含盐量明显降低；

（2）土壤中的 N、P、K、有机质以及微生物数量都有增大的趋势，从而改善土壤肥力，产生良性循环；

（3）种植盐生和耐盐树种，还可以将盐碱土地面覆盖起来，减少土壤的蒸发，将部分土壤蒸发由植物蒸腾所取代，从而减少土壤返盐，进一步降低耕作层的盐分；

（4）盐碱土中生长盐生和耐盐植物，其根系还会形成菌根，促进植物对矿质营养特别是磷的积累和吸收。

在改良盐碱土时不能只用单一方法，应该综合开发，改土措施要因地制宜，有主有辅。科学合理地采用了上述方法进行盐碱地治理，造林成活率通常可达到80%。

## 六、山地经济林营造技术

山西生态脆弱区具有多样的气候和土地资源优势，随着集体林权制度的改革，农民造林的积极性日益增高。因地制宜，发展山地经济林，把山地资源优势转化为现实的经济优势，实现生态治理与经济发展的统一。

### （一）核桃

#### 1. 生物学特性

核桃是山西干旱和半干旱地区重要的固土防风树种。

核桃属深根性树种。一般情况下，根系的垂直分布深度小于树高，但根幅比冠幅大。土层深厚时根深可达 6m，水平扩展可达 10 米以上。1～2a 生实生苗垂直根生长较快，3～4a 生水平根扩展迅速。早实核桃比晚实核桃侧根和细根发达。核桃具有菌根，主要分布在 10～30cm 土层中，对核桃的生长发育具有促进作用。

核桃的 1a 生枝可分为营养枝、结果枝和雄花枝三种。营养枝：只长叶不开花结果的枝条。营养枝可分为发育枝和徒长枝。结果枝：着生混合芽雌花芽的枝条称为结果母枝，第二年春天萌发枝条并在近顶端着生雌花序，称为结果枝。按其长度可分为长果枝（＞120cm）、中果枝（10～20cm）和短果枝（＜10cm）。雄花枝：只着生雄花的枝条，枝条短而细，顶芽为叶芽，侧芽为雄花芽。多着生在老弱树或树冠内膛郁闭处，是树弱和劣种的表现。

核桃一般为雌雄同株异花，开放时间不一致，这种现象为"雌雄异熟"性。有时相差5～10d，在建园时必须注意配置授粉树。

从雌花柱头枯萎到总苞变黄开裂直至果实成熟为果实发育期。北方核桃果实发育期需1l0～120d。核桃果实发育过程分为以下四个时期：①果实速长期：从5月初～6月初，约30～35d，是果实生长最快的时期，果实生长量占全年总生长量的85%；②硬核期：6月初～7月初，约35d左右。果实内坚果壳皮从基部向顶部变硬，种仁由浆状变成嫩白核；③油脂迅速转化期：7月上旬～8月下旬，约50～55d。核仁不断充实饱满，脂肪含量迅速增加；④果实成熟期：8月下旬～9月上旬，总苞的颜色由绿变黄，表面光亮无茸毛，部分总苞出现裂口，坚果容易剥出。

核桃落花落果比较严重，落果多者可达50%～60%，少者不足10%。落果的主要原因有授粉不足、受精不良、营养供应与果实发育不协调、花期低温或干旱、幼果期大风等。

**2. 主要优良品种**

（1）早实类

①鲁光：山东品种，树势生长较强，树姿开张；分枝力强，平均每个母枝抽生5～6个新枝，枝较粗，平均长度15～20cm；通常2a生开始挂果，结果枝属长果枝形，长果枝率为81.8%，侧枝结实能力强，侧枝果枝率为80.8%，每果枝平均坐果1.3个；平均单果重17.7g，果壳面较光滑，壳较薄，可取整仁，出仁率56.2%～62%。

②薄丰：河南省林科所选育，嫁接苗两年结果，坚果重13～16g，壳面光滑，壳厚1.0mm，可取整仁或半仁，出仁率58%左右，仁浅黄色，丰产。

③中林5号：北京品种，树势生长中庸，树冠圆头形；分枝力强；结果枝短，属短枝型，丰产性好，侧枝果枝率达100%，坚果小，圆头形，壳面光滑美观，单果重10g左右，果壳极薄，出仁率65%左右，仁色浅，风味佳。

④辽宁1号：辽宁品种，树势强健，树姿直立，树冠圆形或圆柱形；分枝能力强；2a生开始挂果，果枝率90%左右，侧生果枝率最高可达100%，每果枝平均坐果1.3个，连续丰产性强；坚果圆形，壳面较光滑，单果重10g左右，壳皮厚0.9mm左右，取仁极易，可取整仁，出仁率56%～60%，仁黄白色。

⑤香玲：山东品种，树势生长中庸，树姿直立；分枝力强，母枝平均分枝数4～7个，枝较粗，有二次生长；坚果长椭圆形，单果重9.5～15.4g；果壳面较

光滑，缝合线平，不易开裂，取仁极易，出仁率 53.0%～61.2%，果仁饱满，色浅。

（2）晚实类

①晋龙 1 号：山西品种，树势中等，树冠圆头形，果枝率 50% 左右，果枝平均长 7cm，属中短果枝形，每果枝平均坐果 1.5 个；坚果近圆形，壳面光滑，单果重 13.7g，壳皮厚 1.42mm，取仁易，仁饱满，黄白色，出仁率 56.1%。

②薄壳香：山西品种，树势中庸，主干明显，树冠圆头形；每母枝平均抽枝 2 个，枝条较密；果枝率 50% 左右，果枝平均长 7.0cm，属中短果枝形，每果枝平均坐果 1.5 个；坚果圆形，壳面光滑，单果重 13.7g，壳皮厚 1.42mm，取仁易，仁饱满，黄白色，出仁率 56.1%。

③礼品 1 号：辽宁品种，树势中庸，树枝半开张；每母枝平均发枝数 1.9 个；果枝率为 58.4%，属于长果枝型，每果枝平均坐果 1.2 个；坚果长阔圆形，果形非常整齐，壳面刻沟极小而浅，光滑美观，壳皮厚 0.6mm 左右，取仁极易，可取整仁，种仁饱满，出仁率 67.3%～73.5%。

④礼品 2 号：辽宁品种，树势中庸，树枝开张；每个母枝平均发枝 2 个左右；果枝率 60% 左右，果枝平均长 8～15cm，属中短枝形，每果枝平均坐果 1.3 个；坚果较大，长圆形，单果重 13.3g，壳皮厚 0.54mm，取仁极易，可取整仁，出仁率 70.3%。

⑤纸皮 1 号：山西品种，树势较强，树枝开张，主干明显；每个母枝平均抽果枝数 0.9 个，果枝平均长 7.6cm，每果枝平均坐果 2 个；坚果长圆形，壳面光滑，单果重 11.1g，壳皮厚 0.86mm，可取整仁，出仁率 66.5%，味浓香。

⑥秦核 1 号：陕西品种，树势旺盛；属长短果枝形；坚果壳面光滑美观，单果重 14.3g，壳皮厚 1.1mm，仁饱满，出仁率 53.3%。品质好，丰产稳产，对自然条件的适应性强。

**3. 生态学特性**

（1）海拔：垂直栽培在海拔 500～1500m 范围内。

（2）温度：核桃属于喜温树种，适宜的生长温度范围为：年平均温度 8～15℃，极端最低温度 −22～−25℃，极端最高温度 35～38℃。日平均气温 9℃ 以上时，芽开始萌动，14～15℃ 以上时进入花期。初冬降到 11℃ 以下时核桃便进入休眠期。

当温度下降到 −20℃ 时幼树即受冻，大树虽能耐 −30℃ 的低温，但在 −26～−28℃ 时即有部分花芽受冻，在 −29℃ 时，一年生枝受冻。当温度超过 38～

40℃时，果实易灼伤，核仁不能发育或变黑。

（3）光照：核桃属于喜光树种，尤其是进入结果期的树，更需要充足的阳光。全年日照时数要在 2000h 以上，才能保证核桃的正常生长发育，低于1000h，则核壳、核仁均发育不良。一般成片栽培的核桃园边缘的植株生长好，结果多，同一植株也是外围的枝条比内膛的结果多。因此，在生产中应注意栽植密度和适当修剪，不断改善树冠内的通风、透光条件。

（4）土壤：核桃为深根性树种，对土壤的适应性强，不论是丘陵、山地、平地，只要土层深厚（>1m），排水良好都能生长。土层过薄易形成"小老树"，或连年枯梢，不能形成产量。核桃适于在沙壤土和壤土上种植，黏重板结的土壤或过于瘠薄的沙地上均不利于核桃的生长发育。土质以含钙的微碱性土最好。pH值5～8都能正常生长，但以 pH 值6～8生长结果最好。

**4. 整地**

核桃是深根性树种，栽植前必须整地。在土层较厚的坡地先修梯田保持水土，再行栽植。在局部土层厚，整坡面土壤分布不均的坡地，要因土就势，哪里有土在哪整，修成翼式大鱼鳞坑、反坡梯田、隔坡复式梯田整地，以满足核桃对土层厚度的要求。

通过修筑隔坡复式梯田、鱼鳞坑等水保工程，改变原地形特征，将降雨就地拦蓄入渗，提高雨水利用率。其主要的工作原理是：利用水分自身的重力作用和土壤的可渗透性，通过各水保工程措施营造的微集水面降雨就地拦蓄入渗，减少雨水和土壤资源的流失，提高土壤的贮水量，防止土壤养分的无形流失，使土壤

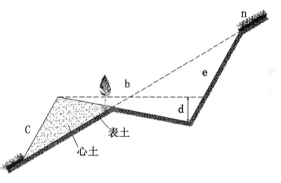

**图8-4　反坡梯田整地示意图**

水分在一个相对较长的时间范围内有了一定的保证，从而提高雨水资源的利用效率。

就地拦蓄利用措施主要包括反坡梯田（详见图8-4）、隔坡复式梯田、翼式大鱼鳞坑、隔坡丰产沟等工程措施。各类型规格如下：

（1）隔坡复式梯田：主梯田面宽 1.5m 左右，梯高 1m，辅助梯田面宽 0.8～1.0m，梯高 0.6～0.8m。

（2）翼式大鱼鳞坑：整大鱼鳞坑 555～666 穴/hm²，规格为深 60cm，宽 100cm，长 150～200cm，在坑的两侧各挖长 100cm、宽 20cm、深 15cm 的槽，形成两翼，汇集径流。

（3）隔坡丰产沟：隔坡 40～60cm，沿等高线挖深 80～100cm，宽 100cm，坎高 30cm 的大壕沟，熟土先回填，或者挖深 30cm、宽 100cm、坎高 30cm 的沟，在沟内每隔 3～4m 再挖深 60cm、长 100cm 的坑。

**5. 栽植**

（1）栽植方法：核桃栽植时期有春季和秋栽两种。春栽一定要早，春季干旱时，核桃根系伤口愈合较慢，发根较晚，以秋栽为好，从落叶后到土壤结冻以前均可。栽后应视墒情适当灌水。凡山势平缓、坡度不大的地方，可按长方形栽植；如果坡度大、台面窄，则以三角形为宜。

栽前按确定的距离挖好坑，一般穴径 1m。如土质过于黏重或底层出现石砾时，要适当加大穴的规格，并采取客土、增肥或填充有机质等办法，以促进土壤熟化。

苗木在栽前最好放在水中浸泡 3h，或用泥浆蘸根，以利成活。栽树所用的草肥或圈粪，要和土拌匀，填入时分层踏实。苗木在穴中的埋土深度，可略高于原在苗圃的深度。栽后修好树盘，充分灌水，并注意地面管理。

（2）栽植密度：根据核桃品种的生长结果习性和土肥水条件来确定合理的栽植密度。土层深、土质好、肥力较高的地区，发展晚实核桃时，株行距应大些，可选 6m×8m 或 8m×9m；若土层较薄，土质较差，肥力较低的山地，株行距应小些，以 5m×6m 或 6m×7m 的密度为宜；在沟底堰边，以农为主的果农间作类型，株行距适于 7m×14m 或 7m×21m。坡地栽植则以梯田宽度为准，一般一个台田一行，台面大于 10m 时，可栽两行，株行距一般 5m×8m。

早实核桃因结果早，树体较小，可采用 3～5m×5～6m 的密度，也可采用 3m×3m 或 4×4m 的密植形式，当树冠郁闭光照不良时，可有计划地间株成 6m×6m 和 8m×8m。

**6. 栽植模式与效益**

（1）沟底堰边模式：土层厚度均在 1.5m 以上，立地条件好，树冠庞大，树势强壮，结果量大，品质好，一般为单行栽植。20～30a 生核桃株产 15～20kg。

（2）梯田栽植模式：土层厚度在 1m 左右，多采用单行栽植。20～30a 生核桃树株产 10～15kg。

（3）零星栽植模式：在山西生态脆弱区老龄树多为零星栽植，立地条件差别大，土层厚度为 80～200cm。20～30a 生的核桃树株产 10～30kg。

**7. 整形修剪**

（1）定干

定干高低应根据品种、生长发育特点、栽培目的、栽培条件及栽培方式因地因树而定。早实核桃因结果早，树体较小，并进行间作，一般干高为 0.8～1.2m；早期密植丰产园干高为 0.3～1.0m；晚实核桃结果晚，树体高大，一般干高留 2.0m 以上；果材兼用型干高可留 3.0m 以上。

（2）主要树形

主干形：一般有 6～7 个主枝、按 2～3 层配置，形成半圆形或锥形树冠。主枝与主干结合牢固，负载量大，寿命长。适于干性强、立地条件好的地方采用。

开心形：无明显的中央领导干，一般有 2～4 个主枝。该树形成形快，结果早，各级骨干枝安排灵活，立地条件较差和树冠开张的品种适宜这种树形。

（3）修剪时期

一般在春季发芽后或秋季落叶前无伤流期进行。北方地区休眠期修剪，应尽量避免砍大枝，主要修剪少量中、小枝。夏季修剪主要是对生长过旺的枝条进行摘心或短截，生长过密的枝条适度疏除。

（4）幼树修剪

①早实核桃：分枝力强，抽生二次枝并能萌发徒长枝，利用好徒长枝，疏除过密枝，处理好背下枝。

二次枝抽生晚，生长旺，组织不充实，北方容易造成"抽条"。任其生长，容易出现结果部位外移，结果母枝后部形成光秃带，干扰树形。其控制方法有：第一，对生长过旺，干扰树形的二次枝，在尚未木质化前从基部剪除。第二，一个果枝上抽生 3 个以上的二次枝，于早期选 1～2 个健壮枝，其余疏除。第三，选留的二次枝，在夏季进行摘心，控制向外延伸。第四，一个结果枝只抽一个二次枝，且长势旺的，于春季或夏季对二次枝进行中、轻度短截，培养成结果枝组。

早实核桃徒长枝不仅粗壮，而且第二年都能抽枝结果，通过夏季摘心或短截和春季短截，培养成结果枝组，可以填补空间，更新衰弱的结果枝组。

早实核桃分枝早，枝量大，影响冠内通风透光。因此，应本着去弱留强原则，从枝条基部疏除过密枝条。

母枝先端抽生的背下枝，一般在萌芽后或枝条伸长初期剪除，若原母枝变弱或分枝角度较小，可利用背上枝或斜上枝代替原枝头，将原枝头剪除或培养成结果枝组。

②晚实核桃：分枝晚、分枝量少。幼树期除培养好树形外，应通过修剪促进分枝，提早结果。

晚实核桃未开花结果前，抽生的枝条皆为发育枝，短截发育枝是增加分枝的有效方法。短截对象是一、二级侧枝上抽生的健壮发育枝。短截枝量为全株总枝量的1/3，短截长度根据发育枝的长短而定。枝条较长的中度短截（截去枝长1/2）；枝条较短的轻短截（截去枝长1/4～1/3），不宜重短截。

晚实核桃的背下枝生长更旺，为保护主、侧枝原枝头的正常生长，在背下枝抽生初期，从基部剪除。

（5）结果树的修剪

①早实核桃：进入结果盛期后，树冠基本稳定，二次枝的数量减少，长势变弱，结果枝枯死更替明显，出现徒长枝。修剪时应注意以下四方面：第一，要及时疏除长度在6cm以下、粗度0.8cm以下的细弱枝。第二，当结果母枝或结果枝组明显衰弱或出现枯枝时，通过回缩促发徒长枝，再对徒长枝轻短截培养新的结果枝组。第三，短截或疏除树冠外围生长旺盛的二次枝，防止结果部位外移。第四，及时清除内膛过密、重叠、交叉、细弱、病虫、干枯等无用枝，减少养分消耗，改善冠内通风透光条件。

②晚实核桃：骨干枝与外围枝修剪：对延伸过长、长势衰弱下垂的骨干枝，在有斜上生长侧枝的前部回缩，抬高角度，复壮枝头；短截或疏除树冠外围的密挤、交叉、重叠枝，疏除下垂枝、细弱枝、干枯枝与病虫枝，达到"外围不挤，内膛不空"。

结果枝组的培养与修剪：进入盛果期后，结果枝组连续多年结果后，会逐渐衰弱，为了维持枝组的长势，防止基部光秃，要及时复壮。其方法是：对2a生、3a生小枝组去弱留强，扩大营养面积，增加果枝量，当其生长占满一定空间时，去掉强、弱枝，保留中庸枝，使其形成结果母枝；生长健壮的小枝组，不修剪，当其失去结果能力时，一次疏除；对生长衰弱的中型枝组，应回缩复壮，使枝组内分枝交替结果；长势过旺的枝条，去强留弱，控制长势；对大型枝组要控制其高度与长度，防止形成"树上树"；对无延伸能力或下部枝条过弱的大型枝组，应进行回缩，保持其下部中、小枝组稳定。

徒长枝的利用：进入盛果期的晚实核桃一般不发生徒长枝，当骨干枝受到刺激时，可由潜伏芽萌发徒长枝，常造成膛内枝条紊乱，影响枝组生长，应根据树冠内部枝条分布情况处理。当内膛枝条很密集，且生长正常时，将徒长枝从基部疏除；若徒长枝附近有较大空间，或其附近结果枝组出现衰弱，可培养成结果枝组填补空间，或用其更替衰弱的结果枝组。为了促其提早分枝，可于当年夏季进行摘心或轻短截，以加快结果枝组形成。

**8. 高接改优与疏雄花芽**

（1）高接改优

主要对现有低产树和果实品质低劣的树进行品种更新。被改接树林一般在15a生以下，且树势必须生长旺盛。每年早春（3月中旬前）采集良种接穗并进行贮藏，在核桃树发芽至展叶期间，利用被改接树的原有骨架，在距地面80～100cm的主干或主枝的适当部位剪砧，用插皮舌接方法嫁接。改接后要加强管理，砧木上的萌蘖应及时抹除，采用套袋保温的，在接穗萌芽后应及时放风，新梢长度达30cm左右时要绑缚支架防止风折，还要适时松绑，促进成活新枝的正常生长。

（2）疏雄花芽

在3月下旬～4月上旬，核桃雄花芽膨大时进行疏除雄花芽，过早疏除，雄花芽太小不便操作，过晚效果不好。目前疏雄主要靠人工疏除，位置较低的用手抹除，高的用绑有铁丝钩的长木杆或竹竿钩除。疏除量以去掉全株雄花芽总量的70％～90％为宜。

**9. 水土肥管理**

（1）水分管理

①灌水方法

沟灌：沟灌是在核桃树行间开沟引水灌溉的节水型方法。它具有如下优点：灌水量小，湿润面积较小，可减少土壤无效蒸发，水分利用率高，灌后覆土不造成土壤板结等。

坑灌：坑灌是在核桃树冠正下方挖圆形或者方形坑，从输水沟引水入坑中对核桃树进行灌溉的方法。该方法较简单，但水分仅湿润树根部的土壤，土壤易板结，灌水效率不高。

分区灌溉：分区灌溉是将核桃园以单棵树为单位用土埂隔成方形的小区进行引水灌溉的方法。该方法具有湿润范围大、灌水量大的优点，其缺点在于用水量大，易造成土壤板结。

环灌：环灌是在树冠直径2/3～3/4的地面修筑土埂环形沟，引水入沟灌溉，也可作圆盘状坑，圆盘与灌溉沟相通。灌溉可疏松盘内土壤，使水容易渗透，灌溉后耙松表土，或用草覆盖，以减少水分蒸发，湿润核桃树主根区的土壤。该方法的优点是灌水量小，节水，对土壤结构破坏小。

穴灌：穴灌是在树冠投影的外缘挖穴，将水灌入穴中，以灌满为度。穴的数量依树冠大小而定，一般为8～12个，直径30cm左右，穴深以不伤粗根为准，灌后将土还原。干旱期的穴灌，可将穴长期保存，而不盖土。此法用水经济，浸湿根系范围的土壤较宽而均匀，不会引起土壤板结，适宜在水源缺乏的地区运用。

渗灌：渗灌加秸秆覆盖是干旱果园节水保水的有效技术措施之一，具有省工、省水、成本低、效益高、便于使用等特点。渗灌池包括渗水池、渗水管、阀门3部分，渗水池容量在10m³以上，渗水管用长100cm、直径2cm的塑料管，每间隔约40cm左右两侧及上面打3个针头大的小孔，总管装在距池底高10cm的阀门上，每个渗水管上安装过滤网以防止堵塞管道。行距3m的果园每行宜埋1条渗水管，行距4m以上的应埋设两条渗水管。

滴灌：水源通过滴灌装置形成水滴或细水流，缓慢渗透到果树根部土层中。其特点是省水，较喷灌省水50%左右，约为普通灌水量的1/4～2/5，可维持稳定的土壤水分，同时可保持根域土壤的通气性，节省劳力，不受园地地形限制，增产显著。但滴灌需要器材较多，投资较大，应当注意的是滴灌配备施肥灌，稀释后可施入不同种类的肥料，有利于核桃园优质丰产。质量较好的滴灌管使用寿命为5～8a。

②灌水时期

灌水的时期和次数，应依据土壤和树体的含水量决定，一般分为3个时期：

春灌：在解冻后到发芽前，目的是减轻春旱，促使秋施肥继续发挥肥效，促进树体生长和结果。

秋灌：一般在秋梢停止生长之后进行，要根据秋季墒情进行补水。在秋施基肥后应对核桃园进行大水灌透，目的在于促进新根发生，促进花芽发育和营养积累。

冬灌：有条件的地区在核桃树落叶后至封冻前可灌冻水，以提高冬季土壤水分，避免冬旱造成根系受害，枝条干枯。应该注意的是，核桃园应前促后控，即春季多浇水，雨季还应注意排水。其目的在于控制新梢后期徒长，促进树体健壮，提高开花及坐果率。

（2）土壤管理

①深翻：在土壤条件差的地方通过深翻改良土壤，为核桃根系发育创造良好条件。具体做法是：每年或隔年深秋初冬季节结合施肥或夏季结合压绿肥，沿须

根集中分布区边缘向外扩40~50cm宽，60cm左右深的半圆形或圆形沟，分层将基肥或绿肥埋入沟内。在土壤条件好或不宜深翻的地方，每年春、秋季以树干为中心，离树干2~3m范围内进行浅翻，深度20~30cm，叫做刨树盘。

②保持水土：对山地梯田或坡地核桃树，为防止水土流失，须修筑水土保持工程；梯田栽植的要垒石堰，培地埂，或种草、种绿肥保持水土；缓坡地可修成复式梯田或修成大鱼鳞坑。

③间作除草：新建核桃园行间空地大，可间种低秆作物，对核桃树起到以耕代抚的作用；对于无间作的核桃园，为防止草荒，应进行多次中耕除草。

（3）增施肥料

以基肥为主，最好在采果后10d内施完，这时气温、地温较高，利于有机肥分解和根系吸收。肥料以厩肥、堆肥为好，肥量视树龄和开花结果量而定。

30a生左右正常结果树，每株应施厩肥100~200kg，也可以在9月份每株施化肥（尿素）2kg左右。

大量结果的树需要养分更多，除施基肥外，还应在不同时期追施肥料。一般春季萌动前可追施速效性氮、磷肥，肥量应占全年追肥量的1/2；6月份追氮肥结合灌水，有利于果实发育和花芽分化，肥量占全年追肥量的1/3；7月份以后追施速效磷肥，辅以少量氮、钾肥，有利核仁发育，肥量为全年追肥量的1/5。

（4）树下覆盖

就是在树冠下用鲜草、干草、秸秆或地膜等覆盖地面。盖草以不露地面为准，一般厚度为15cm左右。其好处为抑制杂草生长，减少地表水分蒸发，保持土壤湿度；覆盖物腐烂后能增加土壤有机质，改善土壤结构，提高土壤肥力。

**10. 果实采收与处理**

果实成熟时总苞颜色由深绿色或绿色渐变为黄绿或淡黄色，茸毛稀少，部分果实顶部出现裂缝，青皮易剥离，个别果实脱落，此时为采收适期。

果实采收后，对果面无创伤、无病斑的青皮果用0.3%~0.5%的乙烯利溶液浸蘸30s，堆放起来（厚度50cm左右），上面加盖10cm左右的干草，温度控制在30℃左右，相对湿度80%~90%，经3~5d即可脱皮。脱皮后需要漂洗时，先把次氯酸钠（漂白精）在陶瓷缸内溶解于相当药液4~6倍的清水中，配成漂白液，再将洗净的湿核桃坚果倒入缸中，使药液埋过坚果，随即用木棍搅拌3~5min，当坚果壳面变为白色时，立即将果捞出并用清水冲洗。只要漂白液不变混浊，可多次漂洗。

漂洗后的核桃在席上晾干，也可在室内阴干，晾干时应勤翻动，以免果实背光面出现黄色，影响品质。阴雨天也可在室内火炕上烘干，温度为40～50℃，过高种仁易烘熟变质。

**11. 主要病虫害防治**

（1）举肢蛾

该虫在核桃主产区发生相当普遍，危害特别严重。一年发生1～2代，以老熟幼虫在树冠下1～3cm深的土内或在杂草、石缝中结茧越冬。越冬幼虫每年6月上旬化蛹，6月下旬为盛期，踊期7d，6月中旬成虫开始出现，6月下旬～8月上旬大量出现。一般情况下，阴坡比阳坡、沟谷比平原、坡地荒地比耕地受害严重。防治方法：

①4月上旬结合树盘松土，喷洒25％辛硫磷微胶带囊剂3000倍液，或按每株用25％辛硫磷微胶囊剂25g，拌土5.0～7.5kg，均匀撒于树盘内杀越冬幼虫。

②6月中旬用2.5％溴氰菊酯3000倍液，或50％杀螟松乳油1000～1500倍液，或40％乐果乳油1000倍液，或灭扫利6000倍液喷洒树干与树冠，每10～15d喷1次，连喷2～3次，杀羽化成虫、卵及初孵幼虫。

③7月上旬喷40％增效氧化乐果800倍液，杀死部分果内幼虫；7月上中旬捡拾落果集中烧毁。

（2）木橑尺蠖

属杂食性害虫。幼虫咀食叶片，暴食，发生严重时，3～5d内能将叶片食光。该地区一年发生一代。以蛹隐藏石堰根、梯田石缝内以及树干周围土内3cm深处越冬。次年5月上旬羽化为成虫，7月中下旬为盛期，8月底为末期。防治方法：

①5～8月成虫羽化期，利用其趋光性，在晚上用黑光灯或堆火诱杀成虫。

②在虫蛹密度大的地方，在落叶至结冻前，春季解冻后至羽化前，发动群众挖蛹。

③在幼虫三龄以前，喷50％辛硫磷乳油1000倍液；25％亚胺硫磷乳油1000倍液；20％敌杀死乳油5000～8000倍液；10％氯氰菊酯1500～2000倍液。

（3）云斑天牛

主要危害枝干。2～3a发生一代，以幼虫在树干里越冬。次年4月中、下旬开始活动，幼虫老熟便在隧道的一端化蛹，5月为成虫羽化盛期，6月为产卵盛期，成虫寿命约9个月，卵期10～15d，然后孵化出幼虫，第二年9月中、下旬成虫羽化，留在蛹室内越冬。第三年核桃发枝时，成虫从羽化孔爬出上树为害。防治方法：

①6～7月成虫发生期，利用其假死性震动树枝，待成虫落地后人工捕杀，或傍晚设黑光灯诱杀。

②产卵期经常检查主干、主枝，发现产卵刻槽，用石头或斧头砸卵及新孵化幼虫。

③发现虫孔后，清除孔中虫粪、木屑，然后注入药液，或堵塞药泥、药棉球并用胶泥封口杀死幼虫。常用药剂有25％杀虫脒水剂100倍液，80％敌敌畏乳剂100倍液，50％辛硫磷乳剂200倍液。

（4）炭疽病

果实受害后，皮上出现褐色至黑褐色圆形病斑，中央下陷，病部有黑色小点，有时呈轮状排列，湿度大时，病斑小黑点处呈粉红色小突起。叶片感病后，病斑不规则，有的叶缘四周枯黄，或在主侧脉两侧呈长条形枯黄，严重时全叶枯黄脱落。防治方法：

①发芽前喷一次 $3°\sim5°$Be 石硫合剂。

②展叶前喷 1：0.5：200 波尔多液。

③生长季节用40％退菌特可湿性粉剂800倍与1：2：200波尔多液交替使用；50％多菌灵可湿性粉剂1000倍液；75％百菌清600倍液。

④采收后结合修剪，清除病枝、落叶，集中烧毁。

## （二）红枣

枣树素有"铁杆庄稼"之称，在十年九旱的沿黄黄土丘陵区尤其适宜生长。"沟壑梁峁斜角角，十年九旱干巴巴，只种庄稼没法法，栽上枣树十拿拿"。这支民歌里唱的就是枣树生命力强，耐干旱，能够在贫瘠的山坡沟壑生存，即使天旱庄稼歉收，红枣仍然可以丰收。

### 1. 生物学特性

枣树根系发达，其扩展范围通常比地上部分大好几倍，枣树根系以水平根为主，壮龄树根长可达15～18m以上，主要集中分布在20～30cm土层范围内，垂直根较浅，其分布多在50～70cm。水平根上容易萌发根蘖，特别是在断根或受机械损伤之后，发生根蘖更多。

枣树有四种枝条，即枣头（发育枝或营养枝）、二次枝（"之"字形枝）、枣股（结果母枝）和枣吊（脱落性结果枝），其特性与其他果树不同。

枣树开花量大，落花落果量也大。自然坐果率通常只有开花总数的1％左右，如郎枣为1.3％，金丝小枣为0.4％～1.6％。北方枣区落果高峰出现在6月中、下旬至7月，即幼果迅速生长的初期。

在北方的经济林树种中，枣树是发芽与开花最晚的树种。通常在气温≥14～16℃时才开始萌芽。19～20℃时现蕾，20～22℃时才开花，秋季气温降至15℃时即开始落叶。在山西生态脆弱区中的南部地区，枣树多在4月下旬萌芽，6月上、中旬开花，9月中、下旬成熟，10月下旬落叶。

**2. 优良品种**

主要有木枣、油枣、骏枣、帅枣、梨枣、脆枣、灰枣、团枣等品种，引进种有赞皇大枣、金丝小枣等优良品种。其中梨枣、骏枣、木枣被列为全国十大名枣。

**3. 生态学特性**

（1）气候

枣树分布广，对气候适应性强。年平均气温6.5～7.5℃，绝对最低气温－30℃左右，花期月均温稳定在23～25℃以上，果实生育期日均温达24℃以上，光照良好，年降水量300～400mm以上，年日照时数2900～3100h，生长期（无霜期）140～160d，是枣树对气候条件，特别是温度条件要求的极限。

枣树抗风力较强，但花期大风影响授粉受精，易导致落花落果，果实成熟前，如遇6级以上大风，则易造成成熟前落果。每年枣树的成熟季节9月中、下旬，若遇连阴雨则易造成裂果。

（2）土壤

枣树对土壤适应性强，在丘陵山地，平原河滩地的沙土、黏土、黄土或轻碱土上均能栽培。尽管枣树适应性较强，但在深厚、肥沃、湿润的土壤上生长，结果更好。

**4. 栽植**

（1）园地选择与整地

土壤肥厚的黄土丘陵地区和土层较薄的山区丘陵地均可栽植枣树，但较深厚的土层和一定的灌溉条件，可以获得更高的产量和优质的产品。枣树也是喜光树种，建园应选在阳光充足的阳坡、半阳坡和平地，应尽量避开风口。根据立地条件选择反坡梯田、隔坡复式梯田、翼式大鱼鳞坑、水平阶等整地方法（参见核桃整地方法）。山顶塬面选用"回"字漏斗形整地，详见图8－5。

（2）栽植方式、密度

栽植方式和密度根据园址的地形和建园的目的不同而异，平原和土壤较肥厚的土地，可以建成密植的丰产园，一般密度行距3～4m，株距2～3m；山地则要根据坡度不同整地间距不同，梯田的宽度不同而异，田面宽度超过3m的栽2

行，较窄的梯田栽 1 行，平均行距 3m，株距 2～3m。鱼鳞坑整地的栽植密度为 3×3m。

枣树栽植一般在秋季或春季萌芽前进行。栽前要首先挖好定植坑，一般坑深 60～80cm，直径 80～100cm，每坑内施入有机肥 30～50kg，与原土混合后再回填，浇水沉实后再栽苗。栽苗深度以苗期深度为准。

图 8-5　红枣整地栽植示意图

### 5. 整形修剪

枣树的整形根据其栽植密度不同，采用的树形不同，密植园一般采用纺锤形或自然分层半圆形；稀植树可采用多主枝自然圆头形或开心形。野生酸枣改接大枣整形一般都是从改接以后的第二年春天开始。

（1）纺锤形

主干高度 50～60cm，在中心干上均匀分布 8～10 个主枝，主枝呈水平着生，主枝间距离 30～40cm，树高一般 3m 左右，冠幅 2.0～2.5m，3～4a 即可成形，该树形早期产量高，丰产稳产。

①定干：栽后第二年春季萌芽前进行，定干高度 80～100cm。定干后，将剪口下第一个二次枝从基部剪去，利用基部主芽抽生直立生长的枣头作主干延长枝，其下每隔 20～30cm 选一健壮的二次枝留 2～3 个枣股短截，促二次枝上的枣股萌发枣头，培养主枝，当年共选 2～3 个。50cm 以下的二次枝全部从基部去掉，其他的二次枝不动，留做临时结果枝。

②主枝的培养：栽后 2～5a 为主枝培养期。定干后第 2a 开始，每年春季萌芽前，主干延长枝留 60～80cm 短截，从基部剪去剪口下第一个二次枝，主干上每隔 30cm 左右选一健壮的二次枝，留 2～3 个枣股短截，促其萌生枣头，培养新的主枝，并使各主枝间上下错落，不能重叠，一般每年可以培养 2～3 个新主枝。为保证各主枝间长势的均衡，长势过旺的主枝，在生长季节要摘心，中心干和主枝延长枝附近的竞争枝要及时疏除，并疏除过密枝。主枝上的二次枝全部保留，作为结果母枝。当主枝达到要求的长度后，要通过生长季节摘心控制其生长。通过 3～4a 的选留和培养，一般主枝数量可以达到 8～10 个，然后落头开心，形成一个比较合理的树形。

（2）自然分层半圆形

干高30cm左右，在中心干上分两层共分布6个主枝，12个枝头，层间距80cm左右，层内距50cm左右，树高3～3.5m，冠幅3m左右，4～5a完成整形。这种树形骨架牢固，层性明显，边整形边结果，早产丰产性好，产量稳定。

①定干：栽后或改接以后第二年春萌芽前进行，定干高度为80cm，定干的同时，将所有的二次枝从基部剪掉，促使二次枝基部的隐芽萌发成新的枣头，一般当年能萌发4～5个枣头。枣头萌发后，除最上边的外，下边的新枣头选3个方位较好的保留，其余的根据空间大小分别处理，空间大的保留，并通过短截、摘心等技术手段培养成结果枝组，空间小的去掉，以促进其他枣头的生长。

②整形过程：定干后第二年：春季萌芽前，将主干延长枝在最上一个枣头上方从基部剪掉，最上一个枣头也保留1～2个二次枝短截，下边的枣头一般不动，这样暂时停止树体的高生长，可以促使第一层主枝的加粗生长，同时第一层主枝也开始结果。

定干后第三年春：①第一层三个主枝保留60～80cm短截，并将剪口下边的两个二次枝从基部去掉，促使其基部隐芽萌生两个新的枣头，形成一主两头。②将主干最上边的枣头从基部去掉，促使其基部隐芽萌发出直立向上的新枣头，作为主干延长枝，以培养第二层主枝。

定干后第四年或第五年春（根据主干延长枝的长度和粗度而定）：在主干延长枝距第一层主枝100～120cm左右的地方短截，并将剪口下50cm以内主干上的二次枝从基部剪掉，促使二次枝基部隐芽萌发新枣头，以后如同培养第一层主枝的方法培养第二层主枝，最后形成6主12头，完成整形过程。

（3）多主枝自然圆头形

干高100～120cm，在中心干上错落着生4～6个主枝，主枝分枝角度50°～60°，每个主枝上着生2～3个侧枝，侧枝间要错落分开。这种树形树体比较高大，枝量大，修剪量小，通风透光能力比较强。成形较快，早期产量较高且寿命较长，适合栽植密度较小的枣园应用。

①定干：由于这种树形树体比较大，定干较高，故对定干时苗木的要求较高，一般要在苗木干径达到2cm以上，野生酸枣改接的大枣大多需要在接后的第三年春才能定干。按要求定干以后，从剪口下第一个二次枝从基部剪掉，促其隐芽萌发形成主干延长枝。再在下边选择3～4个方向适合、生长健壮的二次枝，保留1～2个枣股短截，促其从枣股上萌发新的枣头，形成主枝，其余的二次枝全部从基部剪掉。

②整形：定干后第二年，当主干延长枝直径达到 1.5cm 时，将中心干留 80～100cm 短截，同上年一样，去掉剪口下第一个二次枝和方位与下边主枝错落、生长健壮的 1～2 个二次枝，促发主干延长枝和主枝。将第一年选留的主枝留 50～60cm 短截，将剪口下第 1～3 个二次枝从基部剪去，培养侧枝，同级侧枝应留在各主枝的同一侧。主干经过两次短截后一般能够留出 4～6 个主枝，完成了主枝的培养任务。定干后的第 3～4a，采用同前两年一样的办法培养上边 1～2 个主枝的第一、二侧枝和下边 3 个主枝的第二、三侧枝，第二侧枝应留在第一侧枝的另一侧，第三侧枝留在与第一侧枝相同的一侧。这样，改接后 5～7a 能够基本完成整形任务。

（4）枝组的培养

枣树在整形的过程中要注意结果枝组的培养。结果枝组分大、中、小三种，大型枝组着生在主枝的后部和主干上，中型枝组着生在主枝中上部，小型枝组插空生长。大型枝组通过短截枣头促生分枝形成；中小型枝组通过对枣头夏季摘心控制其生长获得；大、中型枝组分布在主、侧枝的两侧，背上一般不留较大的枝组，以免影响通风透光。

（5）夏季修剪

夏季修剪的主要手段有摘心、抹芽、疏枝、拉枝等。

①抹芽和疏枝，主要是抹除和疏掉多余的萌芽、密挤的枝条，以利于集中营养加快有效枝条的生长，同时也有利于通风透光。

②摘心，是培养枝组和提高坐果率促进早结果的重要措施。主要是针对枣头和二次枝。密植幼树中对枣头保留 5～7 个健壮的二次枝摘心，再将二次枝保留 8 个左右枣股摘心，可以有效地提高枣树的坐果率和枣果质量。对生长过旺、过长的骨干枝延长枝摘心，可以达到均衡树势促壮后部枝条的作用，实现边长树边结果。

③拉枝，主要是针对角度、方位不合理的枝条，同时通过拉枝将某一部位抬高突出，再从基部剪去该处着生的二次枝，可以促使该点的隐芽萌发成新的枣头，以培养新的骨干枝或枝组。

**6. 旱作和施肥**

（1）枣树的旱作措施

除整地和深翻改土外，常用的办法就是覆盖。覆盖可以有效地减少地表径流和土壤水分的蒸发，保持土壤的含水量。覆盖的材料有：麦秸、玉米秸、荆条、苜蓿以及杂草等。秸秆覆盖可以在 5 月份进行；荆条、苜蓿、杂草等应在 7 月份这些植物具有一定的生物量以后进行刈割覆盖。

（2）枣树施肥

应以追施速效肥为主，追肥可以结合覆盖进行：每年秋季结合翻地将覆盖物翻入地下，同时每株根据树的大小混施速效 N、P 肥 1～1.5kg；4 月份萌芽前每株施入速效 N 肥 0.25～0.5kg；7 月份在压青前每株施入复合肥 0.5～1.0kg，有条件的果园还可以在花期、果实迅速生长期进行叶面喷肥，叶面喷肥采用 0.3%～0.5%的尿素或磷酸二氢钾。

**7. 病虫害防治**

枣园主要病虫害有桃小食心虫、枣尽蠖、黑绒金龟子、枣锈病等。防治方法：

（1）桃小食心虫防治：一般 5 月下旬到 6 月初，在枣树下喷布 25%的对硫磷微胶囊剂 500 倍液，杀死出土的越冬幼虫。在越冬成虫羽化初期（用桃小性诱剂测报）开始，每隔 10～15d 喷一次菊酯类杀虫剂 2000～3000 倍、50%杀螟松或 50%的辛硫磷 1000 倍，连续喷 2～3 次。

（2）枣尺蠖防治：在幼虫发生较重时期，一般是在 4 月下旬到 5 月上旬枣树萌芽期树上喷药防治，用药种类和浓度参照桃小食心虫的防治。

（3）黑绒金龟子防治：春季 4 月下旬成虫发生期，利用其假死性早晚震树捕杀；树上及附近杂草喷 50%的辛硫磷、40%氧化乐果 1000 倍液等药剂防治。

（4）枣锈病防治：一般在 7 月中下旬叶刚刚发病时喷布 25%粉锈宁 1000～1500 倍或 50 倍的多菌灵 800 倍液进行防治。

## （三）杏

**1. 生物学特性**

杏树根系强大，分布广。在山地果园，根深可达 1～2m，但主要分布层集中于土表 40～100cm 范围内，形成强大吸收根系。对于山区土层薄的地区，杏树根系分布浅而广，平均根幅为冠幅的 4 倍。

杏树在幼龄期生长特别旺盛，新梢年生长量达 2 米左右，枝条主长直立，结果后枝条逐渐向四周开张，生长势缓和。

杏树芽具有早熟性，在芽形成以后，如果条件适宜，很容易萌发抽枝，形成二次甚至三次副梢，副梢上也可以形成花芽，第二年开花结果。杏的萌芽力和成枝力都比较低，萌芽率在 50%左右，成枝率在 25%～60%左右，因此其树冠较稀疏，但保留的潜伏芽较多，后期更新能力强。

杏的花芽为纯花芽，花芽着生在枝条的侧方，开花结果后，由于芽鳞脱落出现光裸。杏树的侧芽在适宜的条件下，即开始向花芽分化。一般6月下旬至7月上旬进入分化初期，9月下旬或10月上旬可完成全部分化。长果枝及营养枝上花芽分化一般滞后于短果枝10～20d。杏的花芽分化极易，但性器官的发育常常受阻，因此。常出现雌蕊发育不完全的退化现象，影响坐果率。

杏的盛花期一般为3月下旬～4月上旬，正值晚霜频繁之际，晚霜冻害被看成是杏树生产发展最突出的限制因子。大多数杏品种自花不育或自花结实率低，所以必须配置授粉树。

果实发育期为60～90d。谢花后即进入幼果速生期，大约5月初进入硬核期，6月上旬硬核期结束，进入熟前迅速生长阶段。

**2. 优良品种**

（1）仁用杏

①龙王帽：树势强健、树姿开张。果实椭圆形，向一边倾斜，较扁，单果重20～25g，缝合线中深，明显，片肉不对称，果顶圆，突出，梗洼浅，波状。果皮橙黄色，无彩色。果肉橘黄色，肉薄汁少质绵味酸，不宜生食。离核，核近椭圆形，大而扁，基部宽，顶端尖，稍倾斜，鲜核褐色，重2.9g，出仁率为27%～30%，干核淡褐色，重2g，核果比17.9%。种仁近圆锥形，扁平而肥大，仁肉乳白，味香甜而脆、饱满，外形似古装戏中龙王的帽子。杏仁纵径2.3cm，横径1.6cm，侧径0.6cm，每粒仁重0.8～0.9g，为仁用杏中仁最大的品种。树势强，成形快，丰产性好。

②一窝蜂：树势中庸，果实扁圆黄色，阳面有红斑点，肉薄、多纤维，尚可制干。7月上中旬成熟，离核，核大而甜，出仁率40%。为仁用杏中优良品种。丰产性强，果仁长心脏形，每粒仁重0.6g，仁皮棕黄色，仁肉乳白色。枝节间短，稍扭曲，易形成串状枝组，结果量大，形似一串串的蒜瓣。

③白玉扁：树冠较大，树姿开张，4月中下旬开花，7月下旬成熟，果实发育期90d，果实扁圆形，单果重18.4g，果皮黄绿色无彩色，果肉薄，不宜生食，可晒杏干、制杏醋。离核，成熟时果实自然开裂，杏核掉出，出核率22%，核近圆形，单核重2.6g，出仁率为30%，种仁心脏形，端正，皮黄白色，单果仁重0.7～0.8g，仁肉细，品质佳，仁味香甜可口。

（2）鲜食杏

①凯特杏：果实特大，平均单果重105.5g，最大130g，果近圆形，顶平，缝合线明显，果皮橙黄色，中厚。硬溶质，肉质细嫩，多汁，风味酸甜适口，芳香味浓，品质上等。可溶性固形物12.7%，果核小，耐运输。树势强健，树姿

直立。以短果枝结果为主，花器败育率低，自花结实力强，达 25.5％，成花早，易成花，早实丰产，适应性强。

②仰韶杏：果实卵圆形，平均单果重 87.5g，最大果重 131.7g；果皮橙黄色，阳面有红晕，果肉橙黄色，肉质细、密、软、多汁、甜酸适中、香味浓、品质极上，可食率 97.3％，常温下果实可贮藏 7～10d。离核，仁苦。果实 6 月中旬成熟，花期相对较晚，可躲过晚霜危害。成龄大树平均株产 200～250kg。树势强，耐旱、耐寒、耐瘠薄、枝条粗壮，以短枝结果为主。宜于鲜食或加工。

③大接杏：该品种树势健壮，树姿半开，树冠呈自然半圆形。果实长卵圆形，平均单果重 84g，果个匀称，果皮底色黄或橙色，彩色暗红晕或霞状，并有明显红色斑点，茸毛较多。果皮中厚、韧、难剥离，果肉黄色，汁液中等，肉质柔软、溶质、风味甜而浓，有香味，品质极上，仁甜，可生食。萌芽期在 3 月下旬，开花期在 4 月上旬，果实采收期在 6 月下旬～7 月上旬。适应性强、抗寒、丰产，为有名的优良品种。

④玛瑙杏：树势中庸，树姿开张。花器败育率低，自花结实，坐果率高，极丰产，4a 生产量达 16500kg/hm$^2$，6 月下旬成熟。成花早，花量大，长枝结果为主，果实个大整齐，单果重 55.7g，最大 94g，果实橘黄色带红晕，肉厚、汁多、芳香、酸甜、品质上等。耐贮运，适应性广。

⑤京杏：分为硬条京杏和软条京杏；按杏仁的甜味和苦味，又分为真京杏和假京杏。京杏更耐寒冷，酸甜、品质上等。在大同市阳高县，用京杏加工生产的杏脯是出口创汇的好品种，近年来已形成了带动农村经济发展、较大规模的杏产业。

**3. 生态学特性**

适应范围广，年降水量 300～600mm，年日照时数 2500～3000h，生长发育有效积温 1600～2500℃。杏开花较早，易引起花期冻害，花蕾期的冻害临界温度是－1.1℃，开花期为－0.6℃，幼果期 0℃左右。杏为喜光树种，在光照充足的条件下生长结果良好，果实含糖量增高，果面着色好。杏树因根系强大，深入土层。杏树不耐涝，遇长时间积水，会引起早期落叶和烂根死亡。对土壤要求不严，但最适生在中性或石灰性排水良好的壤质土上。一般以壤土最好，沙性土质次之，黏性土最差。对土层厚度的最低要求，在石灰岩山地，土层厚宜在 50cm 以上。

**4. 整地**

杏树的整地方法与其他经济林树种基本相同，可参阅核桃、红枣整地技术。

**5. 栽植**

（1）栽植方法

杏树一般采用长方形、三角形和带状栽植方式。带状栽植适于杏农间作，具有防护作用。杏树的栽植时期、栽植前的挖穴等准备工作以及定植技术等，与红枣等经济树种的要求和做法基本相同，可参照进行。为了提高杏苗栽植成活率，栽植前，用清水浸根半天，然后放于加有 ABT 生根粉（50mg/l）的泥浆中浸蘸（或用 0.2％的磷肥泥浆），可有效地提高苗木的成活率，促进新根生长。

（2）栽植密度

鲜食大杏栽植密度宜小，加工用杏和仁用杏可加大栽植密度。该地区鲜食用杏株行距一般为 2～3m×4～5m；仁用杏为 2～3m×3～4m。

（3）栽植模式

①坡地栽植模式：土壤条件较差，土层厚度 50cm 左右，一般栽植在坡的中、下部。15～20a 杏树株产 30～50kg。

②梯田栽植模式：土层厚度 50～80cm，15～20a 生杏树株产 40～70kg。

③零星栽植模式：山坡、路边、渠旁零星栽植，15～20a 生杏树株产 20～50kg。

**6. 整形修剪**

（1）整形

山地杏树定干要适当低些，第一主枝应顺坡选留。树形不宜采用疏散分散形，因这种树形枝叶量大，需营养多，只有肥沃土壤才能供养。山西生态脆弱区干旱瘠薄，以仁用杏为主，自然开心形为宜。成形后树高 3～4m，干高 30cm，有 2～3 个主枝，每个主枝上有 2～3 个侧枝，侧枝上安排大中小不同的枝组。

（2）修剪

仁用杏在树势许可情况下，尽量多留结果枝，力求多结果，结果多时，虽果形小，但种仁饱满，产量也高，正可达到仁用栽培之目的。而鲜食杏的栽培目的是力求果形变大，果数变少，果核变小。仁用杏以短果枝结果为主，修剪应采用短枝修剪法，即对一年生枝多短截，当年可形成同串短果枝，结果以后对这些枝适当回缩，促使上部形成发育枝，再缓放，下部短果树继续结果。仁用杏定植第三年后，不再采用重剪，主要是长放使其结果。中、后期采用回缩更新，控制结果部位外移。仁用杏一般连续结果 20a 左右开始衰老，这时可回缩到多年生枝上，更新复壮。

**7. 肥水管理**

（1）施肥

①基肥：在每年秋季落叶后结合树盘土壤翻耕施基肥。以有机肥为主，适当混合些磷钾肥。成龄树一般每株施基肥 8～10kg（圈肥或土杂肥）；2～4a 生幼树

每株施饼肥 1～2kg，碳铵 0.5～0.7kg。

②追肥：第一次在开花前半个月施入，以速效氮肥为主，成龄树每株施 0.5～1.0kg 尿素；第二次在硬核期，以速效氮肥为主，辅以磷、钾肥，成龄树每株施尿素 0.5～1.0kg，硫酸钾 1.0kg 和过磷酸钙 1.0kg；第三次在采前半个月，追施钾肥一次，成龄树每株施硫酸钾 0.5～1.0kg。

③根外追肥：在生长旺季喷肥 2～3 次，前期喷 0.3％～0.5％的尿素，后期喷 0.3％～0.5％的磷酸二氢钾。

（2）灌水和排水

一般第一次浇水在花芽开始萌动时，第二次在硬核期，第三次是在土壤封冻以前。一般采用穴灌和漫灌，有条件的地方最好采用滴灌。无灌溉条件的地方，可采取一些保墒措施，具体方法可参照红枣保墒。

杏树极不耐水涝，树盘积水时应及时排水，特别是雨季沟底台田地的杏树，及时排水更为重要。

（3）冻害防治

杏树虽然耐寒，但花期及幼果期对低温敏感，特别是春季转暖后又回寒，在有大风的年份，常遭冻害造成减产。对干旱、土壤瘠薄的杏园，在防治上，要加强树下的土、肥、水管理及树上的修剪、防病治虫，以增加树体营养，提高抗寒力。霜冻前也可在园地就地取材，用落叶、杂草进行烟熏。杏园灌水、喷水等，也都有一定的效果。

### 8. 主要病虫害防治

（1）杏瘤病

主要发生于新梢、叶片、花和果实上。受害嫩梢伸长迟缓，初呈暗红色，后变为黄绿色，上生黄褐色微突起小点，病梢易干枯，果实滞育并干缩。防治是结合冬剪清除病源，展叶期喷 1～2 次 200 倍的多量式波尔多液或 0.3°石硫合剂。

（2）流胶病

流胶病是一种生理性病害，是由于细胞原生质产生的一种酶，使细胞壁溶解、胶化、积累形成的，在雨季易发病，各种损伤或土壤黏重、过酸都可导致流胶。防治方法主要是改善土壤物理性状，防治蛀干害虫，用涂白剂保护伤口。

（3）介壳虫

若虫和成虫附着在枝干上吸食汁液，好像一个瘤状突起。被害枝生长衰弱，严重时枯死，甚至全树死亡。防治方法：

①利用天敌防治或用刷子刷。

②发芽前喷布 5°Be 石硫合剂。

③6 月中下旬喷布 0.1°～0.3°Be 石硫合剂或 50％敌敌畏 1000～1500 倍。

（4）叶蝉

成虫产卵于枝条上，受害枝轻则遍体鳞伤，生长缓慢，重则枯死。防治方法：10 月上旬成虫产卵前期，树干涂白，树上喷布 1000～1200 倍 80％的敌敌畏。

（5）食心虫

主要危害杏果，以幼虫蛀入果实，蛀道有虫粪，其中，梨小食心虫危害嫩梢，所以又叫折梢虫。防治食心虫，要采用综合防治：地面施药、刮树皮综合药剂防治，搞好害虫测报，在幼虫孵化时用菊酯类农药。

（6）蚜虫

一年发生十余代，以卵在枝条芽腋处过冬。翌年 4 月开始危害，5～6 月发生最多，群集嫩枝上部的幼叶吸食，6 月以后产生翅蚜、迁移危害。防治方法：

①保护和放养瓢虫、草青蛉等，利用天敌防治。

②在萌芽前喷布波美 5°Be 石硫合剂。

③蚜虫发生期，喷布 50％抗蚜威 300～400 倍液。

④在开花前和晚秋各喷 1 次药，可用 50％辛硫磷乳油 2000 倍液，或 70％灭蚜松可湿性粉剂 1000～1500 倍液，或 50％甲胺磷乳油 2000 倍液。

**9. 采收**

杏果采收时期的确定与品种的成熟期、果实的消费方向和天气条件等有关。一般用于远销外地的果实应适当早采，当果面由深绿转为黄绿，阳面呈现品种的固有色彩，但果肉仍然坚硬时采收。用于当地销售的杏果，采收时间要适当晚些。用做罐头和果脯的，一般在绿色退净果肉尚硬的八成熟时采收。仁用杏的采收应在果面变黄，果实自然开裂前进行。

采收时要合理组织劳力，准备好用具，一个熟练工一天可采鲜杏 200kg 左右。采摘时间最好是晴天的 10：00～12：00 时和 16：00 时以后。鲜食杏多以手工采摘为主，仁用杏多用摇枝震落，结合手摘、捡拾。

## 七、农林复合经营技术

### （一）物种选择及配比

（1）农林间作必须因地制宜。山地坡度在 25°以下的幼林地可搞间作，25°以上不宜间作农作物。新植幼林郁闭前的三、四年内可间作各类农作物（包括粮食、牧草、药材等)。山地搞农林间作必须沿等高线种植,以防止水土流失。

(2)间作的农作物选择。一般选用适应性强、短秆直立、喜光性不强、不与树苗争水肥、有根瘤、耐土质瘠薄、早熟、高产的豆科植物。作物的选择和季节安排,要保证能充分利用太阳能和树木、作物的生长空间。

(3)间作树种的选择。一般选择树冠窄、干通直、枝叶稀疏、冬季落叶,春季放叶晚、主根明显、根系分布深、生长快、适应性强的树种。如枣、泡桐、香椿等。

(4)种群组合的原则。速生与慢生、深根与浅根、喜光与耐阴、有根瘤与无根瘤等组合在一起,体现物种之间互利共生原则,使其各得其所,以发挥系统的整体效益。

(5)要避免生物化学上相克的作物或树种组合在一起。自然界中相克现象的存在,往往造成农林复合经营系统结构的不稳定,功能削弱,甚至系统崩溃。常见的毒他树种有:核桃、核桃楸、梧桐(青桐)、刺槐、山杨等。

(6)选择优良、高价值品种。选择高光合、低消耗、高生产率的优良品种和耐阴力强、需光量小、低呼吸低消耗并有经济价值的品种,有利于多层垂直结构下提高生物生产力。避免间作那些对林木生长不利的作物,如喜光、喜肥、喜水的高秆作物。不要间种与林木有共同病虫害的作物,以免带来林木病虫灾害。

(7)在同一块林地或耕地上,要实行轮作(倒茬、换茬、更换作物或树种)不要长期连续栽种,以免地力消耗,或积累某种化学物质,造成树木或作物生长不良和滋生病虫害的现象。

在确定了系统物种搭配之后,就要安排各组分之间的比例关系。农林复合经营系统往往要以某一组分为主,其他组分为辅。

**(二)枣粮间作类型**

枣园内间种农作物是晋西地区常见的一种生产方式,枣园内间作的主要作物品种有小麦、谷子、玉米、豆类等。枣粮间作主要有3种类型:

(1)以枣为主型

枣树栽植密度300~450株/hm²,行距6~10m,株距3~5m。这种类型以丘陵山区、荒滩地以及经营条件较差的非农业耕作区较为多见。

(2)枣粮兼顾型

枣树密度150~300株/hm²,行距10~20m,株距4~6m。常见于立地条件较好的平缓农区。

（3）以粮为主型

枣树密度 150 株/hm² 以下，采用大行距的栽植方式，行距 20～25m。在造林初期，也可先加大密度后疏伐的方法。多见于土壤条件好的农田或荒地。

枣粮间作不但能充分利用空间资源，促进枣树生长发育，而且枣树林还具有改善农田生态环境的效用，为粮食作物生长创造条件。

**（三）林草复合类型**

随着"三北"防护林体系工程建设实施，造林种草已成为这些地区整治国土、发展畜牧业的主要内容之一。晋西北地区的林草复合经营模式主要有：

（1）以林为主的林草结合

①人工林内间作：是一种高效利用空间资源的人工林复合生产系统，发展潜力大，效果好，目前在"三北"农区牧区积极提倡。

②封山育林育草：是一种遵循自然规律护林养草的复合经营方式，在干旱、半干旱荒山浅滩上尤为适用。实行封山，既育林又养草，形成牧草兴旺的林间草场，林内牧草成为牲畜安度冬春的备荒基地。在"三北"以林为主的丘陵山区，为了发展林业和牧草生产，不少农牧区逐步开展以林为主的圈养封育，既发展林业，提供牧草，又保护了丘陵山地免遭水土流失之害。

③林区育草：是一种合理利用林区自然资源，充分挖掘生产潜力的复合经营方式。在"三北"农牧区的丘陵山地森林内，有着丰富的牧草资源，是养殖牲畜的重要草场之一，合理开发和改良林间牧场，是林区农牧民发展畜牧业的一大资源优势。

（2）以牧草为主的林草结合

在林草复合经营中，被称为"立体草场"的草、灌、乔结合配置形式受到了普遍重视。这种类型可根据不同经营目的、不同立地条件类型和植物的不同特性，采用不同的组合方式，建成草—灌式、草—乔式以及草—灌—乔等各种类型。以牧草为主的林草结合一般有两种经营方式：

①种草种树：实行草灌乔结合，建立多层次的立体草场，在"立体草场"建立过程中，十分强调以灌为主的草灌乔结合。

②封山育草育林：实行封山育草育林，使生态系统逐渐恢复。

（3）以燃料为主的林草结合

山西生态脆弱区气候干旱，植被稀少，"天保"工程实施后，燃料奇缺。因此，选择一些生长迅速、萌蘖力强、热值高的树种，逐步建立了以燃料为主的林草复合经营。这种复合经营方式是解决晋北和晋西北农牧区农村民用能源的重要途径之一。

### 八、防护用材兼用型农田防护林营造技术

防护、用材兼用型农田防护林是利用杨树速生丰产用材林集约经营措施，培育速生、高效防护用材林的营造技术。

#### （一）造林地选择

杨树喜光、喜水、喜肥、喜土壤疏松。造林地必须光照充足，地势平坦，土壤肥沃，通透性好，水源充足，灌溉方便，排水良好，地下水位一般为150～300cm，农田土壤 pH 值 6.0～8.5。

#### （二）苗木选择

采用 3 根 2 干或 2 根 2 干，胸径 2～2.5cm 以上，主侧根长均大于 20～25cm 的杨树大苗，当前适合发展防护用材兼用型农防林的树种主要有中林 46、107、108、35、74 和 84K 等，苗木标准要求根系发达、完整，主干通直，健壮，无双头，无机械损伤，梢部木质化充分，径干比例匀称，无病虫害等。

#### （三）栽植管护

（1）造林时间：一般以早春造林为主，也可根据当地自然条件和生产实际，在晚秋进行。早春，在土壤解冻 30cm 后进行造林；晚秋在土壤结冻前进行。

（2）苗木准备：一般应随起苗随造林，起苗要严格按照上述苗木标准，剔除不合格苗。造林前苗木要全株浸泡 48h。

（3）栽植密度：按照速生、丰产、防护相结合的原则，栽植 2 行，株行距应 3m×4m 为宜；栽植 3 行，株行距应 4m×4m 为宜。

营造防护用材兼用型农防林要严把整地、选苗、剪枝、分级、浸泡、踩实、浇水、扶正、回土等关键技术环节。

①整地：按照"窄林带，小网格"的要求，结合渠、沟、路合理布局，设置林带。提前 1～2 年平整土地。平整好的造林地要耕翻 1～2 次，耕翻深度 30～45cm，重耙 1～2 次，以后开沟或挖大穴。2a 生以上大苗穴的规格要达到 1m×1m×1m 以上。

②浇水：灌水要注意适时适量，造林当年除栽植后满足灌透水外，造林后全年应再灌 2～4 次，从造林第二年起，直到主伐前 3～5 年，每年至少灌 3 次水，特别是秋后结冻水和早春解冻水。

③树体管理：第一个生长年中耕除草 3～4 次，第二年起每年 1～2 次，造林后第 1～2 年要及时进行抹芽，4～5 年内要及时清除"竞争枝"、"卡脖枝"和"枯枝"；第三年开始进行底层修枝，修枝一般应在早春进行，并及时防治病虫害。

## 九、干旱区漳河柳、刺槐栽植技术

### (一) 漳河柳

漳河柳具有干形直、生长快、树形优美等特点，是道路绿化的首选树种，在干旱和半干旱地区表现良好。但它属喜湿树种，旱地栽植不易成活。地处山西生态脆弱地区的汾西县从实践中创造出了"四大一盖"的栽植方法，使漳河柳在干旱高原上成活率达到 98％，当年新梢生长平均为 42cm，最长达 160cm，胸径生长达 1.2cm。具体方法是：

(1) 栽大苗。备栽的漳河柳苗高不得低于 3.5m，胸径在 3cm 以上。要求干形通直，皮无外伤，无病虫害，大根完整。栽前根要在水中浸 24h，并剪掉全部侧枝。

(2) 挖大坑。春季土壤解冻后或前一年初冬，在道路旁栽植点挖 1m×1m×1m 的大坑。挖坑时注意把表土和阴土分开堆放。

(3) 施大肥。收集足够回填大坑的表土加 15kg 农家肥和 1kg 复合肥搅拌均匀。栽苗时把混合土先填入坑中 30cm 厚踏实，再放入树苗，填入混合土至覆盖住树苗根部。稍提一下苗，使根舒展，然后踏实土。最后把土填满整平，修好树盘以备浇水，树盘要修成漏斗形，使水首先进入树苗根部。

(4) 浇大水。每株树浇水 50～80kg，浇水时适当放慢速度，并及时扶正倾斜树苗。浇水后 2h 再在树盘上覆盖一层 2～3cm 厚细土。

(5) 盖地膜。浇水后 1～2d，每株柳树栽植坑上覆盖一块面积为 1.4m² 的塑料地膜，地膜平面要略低于地面，边缘用土压紧，树干周围围一小土堆，这样地膜就可起到保墒和提高地温的作用，使树苗根系提前活动，及时供给地上部茎叶水分和养分。

此外，栽植后在离地面 2.5m 处截干。截口涂一层凡士林，防止伤口干枯。这样树木高度一致，当年即可形成树冠，树形基本相似，整齐美观，极具观赏价值。

### (二) 刺槐

刺槐属耐旱树种，但因山西生态脆弱区土壤春季干旱，造林地大多无灌溉条件，刺槐造林成活率较低，如果在造林时采取以下关键措施，成活率便能大幅提高。

（1）栽前 3d 起苗，尽量多带须根，苗木根部捆齐，放在水中浸两昼夜，取出后蘸配有 ABT 生根粉的泥浆栽植，或集中埋根大水浇灌至土呈泥浆状。

（2）苗龄为 1～2a，不论苗木高低，一律截留 2～3 芽。

（3）栽植坑，1a 生苗为 50cm×50cm×50cm；2a 生为 70cm×70cm×70cm。坑南侧一定要与地面垂直铲齐，上修高 15cm 土埂。

（4）运苗，聚苗地点不论离造林地多远，运苗时都要用篷布盖好、保湿。

（5）栽植时，要铲去表层干土、坑内填湿表土，注意把树苗紧靠坑南壁，苗上部略低于地面，以树苗中午不受阳光直射为佳，坑内填土时要边填边踏实，填至截干下 2cm，整平栽植坑，然后在树苗上部围一小土堆。土堆不可过大，以不露出苗干为好，有条件时可在栽植坑内覆盖一些杂草，以利保墒。隔坡水平沟，隔坡 3m 沿等高线挖深 40cm、坎高 20cm 的沟，外高里低。

2007 年春季，临汾市贺家庄乡采用以上方法新造刺槐林 20hm²，在连续两个半月未下雨，严重干旱的情况下，成活率仍达到 91%。

## 十、半干旱石质山地侧柏造林技术

该地区半干旱石质山地类型约占到总宜林地面积的 30% 左右，其中吕梁干旱、半干旱山区以营造侧柏为主。

### （一）苗木

（1）规格：根据造林地类的差异，一般选择侧柏苗木规格为：①土层较薄的山地：苗木高度为 100～150cm，冠幅为 40～50cm；②土层较厚的山地：苗木高度为 80～100cm，冠幅为 20～40cm。所选苗木必须生长健壮、均匀，冠形整齐，根系完整、发达，无病虫害和无机械损伤。

（2）起苗：起掘苗木的质量，直接影响造林的成活率和以后的绿化效果，在起苗时严把根系、土球、打包等关。

①根系：为避免起苗时损伤根系，要求高度为 100～150cm 的苗木根系长必须达到 13cm，高度为 80～100cm 的苗木根系长必须达到 10cm，主要根系无劈裂，要求起苗工具必须锋利。

②土球：必须按照规定的土球大小起苗、保证土球完好，外表光滑平整，上部大而下部略小。

③打包：将聚丙烯袋一分为四，把苗木放进去，用聚乙烯带上下十字交叉，中间横向捆扎，打包时要求底部充实，封严不露土，捆扎紧实不松弛。

（3）装卸运输：苗木掘起后，及时打包、装车，将苗木在最短的时间内运达造林地，以免失水而影响成活率。装车时苗木竖放，土球靠实，间隔垒放 4～5 层，防止压折枝杆，装卸时要保护苗木，轻拿轻放，杜绝抛掷。

**（二）整地**

整地质量直接影响植株成活及以后的生长发育，按设计确定的密度，土质较薄的造林地用石砌鱼鳞坑，土质较厚的造林地直接挖鱼鳞坑。鱼鳞坑长径 1.2m，短径 0.8m，深 0.6m。挖鱼鳞坑时，将石块、生土挖出，回填熟土。整地至少在栽植前 1 个月进行。

**（三）栽植**

（1）运苗：由于造林地交通不便，苗木很难直接运输到地块，所以必须靠人力运苗。为防止苗木受损、土球破碎，苗木一律用筐挑运送。严禁手提、肩扛及背负。苗木运到造林地后散放于定植坑边。运苗与栽植速度相适应，尽量减少土球暴露时间。

（2）栽植：根据土球的大小，在鱼鳞坑中间挖栽植穴，将苗木的包扎物去掉，把土球轻放穴中，回填熟土与土球高度一致处，然后灌水至坑满。待水分下渗土壤稍干时，扶植苗木，夯实土球周围的土，使土球与回填土紧密结合，再培土比土球顶部高出 4cm。

**（四）养护**

在幼林管护上，应着重抓好灌水、中耕、防虫和封护等环节。

（1）灌水：水是保证半干旱石质山地成活、成林的关键。带水栽植后，干旱季节 1 个月内连灌 3 次水，进入夏季后根据降雨浇水，旱情较重时 1 月浇水 1 次，每次灌水都要浇足。

（2）中耕：水分渗透后，及时将鱼鳞坑内的表土锄松，以切断土壤的毛细管，减少水分蒸发，同时除去杂草，以利蓄水保墒。

（3）防虫：造林后 2～3a，随时检查苗木，发现病虫害及时防治。

（4）封护：造林后未成林前，实行封禁，杜绝放牧和人为活动，保护幼树成活和正常生长。

半干旱石质山地侧柏造林技术主要是以"供水、保水"为核心的综合措施。从良种壮苗、提前整地、细致栽植、精心管护四个方面综合实施，才能遏制不利因素，提高造林成活率和保存率，促进幼树生长。按照以上造林技术措施栽植侧柏，造林平均成活率在92%以上。

## 十一、沙地樟子松造林技术

在生态脆弱地区，特别是晋北风沙区樟子松是优良的绿化树种。国家在"三北"防护林体系建设五期工程规划（2011年～2020年）中，将樟子松作为晋西北沙区的重点造林树种。

### （一）整地方式

生草繁茂、不易风蚀的沙地可提前一年或两季全面或带状整地，也可提前耕种整地；易风蚀的地段穴状整地，穴直径1m，植被少、土壤疏松的沙地可随整随造。

### （二）苗木选择、运输

樟子松造林可用2a生移植苗：苗高10cm以上，地径0.3cm以上，根系发达、顶芽饱满；3a生移植苗，苗高15cm以上，地径0.5cm以上；也可用3a生、4a生营养袋苗，营养袋袋长15～18cm，直径10～12cm。营养土配制用较黏重的农田地、草炭土、农家肥和沙土按5：2：2：1配制，用2a生移植苗装袋。

裸根苗运输须蘸泥浆、包装后运输。营养袋苗运输距离长时，可以木箱装苗运输，减少运输成本。

### （三）造林方法

造林季节：裸根苗宜在春季造林，营养袋苗春、夏造林均可。

防风固沙林一般按450～750株/hm²栽植，可等株行距栽植，也可不规则栽植。

裸根苗造林可用小坑垂直壁法，也可用隙植法。营养袋苗造林从栽植到埋土踩实，切忌

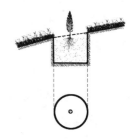

图8-6　樟子松整地栽植示意图

弄碎土坨，以免影响成活。樟子松造林宜适当深栽，一般深植至根际入土5～8cm。埋土踩实后，作成浇水穴盆，立即浇透水，详见图8-6。

### （四）幼林抚育

樟子松造林后头3年要经常检查造林地，发现旱情及时浇水。造林后一般应除草松土3年，第一年2次，第二年2次，第三年1次，除草穴直径1m。造林后第一年晚秋应埋土防寒，第二年早春3月中旬撤土。

### 十二、晋西北黄土丘陵区柠条造林技术

柠条是我国"三北"地区的乡土树种，抗逆性强，造林成活率高，已成为西部生态建设防治沙化的重要树种。一般柠条在土壤等条件得到满足的情况下，年降水量在 300mm 以上的区域生长茂盛，生物量大，在降水量 150～300mm 的区域可以正常生长。柠条造林可以带状种植，也可以由若干带交织成网，穴播组成块状林，营造柠条生物地埂和柠条立体牧场。

一般在风沙区的平坦地、缓坡地，适宜营造柠条林网林带，以防风固沙；在黄土丘陵地区的梁峁沟坡，主要营造块状林，保持水土。在黄土高原广大的坡耕地上，重点营造生物地埂，防止土地风蚀沙化和水土流失；在地势平缓、水源良好、适合放牧的地方，可以营造灌、草结合的柠条立体牧场；在风沙区的铁路、公路旁，重点营造护路林。

柠条的经济价值很高，发热量与煤炭不相上下，是可再生的理想生物能源；营养丰富，是反刍动物的好饲料；枝叶富含氮、磷、钾，根上长有根瘤菌，是优质绿肥；同时枝条纤维含量高，花色艳丽，可养蜂、入药、观赏、编织、造纸、加工纤维板，种子可提炼工业用润滑油，既是优良的工副业原料，又是林业生态建设中保水固沙的"排头兵"。

#### （一）品种选择

按照不同地区的气候特点和不同的造林目的，选择适合的柠条种类极为重要。常用于生产的柠条种类有小叶锦鸡儿、柠条锦鸡儿、中间锦鸡儿、黄刺条等。一般锦鸡儿、柠条锦鸡儿适合于森林草原地区栽培；柠条锦鸡儿、小叶锦鸡儿适合于半荒漠及干旱区栽培；小叶锦鸡儿、中间锦鸡儿适合于干草原及广大黄土高原地区栽培。从用途上看，柠条锦鸡儿、小叶锦鸡儿、中间锦鸡儿广泛用于防护林及饲料林；黄刺条、锦鸡儿主要用于园林绿化，观赏及药用栽培。

#### （二）造林密度

根据多年实践观测，一般在降水量 300～400mm 的地区，以 1665～3330 穴/$hm^2$为宜；降水量 400mm 以上的地区，以 3330～4995 穴/$hm^2$为宜。营造柠条立体牧场，最低应留 3m 宽的牧道，营造柠条生物地埂行距不定，株距可密一些。

#### （三）直播时间

柠条以雨季直播为宜，成活率高，春季较干旱，直播不易成功，且易遭金龟子危害。

雨季直播造林时间，一般在墒情能保证出苗的前提下，总的原则是保证秋季霜冻之前幼苗达到木质化。柠条从播种到木质化的时间一般为60～75d。在晋西北地区直播柠条最晚应在7月底结束。

雨季直播时，一定要掌握"不到火候不下种"，雨下透时，土壤上层和底层湿墒接通，应抢墒播种。这样播后3d发芽，7d出苗。

**（四）播种深度**

柠条播种深度，因土质、墒情而异。实践证明，干旱地区直播柠条，关键要抢墒浅播，抓住有雨时机及时播种，覆土1～2cm为宜，在砂壤土上覆2～3cm为宜。

**（五）整地**

（1）鱼鳞坑整地。在黄土丘陵沟壑区的夹土地、黑垆土地以及荒坡，因土质紧密、底硬，难于扎根，必须进行鱼鳞坑整地。整地时间应在夏、秋季进行，以便熟化生土，蓄水保墒。整地1665～4995穴/hm²，熟土回填。

（2）带状整地。对退耕时间较短的撂荒地，可进行带状整地。方法是在播种带用畜犁或机械耕翻。行距2m、带宽1m。头年夏秋整地，翌年雨季播种，出苗率达90％以上。

**（六）造林方法**

（1）直播造林

除极端干旱区采用植苗造林外，一般均可采用直播造林。

技术要点：选地段、抢雨季、浅覆盖、带网片、促控平。

①选地段：一般选在山地丘陵地区的黄土坡地、梁峁、阶地、固定沙地以及植被稀疏的退耕、弃耕地较为适宜。

②抢雨季：柠条只要是雨前种、冒雨种或雨后抢墒种，发芽、出苗都没有问题。柠条保苗有三大问题：水分、风害、鼠害。土壤含水率大于10％就可保苗。幼根生长速度必须超过干土层增长速度。所以在黄土高原风沙区、沟壑区，播种时间最好在6月下旬～7月底。

③浅覆土：在地势平坦处主要采取条播，播种量307kg/hm²，播种深度宜浅不宜深，一般2～3cm。要把种子播在湿土上。雨后1～2d播种浅些，4～5d后深些，黏土浅，砂土深。

地形支离破碎地段，可采用鱼鳞坑整地，堆土防淹播种法，陡坡地段，也可用撒播、羊踩的方法。

④带网片：根据立地条件和造林目的，种植方式主要坚持带网片结合，以带为主。不论带网片哪种模式，都要做到先种灌再补草，坚持灌草结合。

⑤促控平：从生态建设出发，采取促（促进生长）、控（控制向上生长）、平（平茬复壮），是柠条种植后管护工作的重要环节。种植后封禁 2～3a，3 年后重牧，5 年后平茬。采取保护、重牧、平茬的"促控平"办法，可使柠条保持生长旺盛，枝叶嫩绿。

（2）植苗造林

柠条造林一般采用抢墒直播法。但在干旱地区，直播造林成功难，必须先育苗，后植苗造林。

柠条发芽早，地解冻后，就起苗造林，边起边栽。早栽保墒是关键。

**（七）柠条林管理**

（1）管护

在退耕地以及整过的地上种的柠条，播后当年越冬时，务必踏实。其方法是：如面积小，可用人工踏实；如面积大，可赶上羊群踩踏。

柠条在生长 1～2a 期间，生长弱小，牲畜啃食，容易连根拔掉，因而造林后封禁 2～3a。柠条锦鸡儿比小叶锦鸡儿头一、二年生长快，封禁时间可短于小叶锦鸡儿。

（2）平茬抚育

①柠条 3a 开花结果，5～6a 进入盛果期。柠条萌芽力强，成枝率也很高。平茬可以促进根系生长，使树势复壮，促进萌蘖，消灭病虫害，提高开花结实率。

②柠条平茬间隔期，根据多年实践，6 年后结实量下降，并且病虫害严重，必须平茬复壮。

③平茬时间，柠条平茬一般在冬末春初土地解冻期进行，这一时间停止生长，积累了大量营养物质于根部，根系处于冻土层，平茬不会造成伤害，有利于春季萌发。

④平茬方法和留茬高度，柠条平茬的高度距地面 3cm，过高过低对萌蘖和生长均不利。平茬时利用锋利的镢头，将全丛一次砍掉，不留小枝、毛枝，否则会将生长势全部集中在小枝、毛枝上，减少新萌枝条，削弱生长势。

⑤平茬方式，为防止冬季平茬后削弱柠条林防风效能，可以采取隔行带状平茬。

### 十三、反季节带冠大树移植管护技术

在通道绿化、环城绿化、厂矿绿化中，大树移植越来越普遍。反季节大树移植，一般是指在5～9月份的高温生长季节移植胸径20cm以上的落叶乔木和胸径15cm以上的常绿乔木。

**（一）移植前准备**

（1）选树

在满足景观需要的前提下，坚持适地适树，确定好树种、品种规格，包括胸径、树高、冠幅、树形、树相、树势等。

（2）立地勘察

移植大树应就近采购，选择大树时，应考虑树木原生长条件要与定植地相适应。立地条件的好坏与树木移植成活有关。通常情况下，土壤肥沃深厚、水分充足的地区，树木根系分布较浅、主根发达、须根较少，移植时树木土球易松散，移植成活率较低；而土壤浅薄、贫瘠缺少水分的地区，树木根系分布较深，主侧根均发达，须根也较多，移植时树木容易携带土球，虽然树木景观上较前者逊色，但树木移植成活率较高。认真勘察和了解树木的立地环境资料，是确定后期处理措施的关键依据。

（3）移植时间

要保证树木移植成活，关键要做到树体上下水分代谢平衡和根系生长旺盛易愈合。选择适当的季节、根据树木的自然生长规律移植大树，可以有效提高移植成活率。根据上述原理，移植树木以早春为佳，在树液开始流动、芽还没有萌动前蒸腾作用弱，此时根系已开始活动，移植后发根早，成活率高。此外秋季移植必须在树木落叶后、土壤冻结前进行，此时树木根系还有一个小的生长高峰，也较易成活。

（4）修剪

修剪是为了减少树木地上部分蒸腾作用、保证树木成活的重要措施。但带冠大树移植时，为了保证树形，只能将病枯枝、过密枝、交叉枝、徒长枝、干扰枝剪去。修剪中应注意对骨干枝和树形的保护，以利于树木景观尽快恢复。摘叶是一项细致费工的工作，摘叶的强度与树木土球的完好、根系的损伤程度和气温湿度有关，当气温高、湿度低、带根系少时，应重剪；而湿度大、根系完整时、可适当轻剪。移植前后适当摘去部分花果。

### （二）挖掘、吊装和种植

**（1）起挖及包装**

保证土球直径为干径的6～8倍，再向外挖60～80cm作业沟。掘根深度应视树木根系情况，比根的主要分布深度要挖得深一些。粗根应用手锯锯断，不宜硬铲以免引起劈裂，甚至散球。挖出土球后，用铁锹将土球表层土铲去，土球表面靠近树干中间部分应稍高于四周，并逐渐向下倾斜，肩部修圆滑。

四周土自上而下修平至球高一半时，逐渐向内收缩，使底径约为上径的1/3，呈现上大下小的形状，详见图8—7。

土球挖好后及时进行包扎。将事先湿润过的草绳理顺，在土球中部缠腰绳，并且要不断用木锤敲打草绳，使之嵌入土球。草绳总宽度是土球的1/4～1/3，并系牢。在土球底部向下挖一圈底沟并向内铲去，直至留下1/5或1/4的心土。遇到粗根应掏空土后锯断，这样有利于草绳绕过底部而不易松脱。然后把湿草绳栓在树干上，采用橘子式进行打包，最后用草袋等将底部堵严，并用草绳捆紧。

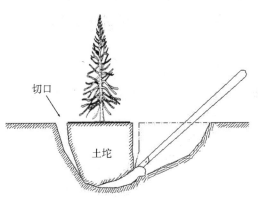

图8—7　带土坨起苗示意图

**（2）吊装**

吊装前要准备估算重量，选择两倍于树重的吊车，以确保起吊安全。起吊前要进行扰冠，并选择不同型号的吊带缠在树干胸径处。为了不损伤树皮，先将树干用草袋或软木板包紧然后再缠吊带，并找出起吊平衡点。装车要做到土球向前、树梢向后，轻轻放在车厢内。土球两边用土塞实，并不能让其左右滚动。树干用支架撑住垫上麻袋，最后用大绳向两边捆住树干，以免摆动。

**（3）定植**

在树干上捆绑两根绳索，以使树干大致与水平面垂直，确保直接把树吊入树穴中。要不断调整树干方向，尽量符合原来的朝向，同时进行种植坑的回填土和施肥。回填土高度标准：保证树木入坑后土球表面略高于地面5～10cm。将树木轻落坑中，然后采用人力方法稳定树木。吊绳和包装材料尽量取出，实在不好取出的，可将包装材料压入坑底。如发现土球松散，则千万不可松解腰绳及中腰下的包装物，但土球上半部的包装物应解开取出。解开包装材料后应视察树木根系，把受伤的根系剪除，用草木灰和高锰酸钾溶液等进行伤口处理，也可以对切口用生根剂和根腐灵处理，然后再填土。当填土至1/3时，通过人力用树干上的绳索校正树体以使其垂直于地面，再将种植坑填实至满，并在树干基部围一土埂，便于保水。

### （三）栽植、养护

（1）支撑树干

刚栽上的大树容易倒伏或倾斜，需要设立支架和支撑。支架常用3～4根通直的木棍作材料，长度视树高确定。在树干1/3或1/2处，把树杆牢固地支撑起来。

（2）浇水和喷水

浇水：移植后的第一次水要浇透，使土壤与根部紧密结合，保证栽植后土壤与大树土球部不产生空隙。一般2～3d后再浇1次水，经过4～5d后再浇1次水。

喷水：刚移栽的带冠大树，吸收水分少、蒸腾量大，因此喷水不可缺少。喷水时间以早、晚为主，甚至可以根据情况进行整天间隔性喷水，坚持1～3个月。

（3）树干包扎、树木避阳

为了减少树体蒸发水分，可以在起苗的前几天，用草绳一圈紧挨一圈地自树干基部开始包扎直到第一分枝处。注意包扎不要过紧，同时草绳要经常保湿。

在天气炎热时，有条件的地方可以根据情况选择不同透光度的遮阳网，在树冠周围搭建支架，为树木进行遮阳。

（4）输液保护

实践证明，采用树干吊装注射营养液和药液，可以明显地提高大树移栽的成活率。

大树移植后要根据树干胸径的大小，在树干合理钻孔，输入营养液。营养液可以购买经销商配置好的药液成品，并按说明加入适量的水后即可使用，也可以自行配置。据太原地区试验，配比营养液以萘乙酸：氨基酸：水＝1：200：800，效果较好。钻孔位置在树干下部，钻至木质部3～6cm，不能超过树木主干直径2/3，滴流速度与树冠大小、输液时间、天气、气温有密切关系。树冠越大、天气越热、气温越高时，滴流速度越快，反之就慢。

（5）树体防冻

新植大树萌动时间较晚，年生长周期短，积累养分少，易受到低温危害，因此冬季应做好防冻保温工作。入秋后要控制氮肥、水分，增施磷肥，延长光照时间，提高光照强度，以提高树木的木质化程度，增强树体自身抗寒能力。同时，在入冬寒潮来临之前可以采用覆土、裹干、设立风障等方法防寒。

（6）病虫害防治

移栽后的树木抵抗力下降，易遭受病虫侵袭。在整个生长季节要注意观察，以防为主，发现病虫害及早防治，确保树木健康成长。

## 十四、鼢鼠、天牛、野兔防治技术

鼢鼠、天牛、野兔是山西生态脆弱地区新造林地和幼林地的主要"杀手"，在一些地区严重影响了林木的保存，对这些树木天敌进行有效防治十分必要。

### （一）鼢鼠防治技术

鼢鼠俗称"瞎瞎"，属啮齿目鼠科鼢鼠亚科，喜食植物根系，对幼树破坏很大，"边栽边吃，常补常缺"造成严重的经济损失。主要防治技术：

（1）人工捕杀：春秋季鼢鼠活动旺盛时挖断鼠洞，鼢鼠对温度变化敏感，就会堵土封洞，可在交通道上设置捕鼠器捕杀。

（2）毒饵诱杀：选鼢鼠喜食的大葱、当归或洋芋作毒饵，拌入 10％的磷化锌或 1％的敌鼠钠，挖开交通道放入 5～10g 毒饵，将洞口封实即可。

（3）熏蒸法：磷化铝在潮湿的鼠洞内会分解释放磷化氢气体，从而毒杀鼢鼠。

（4）驱赶法：为保护一些重要地段，可将农家土坑中的烟煤或动物毛放入鼠洞内，可将鼢鼠赶杀。

（5）其他办法：栽树前用氟乙酰等药剂蘸根或在树根周围放一堆废玻璃渣，提前进行预防。

### （二）天牛防治技术

天牛属蛀干害虫，学名黄斑星天牛，主要为害杨树，常对该地区的北京杨、箭杆杨等青杨派树种造成毁灭性破坏。食料短缺时，还危害新疆杨、旱柳、苹果、榆等树种。主要防治技术：

（1）人工捕捉：6 月下旬～8 月上旬，刚刚羽化的天牛成虫破洞而出，成虫经过食物补充期、交配期、产卵期之后而死亡。在此期间发动中小学生捕捉未产卵的天牛，林业部门集中收购后统一销毁。人工捕捉的好处是：对环境不造成污

染；为贫困家庭的中小学生增加经济收入，解决上学费用；并培养群众尤其是中小学生的环境保护意识。

（2）人工砸卵：将害虫消灭在萌芽状态。

（3）熏蒸毒签：将毒签插入树干上的蛀洞中，杀死害虫。

### （三）野兔防治技术

近年来，随着天敌数量的减少和幼林地面积的增加，野兔数量成倍增长。生长季节啃食嫩枝，冬季啃树皮，部分幼树被啃食而死，特别在刺槐林、山杏林中表现尤为突出，对林地造成的危害不亚于鼢鼠。一般在重点地段进行人工捕杀、刷保护剂等效果较好。

（1）人工捕杀：可利用猎枪射杀，也可在兔子经常出没的道路上布网诱杀。

（2）刷保护剂：用猪血、黏土、六六六粉涂刷树干，可有效阻止野兔啃食。

# 第九章　山西生态脆弱区林业生态建设实践

根据不同的地貌、气候等自然特征，对山西生态脆弱区的黄土丘陵沟壑区、石质山区、风沙区林业生态建设分述如下：

## 第一节　黄土丘陵沟壑区林业生态建设

### 一、兴县"三北"防护林体系建设

国家"三北"防护林体系建设在山西黄河流域等地区实施以来，工程生态治理与促进农民增收的指导思想，使兴县这样地处黄土丘陵沟壑区的县份，走上了生态、经济同步发展的道路。

#### （一）工程建设概况

国家"三北"防护林建设工程自在兴县实施以来，已完成人工造林 2.08 万 $hm^2$，森林覆盖率提高了 7 个百分点，取得了显著的综合效益。土壤侵蚀模数比 1978 年下降了 $1000t/km^2$，有效地缓解了水土流失、沙尘暴等现象的发生，为农业稳产奠定了良好的基础。粮食产量稳步上升，城乡生存环境明显改善，工程区居民人均收入由 1978 年的 78 元上升到 2008 年的 2300 元。

#### （二）工程建设思路

兴县位于黄河东岸，地处晋西北地区，境内沟壑纵横，是山西水土流失面积最大的县份，十年九旱，可治理面积大，劳动力相当充足。

**1. 兴林富民并举，经济效益、生态效益可观**

兴县西部沿黄河 5 个乡（镇），自然气候条件适宜栽枣树，且有悠久的栽培历史，群众既有积极性，又有栽培经验。从 2008 年开始每年栽植枣树 $1300hm^2$，到 2010 年可完成 $4000hm^2$。如按 450 株/$hm^2$、10 年后以 10kg/株鲜枣，价格以 10 元/kg 计，10 年后这一地区枣树的经济收入为 1.80 亿元，人均收入可达 3000 元。同时，树冠郁闭后还可以起到保持水土和防风固沙的作用，可治理水土流失面积 $4000hm^2$。

兴县东山地区 4 个乡（镇），根据自然气候特点适宜栽植华北落叶松用材林。

密度按 1650 株/hm²、15 年后平均胸径达到 14cm，蓄积为 78m³/hm²，按出材率 60％，木材 1000 元/m³ 计算，每公顷收入为 4.81 万元。树冠郁闭后，又能起到水源涵养和水土保持的作用。

"三北"防护林建设工程还促进了生态旅游的发展。交楼申仙人洞、"四八"烈士纪念馆、蔡家崖纪念馆等旅游景点，结合工程建设配置五角枫、山桃、山杏等观赏树种，起到了美化景区和保持水土的作用。

将工程建设与社会主义新农村建设有机结合。针对农村居住分散，每家每户独处都有宽敞的院落，充分利用庭院及其周边土地，栽植适生且又有市场潜力的经济树种（红枣、水果等），既可起到绿化、美化、香化作用，又能提高农村经济收入。

**2. 主要保障措施**

（1）组织保障，地方落实配套、鼓励资金。

（2）技术与苗木保障

兴县现有各类林业技术人员 200 多人。现有国营苗圃 1 个、经营面积 6.67hm²，非国有零星苗圃 50 多个、面积 67hm²，种植有各种适合本地栽植的经济树种、用材树种、生态树种、观赏树种等，完全能满足"三北"防护林工程建设的需要。

（3）措施保障

①所有工程均要实行招投标制、报账制，管好、用好资金，保证工程质量。

②以集体林权制度改革为突破口，大力发展以民营林业为主的多种所有制林业，使林木所有者的责、权、利相统一，调动群众爱林、造林、护林的积极性。

③广泛宣传《森林法》、《环境保护法》、《土地法》、《森林防火条例》、《植物检疫条例》、《水土保持法》等有关林业的法律法规，提高人们的法律意识，加大对毁林案件的查处力度。严格奖惩制度，对工程完成好的乡镇领导、包工头、技术员进行奖励，完成差的要通报批评或者给予行政、经济处罚。

④大力推广应用先进实用技术，如 ABT 生根粉、容器育苗、地膜覆盖、径流模式等技术。

⑤培养和提拔一批爱岗敬业、实践经验丰富、专业知识强的林业干部队伍，生活中切实解决他们的实际困难，工作中大胆重用，充分调动他们的积极性，使他们能安心为林业作出更大的贡献。

兴县在"三北"防护林体系建设中，坚持建设生态经济型防护林工程，走出了生态、经济、社会效益协调发展的路子。

## 二、隰县生态经济型林业建设

隰县位于黄土高原残塬沟壑区，多年来该县立足县情，完善机制，已经走出了一条生态效益、经济效益和社会效益相统一的科学发展路子。隰县生态经济型林业建设主要做法：

### （一）立足县情，治土治水

隰县地广而植被稀少，荒山荒坡多，水土流失极其严重，再加上经济落后，要治穷致富，就必须立足县情、治土治水。以户包治理小流域为主要形式；以生态防护林、用材林建设为主要手段，加大经济林、用材林的比重；以经济效益带动生态效益，实现由单一防护林体系建设向生态经济型防护林体系建设的转变；封禁治理与荒山造林相结合，大户治理与专业队治理并举，农业调产与林业建设同步，调整产业结构，建设生态经济型林业。

### （二）因地制宜，塬、坡、沟综合治理

针对隰县境内沟道狭长，坡面陡峭，塬面残缺，梁峁交错的地形地貌，探索出一套适合于县情的生态经济型林业建设综合治理模式：塬面梨果园，坡面乔灌草，沟川粮菜田，牛羊全入圈，配套水路电，林地都确权。实现生态效益和经济效益相统一，林业建设与新农村建设相结合。先后治理了 13 条小流域，治理面积达 55000hm²。全县形成了带、网、片有机结合的防护林体系，塬面果树连片发展，其中集中连片 660hm² 以上经济林 6 处，330hm² 以上 8 处，66hm² 以上的 50 余处，33hm² 以上的 150 处。

### （三）依靠科技，提高质量

（1）建立健全林业科技服务体系

隰县组建了林业科技服务站、果树服务中心、干果服务中心等服务机构，并设立了相应的站所，实行产、储、销一体化服务。

（2）加大林业技术推广运用

在育苗上，实施定点育、定向育、就近育和苗圃育的方法，引进优质干鲜果树种苗，对侧柏、油松等常绿树种采用容器育苗技术，嫁接苗木采用日光温室培育技术；在整地上，推行径流林业、水平沟、水平阶、鱼鳞坑、筑软埝等技术；在栽植上，推广运用容器袋、生根粉、根宝、蘸泥浆、截干造林、深秋栽植后埋土护身等栽植技术；在经济林管理上，普及覆盖林业、高接换优、修剪拉枝、梨果套袋、果树改形、爆破松土和病虫害防治等技术，提高了果品的产量和质量。

### （四）创新机制，促进生态经济型林业发展

（1）投入保障机制

在资金筹措上，国家、集体、农民及各种非公有制经济多渠道、多元化的投入资金，逐步由主要依靠国家扶持向国家、集体、个人共同投资转变，尤其是对农民自己投资的工程，政策上予以优惠、贷款上予以优先、权属上予以保护，有效地缓解了国家投资相对不足的矛盾；在资金使用上，统筹规划，将农、林、水、牧、路、电等各类工程集中安排，项目资金捆绑起来，集中投入林业重点工程建设，最大限度地发挥项目资金的合力效应。

目前，全县专业队已发展到 100 个，约 3000 人，是隰县林业生态建设的主力军。林业大户和典型示范户以承包、租赁、购买、股份等多种形式，开发"四荒"；林、果、草、药等间作，以短养长，滚动发展，加快了治理步伐；以乡镇为单位组织劳力，利用每年春、秋两季在村、道、沟、渠旁进行义务植树。

（2）政策激励机制

坚持"谁治理，谁开发；谁造林，谁所有；谁投资，谁受益"的原则，对承包"四荒"兴办的果园、林场、牧场，明确权属，归户经营，并可继承、转让和租赁，保证了开发治理者的合法权益，调动干部群众造林治山的积极性。在政策的激励下，全县共有 1800 户林果大户承包或购买，治理"四荒"13200hm²。

（3）监督管护机制

在工程质量监督上，对重点项目工程施工前公开招标，实行工程报账制和监理制，加强对工程各个环节的指导监督；主动吸收群众代表参与工程规划、施工、验收、决算的全过程，增加透明度，提高治理标准，保证了工程建设的质量标准。在管护上，对所有造林绿化工程进行确权发证，明确管护主体，归户管理，建立健全了管护网络，责任明确，管护到位。

隰县树立生态经济的理念，多年来，通过艰苦奋斗，创新机制和科学的措施保障，取得了良好的综合效益：

①生态效益：28 年来，全县完成造林 45300hm²，占规划任务的 128%。其中：荒山造林 28700hm²，营造经济林 16700hm²，"四旁"植树 620 万株，治理水土流失面积 55000hm²。与 1978 年相比，土壤侵蚀模数减少了 1320t/km².a，地表径流减少了 26.8%，泥沙拦蓄率提高了 32.5%，森林覆盖率由 11.7%提高到了 32.3%。

②经济效益：2006 年，全县农业总产值和林业总产值分别达到 $3.70×10^8$ 元和 $8.74×10^7$ 元，分别比 1977 年增长了 44.6 倍和 141.6 倍。农民人均林果收入 1350 元，占到全县农民人均纯收入的 68%。林果业已成为农村经济发展和群众增收致富的第一主导产业。

③社会效益：由于生态环境得到改善，全县种植了粮食高产作物 6700hm²，瓜、菜等经济作物 7000hm²。建立了干、鲜果生产基地 3300hm²，发展了 1000户绒山羊种草圈养户，形成了农、林、牧比重合理，短、中、长效益兼顾，互补互促，协调发展的产业开发格局。依托规模化梨果生产基地，创建了年加工能力 10000t 的天天饮料公司；还兴建了临汾西山果品批发交易中心，并建起规模达 10000t 的果品恒温储藏库，加快了全县林果业的产业化步伐。

## 三、偏关县森林健康经营

偏关县地处黄河中游黄土丘陵沟壑区，属干旱和半干旱地区，水土流失面积为 6.62×10⁴hm²，占全县总土地面积的 40%。山西北部著名的水利枢纽万家寨水库位于偏关县，因此，该县森林主要功能是水土保持，森林经营功能定位为水土保持林。

从森林健康经营的角度来看，要使偏关县林木、林分和森林生态系统的配置达到结构和功能的一致，必须因地制宜，以持续提高生态功能为导向，以植被恢复、保护与经营为手段，实现森林的三大效益的有机结合。针对主要植被类型采取相应的植被恢复与保护措施。

### （一）油松林

油松主要分布在山丘区，多为中幼龄林。30a 左右的油松生长较好，幼龄林和未成林生长较缓慢。对于立地条件较好的人工油松林，通过抚育间伐，调整林分密度，伐除密度大、长势差、干形不良的单株，使伐后林分密度合理，给保留下来的健康单株提供充足的光照、水分、土壤养分，促进其生长发育。

### （二）杨树林

杨树主要分布在平川以及山丘下部，片林多为 20 世纪六七十年代营造的小叶杨。因立地条件差，气候干燥、寒冷，生长缓慢，形成了小老树林，经济效益不佳。对于立地条件较好的地段，择伐已经死亡、生长衰退的杨树个体，在伐区及林窗中补植乡土经济林树种，使之形成混交林；而对于立地条件恶劣、林下植被较少的杨树林分，采取长期封山育林措施，并适度在林下营造灌木树种，以灌养阔，恢复优质速生阔叶混交林。

### （三）灌木林

人工灌木林主要有柠条、柽柳、杞柳等。柠条在偏关县有近百年的栽培历史，梁峁、沟坡、沙地均有生长，是优良的固沙植物和放牧饲料。不少乡村的田边、地埂上还栽植有柽柳，河滩还栽植有少量杞柳。对于土层深厚、林下植被稀少并以草本为主的灌木林地，应进行带状改造，带内种植油松，将现有灌木林改造为乔灌混交林；对于土层较薄、林下植被以禾本科等草本为主的灌木林地，应进行封山育林，恢复形成密度大、盖度大的植被地带，有效防止水土流失，改善当地生态环境。

总之，以保护生态为前提，在恢复与重建的林业生态建设中，要提高植物群落的稳定性和多样性，同时注重林分的经济性。

## 四、中阳县小流域植被恢复治理

作为国家林业局科技支撑项目，2003～2005 年中国林科院在中阳县宁乡镇小枣林流域、武家庄镇上庄流域、下枣林乡霜降沟流域，通过科学实验，总结出一套符合黄土丘陵沟壑区植被恢复实际的科学实施方案。在实施区推广先进适用的科技成果，提供植被快速恢复的配套技术；结合科研选育优良生态经济林和经济林新品种，发展不同的林业立体经营模式，探讨该县新的经济增长点和产业化发展途径；造林成活率、保存率分别达到 90％和 85％；示范区植被覆盖率提高到 65％，局部生态环境条件得到明显改善；示范区人员的技术培训率达到 95％以上。

### （一）实施区概况

中阳县地处晋西吕梁山中段西侧，属晋陕黄河峡谷的黄土丘陵沟壑区，沟壑密度达到 $34～51km/km^2$。全县的泥沙 96％来源是黄土丘陵沟壑区，主要以面蚀、沟蚀为主，其次为黄土丘陵坡的滑坡。水土流失造成坡面吞蚀，沟岸扩展，农田被毁，使本来破碎的地形更加支离破碎，沟壑纵横，道路被切割，危害极大。中阳县是典型的农业小县，也是全国贫困县之一。属暖温带大陆性气候，春旱是该县的主要自然灾害。西部黄土丘陵沟壑区生态环境最为恶劣，地表破碎，梁峁交错，沟壑纵横，自然植被稀疏，坡耕地随处可见，农业生产水平甚低。

### （二）植被恢复

**1. 筛选优良树种**

①经济林新品种有扁桃、仁用杏、优质核桃等。②园林绿化树种有白皮松、丁香、火炬、红瑞木等。③生态林乔、灌木树种有沙地柏、沙棘、樟子松、油松、侧柏、刺槐、沙枣、元宝枫、杨树类、山桃、山杏、柠条、紫穗槐等。

筛选出高效节水抗旱生态林树种有柠条、侧柏、樟子松、元宝枫、栓皮栎、黄栌、油松、山桃、山杏、白榆、沙枣、紫穗槐等。

**2. 治理情况**

新造林分 $667hm^2$ 〔刺槐、油松混交 $226hm^2$；油松、元宝枫混交 $93hm^2$；油松、紫穗槐混交 33hm²；油松林 92hm²；山桃（山杏）103hm²；核桃林 53hm²；沟边固土防蚀林带 67hm²]；植被恢复区建设 1687hm²（栽针保阔 58hm²；经济林补植 213hm²；低效林改造 887hm²）；引种试验 33hm²（白蜡、红瑞木、药材等）。

**3. 示范推广治理模式**

（1）典型植被人工造林更新技术模式

①核桃、仁用杏高效经济林模式 2 种；

②山杏、山桃水保经济林模式 2 种；

③侧柏、油松低效林改造模式 2 种；

④沟缘柠条等灌木固土防蚀林模式；

⑤刺槐×柠条、沙棘×柠条、油松×元宝枫、油松×紫穗槐、侧柏×紫穗槐水保生态林模式。

（2）退耕梯田高效经济林建设模式

包括核桃、仁用杏共 2 种高效经济林造林技术模式。

①适宜立地类型：适合于土质相对较好的退耕条田，通过"回字漏斗形"整地措施，建立高效经济林果园。

②树种选择及配置：树种为核桃、仁用杏，株行距 3m×6m 或 4m×5m。

③造林技术措施：经济林采用反坡梯田整地，栽植穴规格为 40cm×40cm×40cm，熟土回填，施足底肥，栽植时一次性浇足水。

（3）退耕缓坡水土保持经济林建设模式

包括山杏、山桃水土保持经济林 2 种造林技术模式。

①适宜立地类型：适合于地形较平缓的坡地，或坡面整齐、面积集中、水肥条件好的退耕地内。

②树种选择及配置：选择的树种以山桃、山杏为主，株行距 15m×2m。

③造林技术措施：大坑整地，宽深均为 1m，回填熟土，施足底肥，提前一个雨季整地，蓄水栽植。

（4）宜林荒山荒坡荒沟水土保持林建设模式

包括刺槐×柠条、侧柏×柠条、油松×元宝枫、油松×紫穗槐、侧柏×紫穗槐水土保持生态林 5 种造林技术模式。

①适宜立地类型：适应于荒坡、荒沟、撂荒地和难利用地。

②树种选择及配置：因地制宜建立高质量的水土保持林，在坡面比较整齐的地块，采用水平沟整地，或在坡面地形破碎地段采用鱼鳞坑整地。营造带状乔灌混交林，或乔灌块状混交，栽植树种：油松、刺槐、柠条等，乔灌混交树种有：

刺槐×柠条，配置方式为刺槐 2 行、柠条 5 行；油松×元宝枫，配置方式为油松 3 行、元宝枫 3 行；油松×紫穗槐，配置方式为油松 2 行、紫穗槐 2 行。

③造林技术措施：坡面较整齐地段采用水平沟，地形破碎地段采用鱼鳞坑。提前一个雨季整地，雨季栽植，整地要确保活土层厚度，以利多涵蓄水分，要注意保护好原有灌草植被。

（5）未成林地、疏林地、低效林改造更新模式

示范推广侧柏、油松低效林改造更新 2 种技术模式。

①适宜立地类型：对难以成林成活的新造林地、疏林地和有林地内，实行栽针保阔、封育补植和低效林改造等植被恢复措施。

②树种选择及配置：以侧柏、油松为主，株行距 2m×2m。

③更新改造技术措施：采用鱼鳞坑整地，因地制宜，见缝插针，注意保护好原有植被。

（6）侵蚀沟边缘灌木固土防蚀林建设模式

示范推广柠条（沙棘、紫穗槐等）灌木造林技术模式。

①适宜立地类型：为防治崩塌、浅层滑坡，规划在崖边线、沟沿线等坡度发生急剧变化的地段营造"锁边"林。

②树种选择及配置：沿侵蚀沟边缘密植 4～6 行柠条、沙棘或紫穗槐，株行距 0.4m×0.5m。

③造林技术措施：截流沟距坡折线约 5m，以防径流浸透土体，导致崩塌或滑坡。

### （三）建设成效

（1）选择出多个乡土树种与引进树种，并以小流域为单元提出不同树种在区域空间上的配置模式；

（2）以小流域为单元，按照地形部位不同分别提出了 5 种水土流失区综合治理模式；

（3）按照不同立地条件和不同树种的生物学特性，提出了 16 种生态经济型防护林体系建设模式。

（4）提出了以抗旱树种选择为基础、以提高降水利用率为核心，以"集水"、"贮水"、"保水"和"节水"为主要措施的系列化抗旱造林技术和组装配套模式。

（5）建立了以生物措施为主的水土流失综合治理试验示范区，示范推广适宜黄土丘陵沟壑区的造林树种、节水抗旱造林技术、防护林体系营建综合配套技术和治理模式。

# 第二节 石质山区林业生态建设

## 一、神池县石质山地爆破整地造林绿化

### （一）技术推广应用

爆破整地是将爆破技术应用于造林整地的技术。经过多年的摸索，爆破整地在技术上不断有新的突破，如尝试了压缩药包爆破法，既增强了操作的安全性，又有利于树木根部的生长和水源的补给；应用"风镐"整地，减少了资金投入，也使得操作更加安全；把小管出流式或多点出流式节水灌溉系统应用到爆破造林工程中，使得林木得到生长所需水分、养分的同时又提高了水资源利用率。我国北方大面积、成功地把爆破整地技术应用于生态造林的为北京市，该市爆破整地始于1990年，到目前已应用爆破整地完成造林1.34万hm²，树种涉及侧柏、油松、黄栌、元宝枫等。山西省在爆破整地方面尝试不多，仅在太行山区进行过小规模试验，像神池县一次爆破整地近134hm²尚属首次。神池县爆破整地的成功经验，为山西生态脆弱区内石质山地推广应用爆破整地技术提供了借鉴。

### （二）造林地点

神池县位于山西省西北部，属于温带大陆性季风气候，冬季漫长而寒冷，春季干旱且多风。由于多年的水蚀、风蚀作用，使县城东面的界东山和西面的西海子山成为岩石裸露、寸草不生的极端困难立地类型。本项目造林分为两大片，一片是县城西部环西海子西部、北部的浅山，坡度20°左右，岩石裸露，个别有土的地方土层厚度约为5cm左右，岩石为石灰岩，面积约180hm²；另一片位于县城东部的界东山，也属于浅山，立地条件与西海子造林地相似，面积为153hm²。

### （三）施工方法

（1）布点：根据地形和位置的不同，分别以株行距2m×3m、3m×4m和6m×6m进行了布点。

（2）打眼：利用空压机在区划好的点位打眼。初开始打眼的深度为60cm，结果爆破后，只形成一个簸箕形，达不到整地深度要求。之后，把打眼的深度改为1.20m，这样爆破后可以形成80cm深的坑。

（3）装药：根据民爆物品管理办法规定，所用炸药必须由专车拉运，专人负责，且由具有从业资格的专业技术人员负责装药。根据爆破深度、石质结构和地

理位置等掌握炸药用量，一般每坑用量为 400～600g。

（4）爆破：爆破的关键是安全问题，要求施工现场设立明显标志。采用煤矿用瞬发电雷管，以串联方式接线，一次爆破 50 处左右，最多一次能爆破 110 处。

（5）整坑：人工将炸出周围的石块捡回并将坑内松动石头取出垒石整坑。根据所栽苗木大小，分别按 100cm×100cm×100cm 和 70cm×70cm×70cm 的规格整成鱼鳞坑，坑壁厚 30～50cm。

（6）防漏水：整好的坑底和坑壁主要是石块，极易漏水，所以要在坑底和内坑壁适当铺垫草袋。草袋在回填土后形成具有通透性和保水性的防漏层。在实际操作过程中，也尝试过其他的防漏材料，如塑料薄膜，但事实证明利用草袋效果最佳，而且草袋还可以腐烂成为有机质，改良土壤。

（7）客土回填：山上没有土只能用客土，将客土拉至可以到达的地方，然后采用人工或塑料管顺坡将土填到坑内。

（8）栽植：苗木选择 2m、1m、1.50m 高的带土球油松苗。栽植时使用保水剂、生根粉适量处理。栽植后灌足水，坑表面用石片覆盖，之后根据降水，适时浇水两次。

需要采用爆破整地的地方往往也是缺水的地方，爆破整地后应配合应用其他抗旱造林技术，如滴灌、覆盖、抗旱保墒材料应用等。

**（四）适用范围**

爆破整地的高投入（每栽 1 株大苗需要 150 元左右）和高风险决定了使用该技术的范围，要量力而行和突出重点。在一些确实需要绿化的地方，如环城绿化、公园建设、公路沿线石质山绿化等特殊地段采用爆破整地较为合理。如果目的是为了发展经济林，只能在片麻岩、砂岩、闪长岩等易风化的母岩为主的山坡地上进行爆破。坡度<15°的，可以实行密度稍大一点的爆破；15°～25°的实行稀疏的隔坡爆破整地，以增加坡面的稳定性；>25°的坡地，以点缀式爆破整地。

## 二、偏关县矿区植被恢复

在山西生态脆弱区，一方面自然条件恶劣，另一方面采矿业对生态环境造成严重破坏，出现地表沉陷、地下水位下降、水土流失和土地沙化等问题，严重影响了矿区和周边群众的生产、生活和经济社会的可持续发展。因此，加强对矿区植被和生态系统的保护，恢复矿区植被，改善矿区生态和人居环境十分必要。

**（一）影响矿区植被恢复的因素**

（1）自然因素

偏关县地处晋西北干旱、半干旱区，降水量不足，年降水量只有400mm左右，且季节分配很不均衡。蒸发作用强烈，导致雨季也常出现严重伏旱现象，刚栽植或萌出不久，木质化程度低的幼苗，往往无法度过高温而干旱致死，已成活植株也出现严重枯梢，生长受到极大限制。由于山高、坡陡、平地少，径流速大，加之土壤持水量低，降水入渗少而流失多，所以有限的降水量中能被植物利用的比例很小，且被利用部分通常只能起到暂时缓解干旱、维系植株生命的作用，却远远未能达到植物生长所需的水分。

（2）人为因素

由于干旱、半干旱区人民普遍贫困，人类对土地的依赖性极强，导致长远利益和生态效益常常被忽略，人对环境的干扰强度大。人为因素对环境的干扰和影响具有一定的特殊性，主要表现在两个方面：①过度放牧、樵采、挖山烧砖、开采矿石等不合理的利用方式。②陡坡开荒垦植和顺坡种植是植被破坏和水土流失最主要的原因。开垦后的陡坡耕地水土流失加剧，造成土壤表层被严重破坏和流失。

**（二）矿区植被恢复措施**

偏关县境内沟壑纵横，梁峁起伏，地形支离破碎，煤矿和铁矿都建在沟岔里，因沟岔狭小，必须占用周围的土地，所以对矿界范围生态破坏严重。至2007年底，偏关县煤矿区、铁矿区、灰岩类总面积5406hm²，其中煤矿区占地面积及周边受影响的区域面积为1070hm²；铁矿区为4330hm²；灰岩类为6hm²。

偏关县矿区植被恢复的长远目标是增加造林面积，提高森林覆盖率，完成两大矿区（煤矿和铁矿）及关河线石料厂的造林绿化，使两大矿区和关河线石料厂周边环境得到有效整治。以建设较完备的矿区林业生态屏障为目标，以防沙治沙、控制水土流失和沉陷为重点，初步建立比较稳定的森林生态体系，实现改善生态环境与促进地方经济可持续发展的格局。

（1）植物选择

矿区生态恢复既要考虑生态的持续性和稳定性，也要考虑当地经济发展水平和状况。在选择植物时，要考虑被选树种应具有较强的抗旱、抗风、抗寒、抗贫瘠、少病虫害等抗逆性能；具有根系发达、固坡能力强的特点；叶、冠生长要旺，绿化和覆盖地表要快；先锋种和建群种相结合，群落功能相辅相成者优选。针对风沙、水土流失危害的现状，突出柠条等灌木先锋树种的主体位置，因地制宜地营造乔灌混交林、灌木固沙林、灌木水保林、针阔混交林，选择油松、落叶松、樟子松、侧柏、沙棘、新疆杨等乡土树种。

（2）植物配置

配置方式主要以功能要求、种间关系、边坡立地条件、地理位置、栽植技术及管理水平等而定。配置时一般考虑到要快速绿化、层次分明、整体景观佳、先锋种、建群种、造景品种相结合。

煤矿区和铁矿区大坑整地，规格为：100cm×100cm×100cm；树种配置主要有油松（樟子松）、垂柳、新疆杨及柠条、丁香、连翘、刺玫、榆叶梅等；苗木规格为：油松（樟子松）高1.5m的定植大苗，垂柳、新疆杨胸径需达4cm以上，丁香、连翘、刺玫、榆叶梅等花灌木高需达1m以上，柠条为2a生苗。栽植模式以油松（樟子松）、垂柳、新疆杨为主，株行距4m×4m，行间配植不同种类的花灌木，株距2m，一片一景。

关河线灰岩类以油松、沙棘为主。油松苗高1m，整地规格为鱼鳞坑80cm×60cm×40cm，株行距为4m×4m. 行间配植沙棘，株距2m；沙棘为2a生苗，整地规格为小穴60cm×40cm×20cm。

（3）新造林管护

矿区植被恢复的栽后管护主要是突出水土保持的生态效益，其目标是建成以乔灌木为主体的植物群落。因此，在管护上可以通过肥水管理和修剪等措施，促进乔灌木发育，并限制不良草本植物的生长。乔灌木和草本植物对营养的需求不同，施肥时可通过调整营养元素的配比来加以控制。如灌木的根系深，草本的根系浅，灌木对磷肥的需求量大，草本较少，可将磷肥深施，促进灌木发育生长。

（4）固体水造林技术应用

固体水造林技术在干旱缺水、按照常规造林方式造林成活率低的地区应用，其总体成本低于常规造林和用覆盖措施进行造林的成本。在需要尽快进行植被建设、恢复生态环境的地区应用固体水技术进行造林，可提高造林成活率20%～30%，特别是对于乔木树种，其效果更加明显。同时，固体水造林还有固土、保水的作用，可促进林木成活及林下植被的生长。

### 三、吕梁石质山生态治理模式

吕梁石质山区主要分布在宁武县、五寨县、苛岚县、交城县、文水县、娄烦县、古交市、蒲县、吉县、乡宁县和省直管涔林局、黑茶林局、关帝林局、吕梁林局。根据自然条件特征，可采用以下三种模式。

### （一）全面封山育林自然恢复模式

岩石裸露率在70%以上的石质山区，土壤极少，土层浅薄，多以砂粒、石粒为主，人工造林将会造成新的土壤侵蚀，使仅存的少量土壤流失。土壤一旦流失，岩石裸露，很难再恢复植被。因此，对此类地段必须采取全面封禁的措施，严格禁止采伐、砍柴、放牧、割草等一切不利于植被恢复生长的人为活动。通过封禁，促进土壤有效积累，促进植被自然恢复，逐步恢复形成乔灌草相结合的植物群落。

### （二）人工促进封山育林恢复模式

对岩石裸露率在50％左右的石质山区，主要采取天然更新和人工促进相结合的措施，按照"栽针、留灌、补阔"的基本思路，在尽量保留原有植被的基础上，结合人为措施进行补植、补播，同时加强森林防火和病虫害的管理和控制，提高林分质量和林分生产力。根据适地适树的原则，选择适合石质山造林的树种如油松、侧柏、刺槐、火炬等，采用容器苗或裸根苗，穴状或鱼鳞坑整地造林。同时，应该充分挖掘乡土树种资源，适当引进外来树种，加快和提高该地区人工促进封山育林的速度和质量。

### （三）小流域综合治理模式

小流域综合治理方式，以小流域为单元，将工程措施、生物措施和农业技术措施相结合，实行山、田、林、路综合治理。通过山顶植树、封山育林育草，山腰坡改梯田，梯田地栽种干果经济树、绿肥、牧草，山下搞田园多种经营等治理办法，集生态、经济、社会效益于一体，全面综合治理。

## 四、大同东部土石山区劣质立地造林

大同东部土石山区主要包括山西生态脆弱区的天镇、阳高、大同，浑源、应县、广灵、灵丘等县。生态条件恶劣，环境破坏较为严重，气候干旱、土壤贫瘠且土层薄、有机质含量低。由于开荒种地、过度放牧、不合理的种植结构和刈割、采石等的干扰，山区植被退化为不同演替阶段的次生植被，甚至退化为原生裸地。20多年来，通过国家和省级工程造林进行植被恢复，形成了一系列较为完善的土石山区劣质立地造林技术。

### （一）建设区条件分析

（1）降水量小，蒸发量大

大同东部土石山区光热充足，属于半干旱地区，降雨主要集中在7月份至9月份，占全年的60％～70％，年均降水量为386～430mm，但年均蒸发量在1600mm以上，约为常年降水量的3.9倍。

（2）土壤瘠薄，岩石裸露，水土流失严重

土壤多由石灰岩、花岗岩、片麻岩风化母质发育而成，主要种类为栗钙土和黄褐土等、养分贫乏、结构不良，石砾含量大，经常有岩石裸露，加之该区雨量集中，常为暴雨，植被稀少，常形成水土流失。水土流失导致表土丧失，土壤理化性质恶化，土地生产力不断降低。

一般低海拔山区，半阳坡、阳坡、土层厚度 30cm 以下，植被盖度 0.5 以下的干旱草灌坡，均划为劣质立地类型。其特点：一是干旱土壤含水率低，频繁出现土壤失水临界期（7.0% 以下），且每次持续时间较长；二是土层薄，有的只有岩石风化物，砾石的比例大；三是林木、草、灌稀疏，生长不良。但在劣质立地中，也存在着条件较好、适宜造林的地方。如山脊附近比较平缓，水、土、光、热条件适中，还有坡脚、崖塄上下的缓坡地、小阴坡和黄土残塬迹地也有相似的特点。

（3）资源贫乏，生活水平低

老百姓对土地依赖性很强，靠天吃饭，广种薄收，忽视长远利益和生态效益。比如在灵丘，由于煤价的上涨，农民只能依靠砍柴供暖，在短短 3 年中农民的砍柴和放牧活动将某一山坡的植被全部破坏。广灵县是传统的农业县，尤其是山区，开荒种地严重，挂坡地到处可见，多年来，放牧、樵采、挖山烧砖及陡坡开荒等人为因素对自然资源的破坏，形成了贫困与破坏之间的恶性循环。

（4）造林成活率低

由于土壤贫瘠，年降水量少，降水季节分布不均，春旱严重，水分成为树木生长的主要限制因子，加之造林技术措施不当，造林成活率和保存率一般都很低。有些地块由于树种选择不当、造林方法不对、经营管理跟不上等原因，导致多次造林不成林，造成财力、物力的巨大浪费。

（5）低产林比例大

由于许多树种生长在不适宜的立地类型上，林分质量差，林木生长缓慢，形成了低产林，不仅生态

效益较低，而且也难以产生一定的经济效益，从而影响了老百姓植树造林的积极性，造成时间、空间的巨大浪费。如灵丘北山附近的 30a 生人工油松林，树高仅 2m 左右，多数林分都变成了"小老头"林。

**（二）造林技术措施**

在劣质立地造林其基础是土，中心是水，关键是水分平衡。一切措施要围绕水做文章，以使造林获得更好的效果。

（1）选择耐旱树种

在劣质立地上造林，要增加适应性较强的针叶树比例，因为针叶树的蒸腾量远比阔叶树低，所以消耗水分相对要少一些。在低山半阴半阳坡、阳坡，应该首先考虑将侧柏作为主要造林树种。因为侧柏75％的营养根系分布于20～40cm的土层中，根系重量比油松多1/3，而单位叶面积所消耗的水分又比油松少1/3以上，故对大气和土壤干旱有较强的忍耐力。但在海拔高于1300m以上的地区，不宜选用侧柏。可选用油松，油松有很强的耐旱性、适应性。但是多年的造林经验证明，油松适宜阴坡、半阴半阳坡，在阳坡上长势不及侧柏。

（2）培育抗逆性强的健壮苗木

苗木大小和质量高低直接影响造林成活率，也影响次年保存率和初期生长量。为了培育矮、壮、粗、根系发达的壮苗，要坚持苗木移植换床，并且换床时要进行截根处理，以促生大量侧根，增强苗木的抗旱性。针叶树用2a生苗龄的壮苗造林。另外，在培育苗木的过程中要对苗木的耐旱性进行锻炼，在土壤水分能够保持苗木正常生长发育的前提下，造林前一年应尽量少浇水，也不要大量追施氮肥。在阳坡等立地条件较差的地方造林，应该首先选择容器苗木，这样造林后可以缩短苗木的缓苗期，以增加当年的生长量及营养贮备，提高次年的保存率。要坚持就地育苗就地栽植，苗木经过耐旱性锻炼根系易于保护。

（3）改善造林地水分条件

劣质立地影响造林效果的矛盾主要是水分，大面积的工程造林多不能浇水，因此，要千方百计地利用天然降水。坚持细致适时整地，充分拦蓄降水，减少无谓蒸发，改善栽植穴土壤水分状况，尤其是雨季或秋季预先整地，经过一段时间的蓄水保墒，效果会更好。据山西省水土保持科学研究所测定，鱼鳞坑整地比坡地减少径流74.10％，减少冲刷量83.10％。水平沟整地基本上可以拦阻全部地表径流。根据山西省林科院实地试验，采用鱼鳞坑整地或水平沟整地（图9-1），土层30cm处的含水率可以提高4％～6％，造林成活率提高了20％～30％。所以干旱地区造林前必

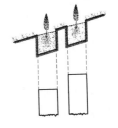

图9-1　水平沟整地示意图

须整地，还须达到一定深度，这对提高造林成活率至关重要。整地方式由实际地形确定，但是无论何种整地方式，都要做到生土筑埂、表土回坑、杂物捡净、坑土疏松、干土上盖、拦截径流以增加蓄水、减少蒸发。整地时间一般在7、8、9三个月，这时已经进入雨季有利于蓄积天然降水。

（4）掌握土壤湿度适时造林

劣质立地造林时间要改变以往以春季为主，秋季次之，雨季最少的传统习惯。要以雨季、秋季造林为主，春季为辅。雨季造林，关键在于抓准时机，突出一个"抢"字。在6月下旬至7月中旬，下过一次或两次透雨后，在土壤含水量基本上达到饱和的情况下，抓住阴雨连绵的天气，抢墒进行雨季造林。秋季造林以土壤冻结前栽植为宜。只要科学合理地掌握了适宜造林的外部环境，适时进行造林，就可以有效提高造林的成活率。

（5）合理运用栽植技术

①严格保护苗木根系，尽量减少苗木失水，做到起苗时不伤根、运输中苗木要打好泥浆、栽植时要坚决杜绝窝根现象。

②栽植前要浸根。栽植前要对苗木进行根宝液或 ABT 生根粉处理，使苗木组织充分吸水，促进根系生长。

③栽植用直壁靠边法，严格执行"三埋两踩一提苗"的技术规程。

④适当深栽。埋土时要适当比原地径深3～5cm，使苗木根系能够吸收到土壤深层较多的水分。

⑤接墒造林。就是将栽植穴表面的干土全部铲去，把苗木栽植在较深的湿土层中，这样不仅可以利用土壤深层水分，还可以解决土壤深厚氧气不足、温度低的问题。

⑥苗木要进行分级，确保壮苗栽植。苗木从起苗到栽植，要注意每一环节的保护工作，力求做到时间短、不伤根、不伤茎（顶）、不曝晒。

⑦覆盖石片遮阳造林。其方法是在春季造林时，在已经预整好的树坑内挖25～30cm的深穴，将幼苗栽入穴中，并且做到"三埋两踩不窝根"。幼苗栽好后，在坑的外沿修好树盘土埂，最后在幼树周围压上4～6块石片。这种做法可以就地取材，减少土壤水分蒸发。据调查，盖石与不盖石相比，在土层10cm深的范围内，失墒时间相差21d左右。

⑧地膜覆盖造林。根据整地坑的大小，将农用塑料薄膜剪成比整地坑面积大1/3的方块或者圆块，栽树以后，覆盖在植树穴面上（露出幼苗）。要注意塑料薄膜周围一定用土压实，防止刮风被吹走。造林前要浇足底水。这种造林方法的好处：一是可以增加土壤温度，二是可以保持和增加土壤湿度。盖膜后防止了土壤水分的蒸发，据测定，盖膜与对照相比，可增加土壤湿度17%～30%。

⑨埋冠植苗。这种方法适用于栽植油松。具体做法是，将栽好的树苗慢慢压倒，用湿润的细土把树冠全部埋住，埋土厚度8～10cm。翌年5月上中旬春季干热风过后、幼苗开始发芽时，将土堆扒开，扶正苗木，把土铺平，整好树盘。

### （三）管护措施

（1）适时抚育

幼林抚育的主要目的是给幼树创造良好的生长环境。抚育作业，一是抓住最佳作业时间，要求在7～8月份全部实施。二是抚育措施要到位，造林后第一年抚育以修穴、除草为主，第二年、第三年抚育以割灌、除草为主。作业时，一定要精心细致，坚决杜绝漏抚、伤苗、盖苗、措施不到位等情况的发生。

（2）封山培育

在生态脆弱地区封山育林十分重要和有效。要做好长远规划，做到集中连片、区域治理、封育结合。依据封育区条件，确定封育类型、封育方式、封育年限、封育措施。按照以封为主、封育结合的原则，实行建站管护、签定责任、拉网垒墙、封死沟口，避免牛羊践踏，给苗木创造良好的生长环境。

总之，在上述一系列的技术环节中，每个措施都会起到应有的作用，但是决不可认为只要采取单一措施或几个措施，就能完全解决问题。必须在每个技术环节上都做到位，才能提高造林成活率、保存率，使生态脆弱地区的植被逐年得到恢复。

## 第三节　风沙区林业生态建设

### 一、山阴县林业生态建设阔步前行

地处雁门关外的山阴县风沙侵害频繁，生态相对脆弱，是国家京津风沙源治理工程县之一。2003年来该县集中资金，实行专业队造林，新造林2.85万hm²，是过去保留面积的4.7倍。2008年被省委、省政府评为造林绿化先进县。

山阴县2002年只有林地0.60万hm²。为了加快造林步伐，改善植被稀少的恶劣自然环境，该县有效整合项目、整合资源，把有限的财力、物力、人力用于大工程、大项目。在项目实施过程中，整合了京津风沙源治理工程、小流域治理项目、县财政投资项目等多个重点建设项目，采取了"向上要一点、县里出一点、煤矿集一点"的工作模式以及多种有效措施。2007、2008两年全县累计投资1.5亿元，共完成成片造林1.19万hm²。

2002年开始建设的西山绿化工程南北长31km，宽3km，跨越安荣、岱岳和北周庄三个乡镇，已完成植树8000hm²。其中，西山森林公园南起凤凰山、北至黄羊坡，总面积 1220hm²，栽植樟子松 48 万株，油松 60 万株。侧柏 50 万株，山杏 10 万株，柠条、紫穗槐 270 万株，建设景点六处，公园顶部建游泳池两座，仿城墙外围更是别具一格，到目前为止，林木保存率达到 98％以上。

2009 年全县生态林业建设发展势头强劲，山阴县组织了 66 个造林专业队，派出 60 名技术骨干深入一线，投入植树造林大会战。共动用大型机械 3000 台次，每天出车 750 辆次，日出劳动力 1.2 万人次，一春天就完成成片造林 3800hm²。该县抓住大力扶持广武旅游开发区的良机，科学规划、加大投入、加快运作，以打造最佳旅游景区为目标，为山阴县打开一扇绿色窗口。近年来，广武旅游区先后完善了六郎城生态景区、内长城生态景区、五面坡生态景区、广武生态景区、汉墓公园景区、雁门关南出口等六大景区，工程总治理面积 2400hm²，栽植各类树木 300 万余株，投资 8000 多万元。目前，广武旅游区已初步形成了三季有花、四季常绿、春花秋果的精品景观区，吸引了大批国内外游客和考古学家。

## 二、国有林局京津风沙源治理工程造林管理

2000 年国家京津风沙源治理工程在山西启动以来，作为实施工程单位之一的山西省桑干河杨树丰产林实验局在人工造林、封山育林项目中，积累、总结出一系列影响造林成活率的关键造林技术和管理办法。

### （一）统一规划，规模造林

坚持"因地制宜、适当集中，重点突出、尽快见效"的造林规划原则，力求做到先易后难、先近后远。在林种设计上，以生态林、防护林为主；在树种选择上，以当地树种为主，坚持适地适树。工程造林做到集中资金、集中劳力、集中管理，确保栽一片成一片、造一片保一片。既保证工程建设的连续性，又有利于幼林管护。

### （二）建立科学的工程运行机制

把造林工程建设同职工致富结合起来，切实做到山上绿起来、职工富起来。把造林任务分片、分段按工程建设要求责任到人，全面推行职工造林。实施造林工程从整地、栽植到抚育管理等工序的"一条龙"作业，使林区职工既是生产者又是管理者。既能通过辛勤劳动取得相应的报酬，同时又要承担一定的风险。

依据现阶段林区经营情况，造林工程建设主要采取以下方式：

（1）基本工资造林工程：给予造林承包者适当优惠条件，把成活率与职工工资挂钩，使每一个职工都能通过自己的劳动取得基本工资保障。

（2）建立承包责任制：积极引入招投标机制，即先由林局与林场签订造林承包合同，林场再分解造林任务，分成若干造林片。鼓励有技术、有经验、有能力的职工，通过竞标承担造林工程，培养一批造林能手。

### （三）培养壮苗，规范造林用苗

（1）苗木是造林的物质基础，是造林成败的关键。苗木成活的制约因素主要有：一是生活力较强的苗木；二是较高的土壤水分；三是适宜的造林技术。

近年来，苗木已成为制约造林绿化速度和质量的主要因素。重点从苗木病虫害防治、施肥、灌溉等方面下工夫，培育大苗壮苗。

（2）造林用苗要坚持用大苗壮苗，苗龄为 2a 生或 3a 生。苗木必须达到国标规定的《主要造林树种苗木质量分级》和行业标准《容器育苗技术》的要求，即针叶树 3a 生，苗木高度≥20cm，地径≥0.50cm；灌木 1a 生，苗木高度≥30cm，地径≥0.30cm。

起苗前要通过认证，由森林病虫害防治检疫部门出具《植物检疫证书》，林木种苗站出具《苗木检验证书》和《林木种苗标签》（"两证一签"）。证件齐全方可进入造林地，弱苗及次苗不准进行造林。造林苗木尽量选用本地生产的，如果确实需要外调，其范围也不应超过 200～300km，确保苗木活性。

（3）采用大苗栽植，使幼树提早出灌，减少抚育。大力推广容器育苗，实施多季造林。职工造林客观上要求全年生产，并在整地或抚育作业的同时实施部分栽植作业。容器苗木不仅能满足多季造林，更重要的是容器可以保证苗木根系完整，对抗旱保活有利，是保证造林成功的重要措施之一。

### （四）依靠科技，提高造林技术含量

风沙区影响人工造林的限制因子是水分，因此，在造林工程建设中要全面推广抗旱技术。

**1. 整地**

整地是在造林前改善造林地环境条件的重要工序。整地时要严格按照设计的株行距进行，做到整齐美观，行正株匀。整地方式平川地区以穴状整地为主（详见图 9－2），规格为宽 40cm、深 40cm。生土作埂，熟土回坑。最好是在前一年的伏天整地，穴的南侧筑高、宽各 20cm 的土埂，可以起到局部遮荫作用。

**2. 苗木保护和处理**

（1）起苗尽量选择在上午 10 点前、下午 4 点以后，或阴雨天温度低、湿度大的时间。坚持随起、随装、随运、随栽，尽量缩短起苗到栽植时间。起苗前两天，必须对苗木浇水，还应做到起苗不伤根、运苗有包装、苗木根系不离水。

（2）防止苗木根系失水，要求做到：

①起苗开沟保护全根。起苗时先在苗木行一侧开沟，沟比苗木根系稍深，然后在另一侧用锹挖掘，保证根系完整；

②运苗带坨不干根。随苗木起出的土坨不要打碎，可以直接运往造林地；

③泥浆蘸根。苗木栽植前要用50mg/l生根粉、保水剂渗入泥浆，将苗木根系沾满泥浆，以促使幼苗正常生长；

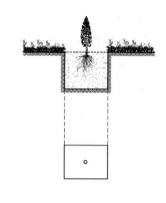

**图9-2 平川穴状整地示意图**

④苗木运输用铁皮箱或袋子包装运送；

⑤凡不能及时栽植的苗木，应在阴凉背风处开沟，按疏排、埋实的方法进行假植，然后浇水并覆盖；

⑥栽植时用桶提苗，桶内装水，水面要高于苗木根部，每次取苗要少，栽一株从桶内取一株，减少露根时间。

**3. 栽植**

（1）人工栽植主要采用小背阴直壁靠边法。栽植时要做到"三埋两踩一提苗"，栽后踏实。栽植穴呈反坡状，为雨季多蓄水做准备。

（2）栽植要求

①苗根舒展，严防窝根、露根；

②栽植点要选择在穴中央；

③裸根苗埋土至原土痕上部的1～2cm为宜；

（3）造林时间，以春秋季节为主，春季造林要早，秋季造林要迟；雨季造林要以容器苗木为主。

**4. 幼林抚育、管护**

坚持做到"造管并举、谁造谁管"。幼林抚育的目的在于为幼树生长创造良好的环境条件，满足幼树对水、肥、气、热、光的要求，是提高造林成活率和保存率的重要措施。幼林抚育要以松土、除草为主，同时要进一步修整穴面，作业后用草盖穴，防止水分蒸发。

由于林牧矛盾较大，牛羊践踏幼林、人为破坏及火灾时有发生。因此，要落实责任制，对于重点地段要死看硬守，保证造林成果。

**（五）造林工程检查验收**

制定严格的检查验收办法，组建质量检查验收机构，确保检查验收工作公正、公平、合理、准确。其内容以造林面积、苗木规格、各项工序作业的质量及数量、成活率（保存率）为主要指标。

（1）质量检查验收

检查整地、栽植、浇水、抚育等各道工序及苗木规格是否按照作业设计要求操作。用实测方法进行验收。

（2）数量检查验收

小班作业面积、栽植株数是否按照作业设计数量操作。采用 GPS 沿林地边界核对小班图测量小班面积，栽植株数与成活率采用样点法同步进行检查。验收数与设计数误差在±5％以内为合格，否则以实测数为准，所差数量按定额核减投资。

（3）造林成活率（保存率）检查验收

①样点法：采用走直线或对角线法测定。在一个小班，沿对角线基边界线内 100 米进行步测，每 100 米为一个样点，对样点内各种树种进行统计。

样点数量依据小班面积大小而定。3.40hm² 以下设 3 个样点，3.40～10.20hm² 设 8 个样点，10.20～20.40hm² 设 18 个样点，20.40～33.40hm² 设 26 个样点，500hm² 以上设 30 个样点。

②样行法：20m 长的行，针叶树数 10 株，灌木数 20 株。

### （六）造林工程资金管理

工程款项由具生态工程建设资质的山西省达华工程监理咨询有限公司根据检查验收结果拨付，款项拨付分预付款及进度款两种：

（1）工程预付款的拨付

由造林工程项目实施单位填写监理专门用表，表 A－1 实施方案报审表、表 A－2 施工进度计划、表 A－3 工程材料/种子/苗木报验单、表 A－4 单项工程开工报审表、表 A－5 工程预付款支付申请表、表 A－10 实施单位申请表。并附质量保证体系、组织设计方案、苗木的"两证一签"、进度计划、资金使用计划、工程项目造林合同书等。由省治沙办、监理部、局负责人签字后拨付当年投资的 30％作为工程预付款，用于起动资金，待验收后相应扣除。

（2）工程进度款的拨付

由造林工程项目实施单位填写监理专门用表，表 A－7 质量报验认可单、表 A－8 工程量报审表、表 A－9 进度款申请表、附表完成工作量统计取费报表、表 A－10 实施单位申请表。并附投资明细表、自检报告、自查统计表。由省治沙办、监理部、局负责人签字后拨付当年进度投资工程款。

## （七）造林工程档案管理

（1）造林工程建设时间较长，实行职工造林必须建立造林档案，内容包括：年度作业设计、1∶1万小班图、造林工程合同、野外调查表和汇总表、小班技术档案卡片、小班作业验收卡片、工程款项拨付手续、项目年度工作总结、自查报告及相关材料。对造林工程进行档案管理，建立档案系统，为施工作业、记录分析、科学研究提供完整资料。对工程项目实施的文字、表格等档案材料，全部纳入计算机管理。

（2）对每个作业小班，分类型、分年度严格记载造林、补植、抚育等，作为动态管理的基础数据。

## 三、风沙区林业生态建设中的先锋树种 ——沙棘

从规模数量上看，在山西生态脆弱地区沙棘为第一灌木树种，约有 16 万 hm²，这与其抗性强、生态效益高不无关系。

沙棘，又名醋柳、酸刺，系胡颓子科沙棘属落叶灌木或小乔木。其枝叶茂密，根系发达，生长迅速，抗干旱风沙、耐盐碱瘠薄，具有保持水土、防风固沙、改良土壤等改善生态环境的作用。沙棘以其独有的生物学、生态学特性，在干旱瘠薄的晋北、晋西北地区更显其优势，生态效益明显高于其他树种。

### （一）防风固沙，保持水土

在自然条件恶劣的晋北、晋西北地区，多数乔、灌树种难以成活和保存，而沙棘以其耐寒冷、耐干旱、耐盐碱、耐瘠薄，适应性广、生命力旺的特点，在山顶、山坡、丘陵、风沙区、沟谷、河滩等立地都能生长。其次，沙棘根系发达，萌蘖力强，生长迅速，可以起到防风固沙、保持水土的作用。人们形象地说，沙棘是"地上一把伞，地下一张网"。据调查，人工种植沙棘 3a 后开始萌蘖串根，平均每年水平扩展幅度为 1～3m，平均单株沙棘第二年可产生 10 多株根蘖幼树，通常 4～5a 后地面郁闭成林，地下根幅可达 10m。

全国造林绿化模范县晋西北的右玉县，依靠多年营造的 250 多公里沙棘护岸林，实现了地表径流减少 80%，表土水蚀减少 75%，风蚀减少 85%。每年可拦截泥沙 300 万～500 万 t，相当于全县水土保持工程拦沙量的 28%。

### （二）改良土壤，促进伴生植物生长

沙棘具有抗逆性强、繁殖能力强、固氮能力强等特点，可以起改良土壤的作用。沙棘根瘤菌多，有较强的固氮能力，而且有很强的培肥地力、改良土壤的作用。据测定，每公顷 13～16a 生的沙棘，每年可固氮 180kg，加上林地枯枝落叶

等增加的有机质，可以很好地改良土壤。另外，沙棘含有大量的酸性物质，可以中和土壤中的碱性，能改善土壤的性状和肥力状况。沙棘对乔木树种的生长有促进作用，且易形成稳定的复层林，多数乔木树种混交沙棘后，其生产量均显著高于对照立地条件下的相同林龄的纯林。所以在风沙区对现有林改造或新造林时，只要没有特殊要求，均应考虑混交沙棘，形成混交林。

### （三）经济价值高

沙棘全身是宝，具有很高的经济价值。化验分析表明：沙棘果中富含维生素C、维生素E、类胡萝卜素、多种氨基酸等，还有微量元素蛋白质等营养成分。沙棘籽中不饱和脂肪酸含量高达80%，18种氨基酸中人体必需的8种它都有，而且含量都很高。沙棘果含有12种人体必需的微量元素，其中以钙、铁、锌、钾、硒的含量较高，是加工功能食品、化妆品和营养保健品的珍贵原料。沙棘的叶子含有较高的蛋白质和多种氨基酸，饲料价值高，同时因为它萌蘖力强，生长迅速，是草场建设的优质植物。大量的沙棘资源可以解决生态脆弱地区的燃料、饲料和肥料的缺乏问题。

岢岚、右玉等县通过种沙棘、沙棘养畜和发展沙棘加工业，取得了良好效果，走出了一条适合当地实际的可持续发展之路，对促进农民增收和农村经济发展发挥了积极作用。岢岚县大面积的沙棘资源促进了畜牧业和农业的发展，成为山西养羊第一大县；右玉县大搞沙棘生态建设，不仅治理了水土流失，改善了生态环境，而且形成了资源优势。该县围绕资源优势搞开发、建基地、举龙头、重科技、强服务，全力推进沙棘产业化进程。自1990年以来，该县成立了20多家公司，以生产、销售沙棘饮料、沙棘油等产品为主，年产值1500万元以上，成为县域经济中新的经济增长点。

### （四）促进沙棘发展的措施

在山西省生态脆弱地区，要使沙棘在生态经济建设中发挥更大的作用，还需做好以下工作：

（1）出台鼓励政策，建立科学的投入经营机制，理顺投资渠道，加大投资力度，加快沙棘资源建设步伐。

（2）加大科技投入，提高科技含量，以企业品牌带动沙棘产业有一个更大的发展。科研与生产应紧密结合，建立科研、生产联合体。借鉴和引进国外优良品种、先进种植技术、先进生产加工技术，培育具有不同特性、用途，既适宜干旱地区生长，又有较高开发利用价值的沙棘优良品种。

（3）加大宣传力度，用市场手段引导广大群众投身于沙棘造林中。宣传沙棘产品、药品对人体的保健作用。激发广大山区、丘陵区群众种植沙棘的积极性，使沙棘在脱贫致富、搞活经济、改善生态环境中发挥出更大的作用。

## 四、晋北地区混交林营造

20世纪60年代，五寨县张家坪林场试验栽植杨树、柠条混交林，终因树种对水分竞争严重，互助作用不大而未获成功；省直林区在天然次生林区中，为了加快造林步伐，进行割灌、灭灌造林，认为次生林和灌木林是有林无材，一度陷入追求乔木纯林的误区。90年代后期，晋北地区从保护生态环境和树种多样化的角度出发，开始营造了部分混交林，保存下的已郁闭成林。2000年以后在退耕还林、京津风沙源治理等工程的作业设计和施工中相继推出了一些以乔、灌混交为主的混交种植模式。

### （一）营造混交林的尝试

晋北地区混交林营造是从调查对比开始的，逐渐发展至小片尝试营造。20世纪60年代初通过对河滩地上的杨树×沙棘混交林观察分析，发现沙棘对杨树生长具有以下良好作用：

①加速杨树的天然整枝。在沙棘林中，由于植物具有争阳光的特点，在沙棘混生包围中促进了杨树的高生长，树干通直，侧枝因不见阳光而死亡。据调查杨树树冠占树高的60％，这对培养高大用材林十分有利，同时也节省了人工抚育工作量。

②提高杨树的生长量。沙棘根上具有大量的根瘤，形成根瘤菌并吸收大气中的游离氮以提高土壤肥力，进而促进杨树的高生长，杨树的高生长是同龄纯林的两倍。

③由于沙棘根蘖性强，对林下杂草有明显的抑制作用，同时沙棘又可使杨树在幼林阶段免受日灼、狂风、沙打、践踏等危害。

### （二）营造混交林的实践

2000年以来，结合国家林业六大工程建设，晋北地区在营建混交林上进行了有益的实践：

①管涔、五台国有林区在天然混交林的基础上，营造华北落叶松×云杉混交林；

②左云县十里河沿岸，营造杨树×沙棘混交林；

③保德县营造油松×刺槐混交林；

④灵丘县土石山区营造侧柏×火炬树混交林；

⑤忻州市国有林场营造油松×元宝枫，油松×连翘混交林；

⑥偏关县营造杨树×柠条混交林等，均取得了小区域的成功经验。

### （三）"三北"地区推广的混交林模式

在"三北"防护林体系建设工程区，也推广了一些混交林模式：如油松×刺槐、油松×沙棘、侧柏×沙棘、刺槐×杨树、刺槐×紫穗槐、元宝枫×紫穗槐等混交林。朔州市在道路两侧营造由针、阔、灌多树种组成的50～100m的宽混交林带，形成稳定美观的绿色通道。

在省级造林绿化工程中，明确要求各县高速、一二级路通道绿化树种不低于3个（针叶、软阔、硬阔、灌木等），常绿树种和观赏性灌木不低于30%，形成带状或块状混交的景观生态林带。

## 五、实施"雁门关生态畜牧经济区建设"，实现林牧双赢

历史上，雁门关地区曾是"风吹草低见牛羊"的牧区。然而，多年的开荒种粮，植被严重破坏，这里成为山西省水土流失最严重、生态最脆弱的地区之一。改变这一区域面貌的出路何在？2001年，山西省委、省政府出台了《关于建设雁门关生态畜牧经济区的意见》，明确提出放手让农民种草养畜，走以牧为主、农林牧协调发展的道路。

8年来，由于当地政府紧紧抓住促农增收的目标不变，以及山西省委、省政府出台了一系列政策措施的扶持，雁门关生态畜牧经济区实现了生态效益与经济效益的双增长。2008年全区林草植被覆盖率达到45%，牛、羊存栏分别为81.5万头和583.7万只，奶牛存栏23.6万头，畜牧业产值达到47.5亿元，农民人均牧业纯收入达到860元。

### （一）从粗放分散，到集约发展

2008年，在雁门关生态畜牧经济区已累计建成546个标准化养殖小区，使24.3万头（只）畜禽进入了小区，而入区农户比未入农户户均多增收1.5万元。标准化养殖小区的大规模建设，既创新了畜牧业发展方式，又推动了雁门关区的转型发展。全区二、三产业转产畜牧业、加工业的民营大户势头正劲，累计有700多户，投资30多亿元。例如，山阴县八里庄村的标准化牛奶养殖小区，不仅解决了村民因没有场地难以扩大生产的问题，而且改善了人畜混居的生产方式。同时通过小区集中饲养，有效地推广了新技术的应用，促进了农民增收。

理清发展的思路就能提升发展的速度。瞄准畜牧业发展的"软肋"，各地因势利导，循着"种养结合、集约发展、立体开发、循环利用"的思路，形成了统

一规范布局，统一场舍建设、饲养管理、兽医防疫的规模化发展模式。

生态畜牧小区是发展循环经济的重要载体，也是现代畜牧业的发展之路。生态畜牧小区的蓬勃兴起，使畜禽养殖方式实现了以千家万户散养为主，转变为以规模养殖为主，有较地减轻了这一地区广大的牧草地的载畜负荷，为生态环境提供了休养生息的机会。

### （二）由自由放养，向种草养畜转变

8年间，雁门关发生了天翻地覆的变化，不仅体现在雁门关的山川地貌、生态环境上，更重要的是它改变了当地农民的思想观念和生产方式。

目前，雁门关内外30个生态县区已普遍推行了舍饲养殖，过去"草地无主，放牧无界，超载过牧，破坏无妨的畜牧业局面渐成过去"，"风吹草低见牛羊"的自由放牧景象也日渐淡出生活视野。

神池县地处晋西北丘陵山区，是一个高寒冷凉的农牧交错区，也是晋西北生态环境十分脆弱的地区之一。从2002年开始，该县着力探索退耕还林和发展生态畜牧的双赢之路，走出一条"退耕推调产，调产保退耕"的"1+6"还林新模式，不但结束了农民常年温饱、灾年返贫的历史，而且出现了"风吹草动牛羊壮"的景致，也成为山西省生态畜牧区发展的一个成功样板。2008年神池县农民人均纯收入2100元，其中畜牧业收入占到60％；羊由2002年的38.5万只发展到现在的48.5万只，全县完成退耕还林任务1.64万 $hm^2$，其中规模为0.51万 $hm^2$ 的退耕还林片实施了"1+6"模式。

小草大产业，牛羊大文章，雁门关区域百姓从畜牧业中尝到了甜头。在山阴、灵丘、五寨等县许多农户在风沙耕地上种草、植树。在田野，随处可见成片的苜蓿草，村民们形象地把这些草称为牛羊的"味精"。

如果说，在畜牧区建设初期，退耕还林、种草养畜还主要靠政府引导的话，那么，8年之后种草养畜的观念已在人们的心里生根发芽。

### （三）扩大产业效应，带动农民增收

随着观念的更新，规模化的发展，相关产业也应运而生，并不断壮大。雁门关生态畜牧经济区已日渐形成市场牵龙头，龙头带基地，基地连农户的发展模式。

岢岚县早在20世纪80年代就成为养羊大县，但到21世纪初农民人均收入也只有千元。羊多为何不达小康？除了饲养技术、品种、管理等方面的原因，就是畜产品的加工转化问题。

在推进现代畜牧业生产方式转变的进程中，各级政府狠抓转型发展，着力培

植主导产业，突出区域特色，打造优势畜产品产业带，一批畜产品龙头企业茁壮成长。全区已涌现龙头企业 257 家，年销售收入达 26.64 亿元，带动辐射农户 34.51 万户。

地处山西生态脆弱区的雁门关生态畜牧经济区，实现生态、畜牧双赢的良好局面，得益于党和政府的科学决策，也是人与自然和谐相处的必然选择。

# 后　记

　　山西生态脆弱区林业生态建设，是笔者多年一直关注和潜心研究的一项课题。从选题策划、积累资料到查阅文献、咨询专家、专题调研，经过了构思、收集、充实、完善、编写、审定等几个阶段。其间穿插完成的多项林业建设规划设计工作，为文稿补给了丰富养分。历经三载不断充实完善，修炼升华终成。

　　书稿中同时凝聚了热心同事、朋友和家人的辛劳和智慧。编写中，曾得到中国林业科学研究院、国家林业局调查规划设计院、东北林业大学及山西省林业调查规划院、山西省林学会、山西省林业科学研究院等单位的领导和同志们的指导和帮助，在此深表感谢。

　　李凤岐、金佩华老师倾心对全书内容进行了审阅，并提出宝贵意见；

　　崔本义院长给予鼓励、关心和支持；

　　周昌祥教授对书稿充分肯定，特为本书作序；

　　闻渊、闻鑫同志在专家指导下参与了插图绘制、表格统计等工作；

　　范晓龙、庞晓艳、李瑞青、谷亮、戎桂凤、王黎、王白玄、王彦斌、韩静、王栋、宋少华、李舒格、郗望、刘波霞、赵俊香、李洁、郭耀等同志对本书编写和出版给予帮助和支持。

　　由于编写时间较长，其间参考文献较多，虽已仔细记载，难免尚存遗漏，如果一旦出现此类现象，我们深表歉意。

　　生态脆弱区林业生态建设是一项宽领域的系统工程，课题重大，意义深远。由于作者水平有限，难免有失当和疏漏之处，衷心期望读者对本书批评、指正，共同推进生态脆弱区林业建设事业的蓬勃发展。

作　者

二〇一〇年三月

# 参考文献

［1］山西省林业科学研究院. 山西树木志［M］. 北京：中国林业出版社，2001.

［2］高甲荣，齐 实. 生态环境建设规划［M］. 北京：中国林业出版社，2006.

［3］毕于运，王道龙，高春雨，等. 我国中部生态脆弱地带生态建设与农业可持续发展研究［M］. 北京：气象出版社，2008.

［4］刘俊昌，李红勋，姜恩来，等. 现代林业生态工程管理模式研究［M］. 北京：中国林业出版社，2008.

［5］陈建成，徐晋涛，田明华. 中国林业技术经济理论与实践［M］. 北京：中国林业出版社，2006.

［6］国家林业局. 西部地区林业生态建设与治理模式［M］. 北京：中国林业出版社，2000.

［7］山西省国土资源厅. 山西省土地利用总体规划大纲［R］. 太原，2009.

［8］孙拖焕，郑智礼，杨静. 爆破整地是石质困难立地造林的有效途径——神池县石质山地爆破整地造林调查［J］. 山西林业，2009（1）：20～21.

［9］任爱. 京津风沙源治理工程造林项目技术管理探析［J］. 山西林业，2008（4）：14～15.

［10］赵建军. "畜"势劲发——我省实施"雁门关生态畜牧经济区建设"战略纪实. 山西日报，2009. 10. 15.

［11］王云变，刘智升. 山西林业气候资源［J］. 山西林业科技，2004（3）：20～25.

［12］李林英. 山西省植物模式区系分析［J］. 山西林业科技，2006（2）：30～33.

［13］梁凤玉. 山西省天然灌丛植被群落类型［J］. 山西林业科技，2006（2）：42～44.

［14］于吉祥，陈春. 山西省饲用型灌木树种及发展建议［J］. 山西林业科技，2008（3）：16～18.

［15］山西省生态经济学会. 山西沿黄河经济带［R］. 太原，2005.

［16］米文精. 论山西省森林可持续经营［J］. 山西林业科技，2009（2）：46

～49

[17] 谢英杰. 山西省退耕还林后续产业发展途径的探讨 [J]. 山西林业科技，2004 (3)：8～10.

[18] 祝列克. 森林可持续经营 [M]. 北京：中国林业出版社，2001.

[19] 王国祥. 山西省林业可持续发展战略研究 [M]. 太原：山西科学技术出版社，2008.

[20] 苟文莉. 浅议山西省大同地区盐碱地造林技术 [J]. 山西林业科技，2008 (3)：52～53.

[21] 贺艳萍，李新平，郭晋平. 覆盖保墒技术的研究进展 [J]. 山西林业科技，2008 (1)：3～5.

[22] 王世昌，卢爱英，王世裕，等. 偏关县矿区植被恢复研究 [J]. 山西林业科技，2009 (2)：37～38.

[23] 裴拴维. 浅谈兴县建设生态经济型防护林 [J]. 山西林业，2008 (6)：16～17.

[24] 王世昌. 山西省偏关县森林健康经营探析 [J]. 山西林业科技，2008 (2)：26～27.

[25] 张利芳. 沙棘在生态建设和区域经济发展中的作用 [J]. 山西林业，2008 (3)：22～23.

[26] 郭秀娟. 大同市营造林质量评析 [J]. 山西林业，2008 (2)：14～16

[27] 李新平，李林英，张金香，等. 太行山生态林业工程实用技术 [M]. 北京：中国林业出版社，2000.

[28] 山西省史志研究院. 山西通志（气象志） [M]. 北京：中华书局，1998.

[29] 钱林清，郑炎谋，胡慧敏，等. 山西气候 [M]. 太原：气象出版社，1991.

[30] 西北林学院. 简明林业词典 [M]. 北京：科学出版社，1983.

[31] 黄枢. 中国造林技术 [M]. 北京：中国林业出版社，1993.

[32] 王世忠，等. 油松刺槐混交林生长及其效应研究 [J]. 林业科技通讯，2000 (3)：22～25

[33] 李连昆. 大面积推广杨沙混交林技术探讨 [J]. 水土保持科技情报，1994 (1)：27～30.

[34] 雷加富. 西部地区林业生态建设与治理模式 [M]. 北京：中国林业出

版社，2000.

[35] 山西省林业厅. 山西省六大造林绿化工程技术标准和要求 [R]. 太原，2006.

[36] 郑四渭. 论林业可持续发展的经济持续性 [J]. 林业经济问题，1999 (1)：15～17.

[37] 高丽华，李洪霞，包占清. 浅议林业产业发展在生态建设中的重要地位 [J]. 内蒙古林业调查设计，2009 (4)：27～30.

[38] 张云龙. 用可持续发展理论指导"三北"防护林工程建设 [J]. 山西林业，2007 (1)：4～6.

[39] 李沁. 山西省京津风沙源治理工程模式与对策研究 [J]. 山西农业大学学报，2007 (1)：16～18.

[40] 山西经济年鉴社. 山西经济年鉴 2008 [M]. 太原：山西经济年鉴社，2008.

[41] 安守文. 管涔山森林植被与土壤类型的垂直分布规律 [J]. 山西林业科技，1998 (2)：21～23.

[42] 王涛，金佩华. 中国社会林业工程实用技术（第二集）[M]. 北京：中国林业出版社，2002.

[43] 郭学斌，郑智礼，梁守伦. 山西北部荒漠化防治配套技术研究 [M]. 北京：中国科学技术出版社，2006.

[44] 李沁. 绿色植物生长调节剂在造林上的应用技术研究 [J]. 山西林业科技，2001 (3)：3～11.

[45] 李沁. 山西省临汾西山地区林业生产力布局研究 [J]. 林业资源管理，2008 (4)：44～46.

[46] 杨秀英. 隰县生态经济型林业建设初探 [J]. 山西林业科技，2008 (1)：9～11.

[47] 王绍芳. 大同市太行山土石山区植被恢复的探讨 [J]. 山西林业科技，2009 (3)：61～63.

[48] 贺奇. 核桃园的水分调控措施 [J]. 山西林业科技，2009 (3)：40～41.

[49] 郑彩仙. 太行山区干旱石质劣质立地造林技术措施 [J]. 山西林业，2009 (2)：10～12.

[50] 史敏华. 黄土丘陵区枣农复合经营模式研究 [J]. 东北林业大学学报，

2001 (4)：141—143.

[51] 李沁. 林业工程监理的特征及对策 [J]. 山西林业科技，2007 (1)：58
～60.

[52] 崔庆岚. "绿色"为山西经济增长助力. 山西日报，2009. 11. 25

[53] 卢爱英，王世裕. 晋西北地区水土流失生态治理模式初探 [J]. 山西
林业科技，2009 (3)：51～53.

[54] 陈何盾. 半干旱风沙区立地类型划分与抗逆树种选择 [J]. 山西林业
科技，2009 (3)：29～32.

[55] 山西省林业厅. 关于加强林业科技进步与创新的意见 [R]. 太
原，2008.

[56] 山西省地图集编纂委员会. 山西省经济地图集 [M]. 北京：中国地图
出版社，2002.

[57] 山西省地图集编纂委员会. 山西省灾害地图集 [M]. 山东：山东地图
出版社，2007.

[58] 马子清. 山西植被 [M]. 北京：中国科学技术出版社，2001.

[59] 孙拖焕，郭学斌. 山西主要造林绿化模式 [M]. 北京：中国林业出版
社，2007.

[60] 石清峰，杨立文，刘启慎，等. 太行山主要水土保持植物及其培育
[M]. 北京：中国林业出版社，1994.

[61] 云正明，毕绪岱. 中国林业生态工程 [M]. 北京：中国林业出版
社，1990.

[62] 吕梁地区老年学学会. 果树药材花卉牧草实用技术与信息 [R]. 吕
梁，2003.

[63] 张庆华，曹邑平. 资产评估行业规范与操作实务 [M]. 太原：山西人
民出版社，2009.

[64] 党泽普，史长顺等. 高产优质高效农业模式 [M]. 太原：山西科学技
术出版社，1994.

[65] 山西省林学会等. 山西省天然林保护研究 [M]. 太原：山西科学技术
出版社，2005.

[66] 山西省环保厅. 山西省生态功能区划 [R]. 太原，2008.

[67] 山西省林业调查规划院. 山西省林业发展区划三级区区划 [R]. 太
原，2008.

[68] 史敏华，刘劲，刘俊英. 生态经济林的内涵及主要营建技术 [J]. 山西林业科技，2004 (4)：21～23.

[69] 王崇珍，王国祥，于吉祥等. 工程造林的理论与实践 [M]. 太原：山西科学技术出版社，2007.

[70] 国家林业局. 三北防护林体系建设 30 年发展报告 [M]. 北京：中国林业出版社，2008.

[71] 杨京平，卢剑波. 生态恢复工程技术 [M]. 北京：化学工业出版社，2002.

[72] 丁三姐，魏钦平，徐凯. 果树节水灌溉研究进展 [M]. 北京：中国农业出版社，2006.

[73] 谢志忠，杨建州，纪文元. 论乡村社会林业的内涵实质与基本特征 [J]. 科技和产业，2006 (6)：1～5.

[74] 詹祖仁. 林权制度改革后新型林业科技服务体系构建的探讨 [J]. 中国林副特产，2007 (5)：87～89.

[75] 张俊佩，郭浩，王彦辉. 干瘠石质山地环境生态工程构建技术 [J]. 世界林业研究，2005 (3)：29～32.

[76] 陈守常. 森林健康理论与实践 [J]. 四川林业科技，2005 (6)：14～16.

[77] 崔本义. 山西省林业区划体系研究 [J]. 山西林业科技，2008 (1)：14～16.

[78] 王晓霞，王汉斌. 山西煤炭开采的问题与对策研究 [J]. 山西煤炭，2006 (4)：9～16.

[79] 蔺明华，慕成. 晋陕蒙接壤地区煤炭开发产生的生态环境问题及其对策 [J]. 中国水土保持，2005 (12)：26～28.

[80] 山西省人民政府关于加快推进造林绿化工作的通知. 晋政发〔2009〕30 号

[81] 李奕，吕皎. 晋东南地区雨水资源高效利用研究 [J]. 山西林业科技，2009 (3)：16～20.

[82] 张余田. 森林营造技术 [M]. 北京：中国林业出版社，2007.

[83] 雍鹏，邝立刚，梁守伦，王国祥. 吕梁山东侧黄土丘陵立地区立地划分 [J]. 山西林业科技，2009 (3)：1～2.

[84] 梁林峰. 吕梁山东侧黄土丘陵立地亚区造林模式研究 [J]. 山西林业科

技，2009（3）：3～5.

　　[85] 邝立刚，梁守伦，雍鹏，王国祥. 山西吕梁山土石山立地区立地类型的划分 [J]. 山西林业科技，2009（3）：16～20.

　　[86] 王希武. 半干旱风沙区抗逆树种优化造林模式试验 [J]. 山西林业科技，2009（3）：25～28.

　　[87] 张士权. 半干旱风沙区典型立地类型造林模式研究 [J]. 山西林业科技，2009（3）：33～35.

　　[88] 李新平，张兴顺. 北方地区公路绿化技术 [M]. 太原：山西科学技术出版社，2006.